BIBLIOTHÈQUE DES PROFESSIONS

INDUSTRIELLES, COMMERCIALES ET AGRICOLES

GUIDE THÉORIQUE ET PRATIQUE DE

CUBAGE ET D'ESTIMATION

DES BOIS

PAR ALEXIS FROCHOT

INSPECTEUR DES FORÊTS, ANCIEN ÉLÈVE DE L'ÉCOLE FORESTIÈRE
DE NANCY

A l'usage des agents forestiers, propriétaires,
régisseurs, marchands de bois, et de toutes personnes
qui s'occupent d'exploitation forestière.

35 FIGURES DANS LE TEXTE ET 1 PLANCHE

3e ÉDITION, REVUE ET AUGMENTÉE

Art	Série C
de l'ingénieur	N° 8

PARIS

J. HETZEL ET Cie, ÉDITEURS

18, RUE JACOB, 18

BIBLIOTHÈQUE DES PROFESSIONS

INDUSTRIELLES, COMMERCIALES ET AGRICOLES

SÉRIE C

ART DE L'INGÉNIEUR

N° 8

BIBLIOTHÈQUE DES PROFESSIONS
INDUSTRIELLES, COMMERCIALES ET AGRICOLES

GUIDE THÉORIQUE ET PRATIQUE DE
CUBAGE ET D'ESTIMATION
DES BOIS

PAR ALEXIS FROCHOT
INSPECTEUR DES FORÊTS, ANCIEN ÉLÈVE DE L'ÉCOLE FORESTIÈRE DE NANCY

A l'usage des agents forestiers, propriétaires,
régisseurs, marchands de bois, et de toutes personnes
qui s'occupent d'exploitations forestières

35 FIGURES DANS LE TEXTE ET 1 PLANCHE

3ᵉ ÉDITION, REVUE ET AUGMENTÉE

Art
de l'Ingénieur

Série C
Nᵒ 8

PARIS
J. HETZEL ET Cⁱᵉ, ÉDITEURS
18, RUE JACOB, 18

AVERTISSEMENT.

Un traité théorique et pratique doit surtout être pratique. C'est dans ce sens que nous avons composé la 1re édition du *Guide théorique et pratique de cubage et d'estimation des bois.*

Sans nous départir de cette règle, nous avons voulu tenir compte, dans cette nouvelle édition, du désir que nous ont exprimé plusieurs personnes d'en voir le cadre élargi, de façon à y trouver toutes les notions et tous les renseignements se rattachant aux questions d'estimations forestières; par exemple, sur la nature, les propriétés et les défauts des bois; sur leurs différents modes de débit, pour leur emploi dans l'industrie.

A ces notions, nous en avons ajouté d'autres; celles-ci répondent à des exigences plus scientifiques que pratiques, mais elles sont très en faveur aujourd'hui, surtout à l'étranger. Toutefois, nous les avons placées à la fin du livre, pour mieux marquer qu'elles ne sont destinées à satisfaire que des exigences spéciales.

Bien que ces notions aient un caractère quelque peu spéculatif, il faut reconnaître qu'elles éclairent les questions de cubage d'une assez vive lumière; l'étude n'en est donc pas inutile; elles sont le complément naturel d'un traité de cubage.

INTRODUCTION.

I. Généralités.

Parmi toutes les matières premières qui nous sont indispensables, il n'en est guère dont les emplois soient si nombreux et si divers, et qui soient si impérieusement réclamées que le bois. C'est en même temps un produit dont les espèces sont infiniment variées, et qui, précisément à raison de cette circonstance, peuvent être appropriées à des usages d'une diversité infinie.

Dans les transactions commerciales, on doit donc distinguer les espèces précieuses des espèces communes; et apporter plus ou moins de rigueur, selon la valeur du produit, dans la mesure des quantités qui font l'objet des marchés. C'est au volume généralement, quelquefois au poids, que ces quantités se mesurent.

Quand il s'agit de déterminer le volume d'une pièce de bois, qui a subi déjà une première transformation en forêt, l'opération ne présente pas beaucoup de difficulté; car généralement ses formes, si grossières qu'elles soient encore, affectent une certaine régularité géométrique. Mais l'opération devient plus difficile quand il s'agit de mesurer un arbre, en vue de déterminer le nombre d'unités cubiques correspondant à son volume; ce qui constitue le *cubage* proprement dit.

C'est qu'en effet si les corps affectant des formes géométriques sont faciles à cuber en général; ceux, au contraire, dont les formes, tout en étant régulières à un certain point de vue, échappent cependant à toute loi mathématique, se prêtent mal au calcul et présentent de grandes difficultés quand on cherche à en évaluer le volume avec précision; or, les arbres sont assurément de cette catégorie.

A défaut de procédés géométriques impraticables dans le cas de formes d'une irrégularité par trop grande, comme en présentent presque toujours les bois provenant de branches, par exemple, on peut avoir recours à l'immersion; on place le bois dans une cuve dont on connaît exactement la capacité; puis on remplit d'eau cette cuve; le volume de l'eau employée retranché du volume de la cuve fait connaître le volume cherché. On peut aussi employer les procédés hydrostatiques. Mais en général tous ces procédés sont impraticables, à cause des dimensions des bois, et en outre parce que leur densité n'est pas susceptible d'être établie d'une manière suffisamment fixe et précise.

En matière forestière, les procédés de cubage ne sauraient être que l'application de méthodes plus ou moins approximatives, suivant le degré de simplicité de l'opération : aux méthodes rapides correspondent des évaluations grossières; aux méthodes plus compliquées, des évaluations plus approchées; mais, à coup sûr, fort éloignées encore de l'exactitude mathématique.

Lorsqu'un arbre est abattu, il est aisé de le mesurer dans tous les sens et de recueillir sur ses dimensions autant de données qu'on en désire, pour le calcul du volume. Mais quand l'arbre est debout, quand il est *sur pied*, suivant l'expression consacrée, tout ce qu'on en peut atteindre, ne dépasse pas deux mètres environ; et la plupart de ses dimensions ne peuvent être appréciées qu'à vue d'œil, ou mesurées qu'à l'aide d'instruments spéciaux. De là, dans les méthodes de cubage des bois, deux grandes divisions : 1° Cubage des bois abattus et des bois gisants; 2° cubage des arbres sur pied.

Les cubages sont les opérations fondamentales de toute estimation forestière. Mais cette estimation est elle-même la résultante d'un ensemble de circonstances dont le volume n'est qu'un des éléments.

Il faut donc être à même d'apprécier toutes les causes qui contribuent à augmenter ou à diminuer la valeur de l'objet à évaluer; celles de ces causes du moins qui sont inhérentes à la matière estimée. Cette observation nous amène à exposer quelques notions sur la nature des bois en général, sur leurs qualités et sur leurs défauts.

II. De la structure du bois.

On distingue dans l'arbre les racines, la tige et les branches. Ce sont surtout ces deux dernières parties qui fournissent le bois. Au point de vue de la structure, il n'y a pas de différence entre le bois de la tige et celui des branches. Dans la tige comme dans les branches, l'écorce et le bois constituent deux systèmes différents. Suivant que l'écorce appartient à un sujet jeune ou vieux, ou à des sujets d'espèces différentes, sa constitution et son aspect ne sont pas les mêmes. Quant au système ligneux, ses modifications avec l'âge sont beaucoup moins profondes, au point de vue physiologique; il s'accroît surtout et souvent se durcit davantage. Si maintenant on examine séparément et en détail chacun de ces deux systèmes, on reconnaît, à l'inspection d'une section transversale de la tige, que le système ligneux présente au centre un tissu cellulaire, la *moelle*, contenue dans un cylindre ligneux, mince et à tissu serré, qu'on nomme l'*étui médullaire*; puis viennent les *couches ligneuses* proprement dites, composées de vaisseaux et de fibres; enfin la couche ligneuse extrême se trouve en contact avec la *zone génératrice*, où s'élabore, pendant la végétation, la couche ligneuse de l'année. Quant au système cortical, ses parties constituantes sont beaucoup moins tranchées et surtout ne sont jamais si volumineuses. On y distingue généralement, en allant de l'extérieur à l'intérieur, l'*épiderme*, l'*enveloppe subéreuse*, l'*enveloppe herbacée* et le *liber*, dont la partie interne est en contact avec la zone génératrice.

Sur la même section transversale, on observe encore (à l'œil nu, s'il s'agit d'une tige de chêne, par exemple,) des lignes plus ou moins déliées, qui pénètrent de la moelle dans l'étui médullaire, traversent les couches ligneuses et se prolongent dans le liber; ce sont les *rayons médullaires*.

Pour se rendre compte de la formation de ces divers éléments de la tige, il faut les observer dès leur développement primitif.

Le germe de l'embryon, ou le bourgeon, renferme déjà la moelle, le tissu de formation de la zone génératrice et l'écorce, moins le liber, qui est formé de couches fibreuses minces et serrées comme les feuillets d'un livre; le liber, comme les couches ligneuses, est de formation secondaire, c'est-à-dire d'un degré plus élevé d'organisme végétal.

La partie interne de la zone génératrice se transforme d'abord en un tissu de fibres et de vaisseaux mince et serré, qui constitue l'étui médullaire; cette formation se produit aussi longtemps que la tige s'allonge; mais dès qu'elle ne s'allonge plus, il se produit du tissu ligneux, constitué de vaisseaux, de fibres et de tissu cellulaire; la partie externe de la zone génératrice se transforme de son côté en tissu du liber.

Les tissus vasculaires et fibreux tant ligneux que corticaux, se produisent toujours par groupes, séparés entre eux par du tissu cellulaire plus ou moins mince mais continu, constituant les rayons médullaires. Ces groupes, aperçus sur la section transversale, vont en s'élargissant de la moelle à la zone génératrice, dans la partie ligneuse.

La production du ligneux, comme celle du liber, ne se réalise pas d'une manière continue; le froid et la sécheresse suffisent pour l'arrêter; de là, des alternatives dans la végétation. Dans nos climats, la végétation se réveille au printemps, se ralentit en été, reprend en automne et reste à peu près inac-

tive durant tout l'hiver. Toutes ces phases sont inscrites, pour ainsi dire, au sein même de la tige. A la
végétation de chaque année correspond une couche
annulaire distincte et dans chacune de ces couches
apparaissent deux zones également distinctes, l'une
d'apparence moins serrée et moins dense, formée au
printemps, l'autre plus compacte et plus dure formée
à l'automne. Ainsi les couches ligneuses ne sont pas
homogènes; au printemps, époque de grande humidité et de douce chaleur, il se forme des cellules ligneuses grandes et à parois minces; plus tard, quand
les feuilles sont à peu près toutes formées, les cellules
se produisent plus petites mais à parois plus épaisses;
en automne enfin, quand les bourgeons se ferment,
il ne se produit plus que de très petites cellules fortement épaissies. Il résulte de là que la formation
ligneuse de l'automne est plus compacte que celle
du printemps, et qu'il y a une différence, presque
toujours distincte à l'œil nu, entre les couches annuelles successives, puisque le bois de printemps de
l'une se trouve en contact avec le bois d'automne de
celle qui la précède. On peut donc déterminer l'âge
d'un arbre avec une certaine exactitude, en ayant
soin de compter ses couches ligneuses le plus près
possible du collet de la racine. On peut encore, par
l'examen des couches ligneuses d'un arbre, suivre

la marche de sa végétation; préciser l'époque et la durée de chacune des périodes de prospérité et de souffrance qu'il a traversées; juger par la proportion entre le bois d'automne et celui de printemps, de ses qualités de résistance, de compacité, d'élasticité et de durée, enfin des conditions particulières dans lesquelles il a végété, sans connaître la région et le lieu d'où il provient. D'après des expériences assez nombreuses, on peut admettre en principe que les chênes prennent en général une proportion de bois d'automne d'autant plus forte que l'arbre s'épaissit davantage chaque année, tandis que pour les résineux c'est l'inverse qui se produit.

Pendant toute la durée de la vie de l'arbre, le système ligneux ne subit que des modifications peu importantes; pour certaines essences, cependant, le bois, après sa formation, se durcit et s'imprègne de certaines matières colorantes; et ce n'est qu'après un certain nombre d'années qu'il devient *bois parfait;* pour le chêne, par exemple, il ne faut pas moins de 25 à 30 ans pour que cette élaboration s'accomplisse complètement. Il en résulte que les bois de ces essences présentent toujours deux parties de qualités très différentes, distinctes à l'œil nu : le bois parfait, appelé aussi *franc bois, bon bois* ou *cœur,* de nuance généralement foncée; et un bois plus tendre, de coloration claire, appelé *aubier, faux bois,* ou *bois nouveau.*

Les essences, dont le bois ne durcit pas après sa formation, ne contiennent que de l'aubier; ce sont les *essences tendres,* ou *bois blancs,* tels que les peupliers, le tremble etc.

Les cellules et fibres de l'aubier sont toujours remplies de sève dont il est très difficile de débarrasser le bois; cette sève, après l'abattage de l'arbre, entre bientôt en fermentation et provoque la pourriture du bois; il faut, pour éviter les détériorations de cette nature, favoriser le desséchement, en enlevant l'écorce; souvent même on enlève aussi l'aubier pour mettre le *bon bois* à l'abri de toute pourriture.

Les propriétés spéciales des bois de chaque essence et les qualités qui en résultent, dépendent de leur structure particulière, et de leur degré de lignification. Les qualités les plus appréciées sont généralement la résistance, l'élasticité, la ténacité, la dureté, la compacité et la durée.

La résistance d'un bois est proportionnelle à la charge qu'il peut supporter sans fléchir. Quand un bois ploie sous l'action d'une force plus ou moins grande, on dit qu'il a de l'élasticité, s'il est susceptible de reprendre sa position première dès que la force sous laquelle il a fléchi a cessé d'agir. Ce sont les bois à vaisseaux très apparents, à fibres fortes et longues et à accroissements réguliers, qui sont les plus résistants et les plus élastiques; tels sont le *chêne*, le *châtaignier*, l'*orme*, le *frêne*, l'*épicéa*, le *pin sylvestre* et le *sapin*.

Les bois à fibres courtes, à rayons médullaires très minces, à vaisseaux peu visibles, sont généralement tenaces, durs, compacts et susceptibles de prendre un beau poli; tels sont l'*orme champêtre,* les *érables,* les *alisiers,* les *fruitiers* et *le noyer.*

Tous les bois, et particulièrement le chêne, qui jouissent de ces différentes propriétés sont très durables; les bois résineux le sont d'autant plus qu'ils renferment davantage de résine dans leurs tissus.

Si les bois d'essences différentes ont des propriétés bien tranchées; souvent les bois d'une même essence présentent, à ce point de vue, des différences sensibles et qu'il est fort important de savoir reconnaître. L'essence la plus précieuse de nos forêts, le chêne, est à cet égard celle qui, selon les climats, les terrains, les situations et les altitudes, se distingue le plus par les différences de qualités de son bois. Voici les instructions données par le département de la marine pour reconnaître ces différences.

« Le bois de chêne de bonne qualité prend un

retrait prononcé par le dessèchement. Ce retrait se manifeste par des fentes plus ou moins nombreuses, que l'on remarque à la surface extérieure de la pièce, quand le bois est écorcé, et sur la section d'abattage. Le grain du bon bois de chêne est fin et serré, les couches annuelles sont larges ou moyennement larges et bien remplies; le bois fraîchement abattu est de couleur jaune paille ou rosée, et les morceaux que l'on en détache avec un instrument tranchant se cassent difficilement et ne se séparent que par déchirures. Les bois de chêne qui présentent ces caractères sont dits *nerveux;* ce sont les plus estimés pour les constructions et les charpentes.

« Le bois de chêne que l'on qualifie de *bois gras,* parce qu'il est mou et tendre, prend peu de retrait par le dessèchement. Le bois gras a la fibre lâche, le grain peu serré, l'aspect terne et sec, la couleur brune tirant sur le roux, et affectant souvent des teintes différentes, disposées en cercle, sur une section perpendiculaire à l'axe. Les couches annuelles sont ordinairement étroites et percées de vaisseaux, comme un crible. Les copeaux se cassent avec facilité, avec netteté et sans éclat ni déchirures.

« Les bois gras se chargent facilement d'humidité et sont très accessibles à la fermentation et à la pourriture. Cette disposition à s'altérer promptement les fait considérer comme absolument impropres aux constructions navales. Par contre ils sont très recherchés pour la menuiserie. »

III. Défauts des bois.

Les arbres sont sujets, pendant leur existence, à des maladies, qui ont généralement pour conséquence une décomposition plus ou moins rapide des tissus ligneux ; or aucune des qualités que nous venons d'énumérer ne peut exister dans les bois en voie de décomposition, ou du moins y exister complètement et avec des garanties de durée suffisantes. Il est important de savoir déterminer la nature et les caractères de ces maladies, de pouvoir en apprécier la gravité, pour être en mesure de discerner les bois sains, qui conservent toute leur valeur, des bois plus ou moins altérés ou viciés, dont la valeur peut être nulle ou sensiblement atténuée.

On distingue parmi les défauts dont les bois et particulièrement le chêne peuvent être affectés, la *torsion des fibres*, la *gélivure*, la *roulure*, la *lunure* ou *double aubier*, la *cadranure*, la *grisette*, la *huppe* et la *pourriture sèche* ou *rouge*.

Torsion des fibres. — Les bois *tors* ou *rebours*

sont ceux dont les fibres se contournent en hélices plus ou moins allongées autour de l'axe de l'arbre. Ces bois sont moins résistants et surtout moins élastiques que ceux à fibres parallèles. On peut cependant en tirer bon parti en charpente, pour les pièces devant présenter une courbure, mais débités à la scie leur résistance est beaucoup moindre, parce que leurs fibres se trouvent nécessairement coupées en plusieurs endroits ; de plus ils sont toujours très difficiles à travailler en menuiserie à cause de l'irrégularité de direction de leurs fibres.

Gélivure. — On reconnaît qu'un arbre est atteint de gélivure, quand on remarque sur l'écorce dans le sens de la hauteur, un ou plusieurs bourrelets ; à ces bourrelets correspondent, dans le bois, des fentes se prolongeant vers le centre, dans le sens des rayons médullaires.

La gélivure peut s'étendre plus ou moins en profondeur et en longueur, et elle rend souvent impropre à la charpente le bois qui en est atteint, parce que les fibres étant rompues la pièce ne fait plus corps, et n'a plus la résistance suffisante. Mais on peut, quand la gélivure n'est pas trop profonde, débiter la pièce en planches ou en merrains pour la fabrication des tonneaux.

La gélivure semble avoir pour cause une contraction inégale des fibres produite par le froid ou par l'action asséchante des rayons solaires.

Roulure. — La roulure consiste dans un défaut d'adhérence de deux couches concentriques contiguës; il en résulte dans les couches ligneuses un défaut de continuité, qui a pour effet de rendre les arbres impropres aux emplois de grande charpente. La roulure peut être circulaire et se prolonger sur toute la longueur de l'arbre; ou n'être que partielle, c'est-à-dire n'exister que sur une portion de la circonférence et sur une fraction de la longueur; dans ce dernier cas, c'est généralement vers le pied qu'elle se présente. Enfin, un même arbre peut avoir plusieurs roulures.

Il résulte de ces diverses circonstances que l'arbre atteint de roulure peut être plus ou moins déprécié suivant l'importance et l'étendue de ce défaut. Quand la roulure n'existe qu'au pied, elle s'élève peu et ne dépasse guère deux mètres, en en retranchant cette partie, le reste du bois, si ses dimensions sont suffisantes, peut être utilisé comme charpente. Quant à la partie roulée elle peut être employée comme bois de fente, merrains ou lattes.

La roulure ne se manifeste par aucun signe extérieur, on ne peut la constater que sur une section transversale.

Lunure ou *double aubier*. — La lunure, désignée aussi sous le nom de double aubier, affecte plus particulièrement le chêne. Elle apparaît sur la tranche du bois sous forme d'une couronne plus claire ou plus foncée que les couches voisines et elle est formée d'un tissu plus tendre et plus accessible à l'humidité que le bon bois dont elle n'a aucune des qualités. Les bois atteints de cette maladie se décomposent rapidement et sont impropres à tous les usages pour lesquels les qualités de résistance et de durée sont des conditions nécessaires à réaliser.

Quand la lunure est blanche, elle est plus récente et aussi moins dangereuse que quand elle est rousse ; mais elle est dans bien des cas plus difficile à reconnaître, surtout si le bois est resté à l'abri de l'humidité et est desséché ; le bois luné se confond alors avec le bois sain, mais il suffit de mouiller la tranche ou d'ébouter la pièce à quelques centimètres pour que la lunure redevienne apparente. La lunure rousse présente généralement les caractères d'un bois en voie de décomposition et exhale une odeur désagréable, toute différente de l'odeur aromatique du bois sain, de plus, les couches lunées sont étroites et comme comprimées.

La cause, à laquelle on doit attribuer la lunure, paraît être l'action de fortes gelées.

Cadranure. — La cadranure consiste dans des fentes très apparentes partant du cœur et allant vers la circonférence, comme les rayons d'un cadran. Elle n'est visible que sur une section faite dans l'arbre et ne se produit que dans les arbres dépérissants, dont les couches centrales, de coloration plus foncée que les couches excentriques, présentent les caractères d'un commencement de décomposition : tissu mou et d'une odeur de pourri facile à reconnaître. La cadranure est toujours limitée à cette zone altérée: mais elle peut régner dans toute la longueur de l'arbre, ou ne s'étendre que sur une partie de la longueur. Dans tous les cas elle prend naissance au pied de l'arbre. Un arbre cadrané sur une partie de sa longueur peut donc avoir une bille plus ou moins longue de bois parfaitement sain, quand la tige a été tronçonnée convenablement. Quant à la partie viciée, elle n'est propre qu'à être débitée en mauvais bois de chauffage et en lattes.

Il arrive souvent que les pièces de chêne présentent, par suite du dessèchement, des gerçures ou des fentes ayant quelque analogie avec la cadranure; un peu d'attention suffit pour ne pas s'y méprendre, car les fentes de cadranure sont toujours plus larges, de coloration noire et ne se produisent que dans des couches en voie de décomposition généralement rousses ou brunes.

Grisette. — On voit souvent, surtout sur les vieux arbres, des chicots plus ou moins longs de grosses branches qui ont été brisées par accident, ou supprimées par un élagage imprudent. Toutes les fois que ces chicots se produisent, ils meurent infailliblement et leur bois ne tardant pas à se décomposer devient mou, spongieux et très apte à retenir et à absorber l'humidité ; les eaux pluviales s'y infiltrent et pénètrent ainsi dans le corps de l'arbre plus ou moins profondément, quelquefois jusqu'au cœur. Ces infiltrations forment ce qu'on appelle une *gouttière ;* elles se propagent verticalement en suivant la direction des fibres, et déterminent sur leur passage une fermentation et une pourriture qui constituent une des maladies les plus graves du bois, connue sous le nom de *grisette* et qui se développe avec une très grande rapidité. Les parties atteintes sont brunes ou jaunâtres, exhalent une odeur de pourriture plus ou moins prononcée et présentent, quand le mal a atteint son dernier degré, des points ou des filets blancs, signes d'une décomposition complète des fibres.

La grisette se révèle sous l'écorce par des veines ou filets bruns ou noirâtres, ce qui permet de déterminer son point d'origine et son étendue ; on désigne quelquefois ces filets sous le nom de *flammes de grisette.* Mais pour apprécier exactement la gravité de la grisette, il faut en connaître la profondeur dans le corps de l'arbre et l'on ne peut y arriver qu'en sondant les nœuds viciés à l'aide d'une tarière et si le mal est profond par des tronçonnements.

On ne peut employer comme bois de charpente que les arbres grisettés superficiellement et après les avoir complètement purgés des parties contaminées ; si après cette opération, qu'il faut toujours pratiquer en cas de grisette, les dimensions de la pièce sont trop réduites, on peut encore en tirer des sciages ou du merrain.

Huppe. — La huppe comme la grisette a pour cause des infiltrations pluviales ; mais ici ces infiltrations ont pour origine la rupture ou la suppression de branches n'ayant pas de fortes dimensions et dont la plaie parvient au bout de peu d'années à se cicatriser ; ce qui arrête les infiltrations. Le chicot n'en continue pas moins à se décomposer, mais plus lentement. La maladie alors se propage, non pas comme la grisette, suivant la direction des fibres, mais dans tous les sens. Le bois atteint a une odeur de champignon, il est blanc, mou, cotonneux et forme dans l'arbre un amas sphérique plus ou moins étendu.

Ce vice n'est pas apparent sur la tranche de l'arbre et il n'est pas toujours visible sur le tronc écorcé ; il faut donc pour s'assurer qu'une pièce en est exempte, vérifier tous les nœuds douteux, en les découvrant à la hache et en les sondant à la tarière; dès qu'on constate la présence d'une huppe, il faut en purger la pièce à l'aide de la gouge; en un mot, prendre les mêmes soins que pour les cas de grisette. Voici, à cet égard, les épreuves et les mesures conseillées par M. Nauquette.

« Dès qu'un arbre est abattu, il importe de ravaler rez-tronc toutes les branches, bosses ou loupes, et de visiter tous les nœuds, même les plus petits et les moins suspects, avec la tarière et la gouge, si on veut être parfaitement sûr de la qualité du bois. Si un vice est signalé, on le sonde dans la direction de la branche pour en constater la profondeur; puis on s'assure s'il n'a pas fait de ravages dans le corps de l'arbre, en entaillant le bois au-dessus ou au-dessous du trou de sonde. Si le mal s'étend, au-dessus ou au-dessous de la branche, à une profondeur considérable, il ne reste plus qu'à tronçonner l'arbre à une distance convenable du foyer du vice; afin de s'assurer si le cœur lui-même n'est pas attaqué et si les filets de grisette se sont suffisamment assainis pour que la pièce puisse servir comme bois d'œuvre dans les grandes constructions civiles ou navales. Lorsque le vice n'a pas encore envahi tout le corps de l'arbre et se trouve concentré, comme cela arrive souvent, dans les régions du cœur, on peut utiliser toutes les parties saines de la pièce, en les débitant en sciages, merrains etc. (1). »

Pourriture sèche. — La pourriture sèche est aussi appelée *rouge* ou *pourriture rouge,* à cause de sa coloration d'un brun de cannelle; le bois qui en est atteint est cassant, friable et finit par se réduire en une poussière fine, ressemblant à du tabac à priser. Elle se produit généralement au cœur de l'arbre et le plus souvent au pied, et elle n'affecte que les arbres dépérissants, soit par l'effet de la vieillesse, soit par suite d'accidents. Ce n'est en somme que la décomposition graduelle des arbres qui approchent du terme de leur existence.

Cette sorte de pourriture est beaucoup moins contagieuse que la grisette, et il suffit de tronçonner les pièces pour mettre le bois sain à l'abri de toute altération.

On désigne encore sous divers noms des défauts, qui ont plus ou moins d'analogie avec ceux que nous venons de passer en revue, ou qui ont des caractères moins précis. Ainsi on dit qu'un bois est *échauffé,* quand il s'y produit un commencement de pourriture par suite de fermentation de sève; — qu'il est *carié,*

____

(1) *Exploitation, débit et estimation des bois,* p. 243.

quand il est affecté du rouge ou de la cadranure ; — qu'un arbre est atteint d'*ulcère* quand les écoulements résultant de la maladie appelée grisette se manifestent extérieurement ; — qu'un bois est *passé* quand il est atteint de pourriture sèche.

Quant à la présence de nœuds dans le bois, elle n'est dangereuse que si ces nœuds sont *vicieux ;* c'est-à-dire formés de bois mort ou pourri, comme nous l'avons indiqué pour la huppe. Toutefois, les nœuds sains déprécient quelquefois les bois parce qu'ils altèrent la rectitude des fibres.

GUIDE THÉORIQUE ET PRATIQUE

DE CUBAGE

ET

D'ESTIMATION DES BOIS.

CHAPITRE PREMIER.

Cubage des bois abattus.

Les arbres abattus se décomposent généralement :

1° En bois d'œuvre (charpente et industrie) fourni par la tige et quelques branches principales ;

2° En bois de chauffage et 3° Bois à charbon ou charbonnette . . . . } fournis par les parties de la tige et des branches impropres au bois d'œuvre et par la cime ;

4° En fagots et bourrées, composés des menus bois qui n'ont pu être compris, à cause de leurs faibles dimensions ou de leur forme, dans la charbonnette.

Le cubage proprement dit ne s'applique d'habitude qu'aux bois de charpente et d'industrie.

§ Ier. — *Bois d'œuvre.*

Il y a lieu de distinguer les bois ronds revêtus de leur écorce, et les bois carrés ; les premiers sont désignés sous le nom de *bois en grume ;* les seconds sous celui de *bois équarris.*

I. — BOIS EN GRUME.

Lorsqu'un arbre abattu est dépouillé de ses branches, il reste la tige, dont la forme générale tient à la fois du tronc de cône, du cylindre et du cône, à bases sensiblement circulaires. L'assimilation de la tige à une série de solides de ces différents types superposés l'un sur l'autre, sera d'autant plus exacte, que chacun des solides partiels, en lesquels on décomposera par la pensée la tige, aura une hauteur moindre ; de même qu'une ligne courbe est susceptible d'être représentée d'une manière plus ou moins approchée par un contour polygonal rectiligne, suivant que les côtés de ce contour sont plus ou moins petits.

Remarquons d'un autre côté que les formes conique et cylindrique ne sont que des cas particuliers de la forme tronconique ; en effet, représentons par h la hauteur d'un tronc de cône, par R et r les rayons de ses deux bases, l'expression du volume sera :

$$V = \frac{1}{3} \pi\, h\, (R^2 + r^2 + R\, r),$$

faisons $r = R$, c'est le cas du cylindre et on aura :

$$V\, cy = \pi\, h\, R^2,$$

faisons $r = 0$, c'est le cas du cône et on aura :

$$V\, co = \frac{1}{3}\, \pi\, h\, R^2.$$

Il suit de là que le procédé qui se présente immédiatement à l'esprit pour cuber la tige d'un arbre abattu, c'est de la décomposer en un certain nombre de troncs de cône partiels de même hauteur.

Désignons par h les hauteurs partielles, en sorte qu'on ait $H = n\, h$ et par $r, r', r''...$, les rayons de la section circulaire de la tige de h mètres en h mètres, on aura pour volume total de la tige.

$$V = \frac{1}{3}\, \pi\, h\, \left(r^2 + 2\, r'^2 + 2\, r''^2 + ... \, r_n^2 + rr' + r'r'' \right.$$
$$\left. + ... \, r_{n-1}\, r_n \right).$$

Le nombre des termes entre parenthèses à calculer est égal à $2\, n + 1$; or si la tige est décomposée en dix parties, ces termes seront au nombre de 21, ce qui constitue des calculs assez longs, très admissibles sans doute, si l'on n'avait qu'une seule tige à cuber; mais d'une longueur rebutante, dès que le nombre des tiges devient considérable, comme c'est toujours le cas en pratique. Aussi a-t-on cherché à simplifier ce procédé, tout en se tenant dans des limites d'approximation suffisantes. Nous allons examiner les diverses méthodes simplifiées et indiquer en même temps leur degré d'approximation.

1° *Cubage dit au volume réel.*

Dans cette méthode simplifiée, on substitue aux troncs de cône partiels des cylindres de même hauteur, et dont la base est la moyenne arithmétique des bases du tronc de cône correspondant ; ou, ce qui est géométriquement la même chose, égale à la section perpendiculaire à l'axe du tronc de cône, prise au milieu de la hauteur.

L'expression du volume de la tige devient alors, en posant $r + r' = d$, $r' + r'' = d'$, $r'' + r''' = d''$......

$$V = \frac{1}{4} \pi h \left(d^2 + d'^2 + d''^2 + ... \right) \qquad (a)$$

Le nombre des termes entre parenthèses, dans ce cas, n'est plus que de n, au lieu de $2n + 1$, comme précédemment ; les calculs sont simplifiés de plus de moitié.

Vérifions maintenant de combien l'on s'éloigne de l'approximation que donne la méthode exacte par cette méthode simplifiée.

Pour chaque solide partiel, nous avons substitué au volume $V = \frac{1}{3} \pi h \left(R^2 + r^2 + R r \right)$ le volume

$$V' = \pi h \left(\frac{R + r}{2} \right)^2$$

faisant la différence de ces deux expressions, il vient, tous calculs faits

$$V - V' = \frac{1}{3}\,\pi\,h\left(\frac{R - r}{2}\right)^2$$

d'où, l'erreur E, en substituant le cylindre au tronc de cône, est

$$E = 0{,}2618\,h\,(R - r)^2. \qquad (b)$$

Si, au lieu des rayons du cercle, on emploie, comme c'est l'usage, soit les diamètres, soit les circonférences, l'expression de l'erreur deviendra

en fonction des diamètres $E = 0{,}0653\,h\,(D - d)^2$
et en fonction des circonférences $E = 0{,}0066\,h\,(C - c)^2$.

On appelle *décroissance* d'un arbre la quantité dont la grosseur de sa tige diminue de la base au sommet.

Si la décroissance se produisait uniformément, la grosseur de la tige aux différentes hauteurs varierait en raison inverse de ces hauteurs ; la tige serait, dans ce cas, exactement assimilable à un tronc de cône. Mais en général, la décroissance n'est pas uniforme sur toute la longueur de la tige. On admet cependant qu'elle l'est sur des longueurs partielles.

Dès qu'on admet une décroissance uniforme, il est facile, connaissant d'ailleurs la grosseur de la tige à la base, sa hauteur et son *coefficient de décroissance*, de déterminer sa grosseur au petit bout.

En effet, soient (fig. 1,) R et r les rayons des bases extrêmes d'un tronc de cône de hauteur égale à h et R' le rayon d'une section faite à une hauteur égale à h'; les deux triangles ABD, CBE étant semblables, on a

$$\frac{h}{h'} = \frac{R - r}{R - R'}$$

d'où

$$r = R - h \times \frac{R - R'}{h'}$$

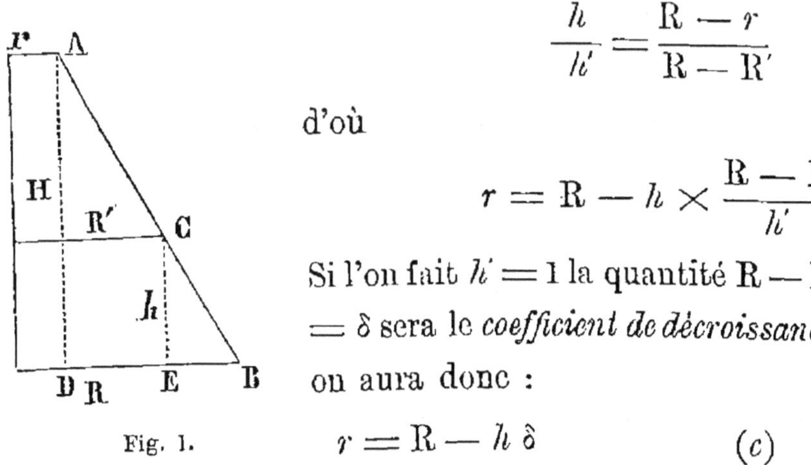

Fig. 1.

Si l'on fait $h' = 1$ la quantité $R - R' = \delta$ sera le *coefficient de décroissance*, on aura donc :

$$r = R - h\,\delta \qquad (c)$$

Généralement, le coefficient de décroissance se déduit d'après la décroissance du tour de la tige ou de son diamètre; les rayons simplifient les calculs, c'est pourquoi nous les avons introduits dans les formules précédentes; rien n'est plus simple d'ailleurs que de substituer dans ces formules aux rayons les diamètres ou les circonférences, et δ deviendra $2\,\delta$ dans le premier cas et $6{,}18\,\delta$ dans le second.

D'après ce qui précède, on voit que le coefficient de décroissance s'obtient en calculant la décroissance de cette tige pour un mètre de hauteur et en supposant cette tige uniforme.

Dans l'expression (b) de l'erreur, remplaçons r par sa valeur tirée de la formule (c); comme on a évidemment $(R - r)^2 = h^2\,\delta^2$ il vient

$$E = 0{,}2618\, h \times h^2\,\delta^2 \qquad (d)$$

par conséquent, pour un même coefficient de décroissance, l'erreur est proportionnelle au cube de la hauteur.

Posons $m\,h = $ H. Si l'on décompose la tige en m tronces de longueur chacune égale à h, on aura évidemment pour erreur totale

$$E = m \times 0{,}2618\,h \times h^2\,\delta^2$$

d'où

$$E = 0{,}2618\;H\,h^2\,\delta^2. \qquad (e)$$

Comme on peut faire h aussi petit que l'on veut, il s'ensuit que par la formule (a) on peut arriver à un résultat d'autant plus exact qu'on prendra h plus petit.

En général, on prend h égal à un ou deux mètres, suivant que δ est plus fort ou plus faible.

2° Cubage cylindrique, ou cubage des
marchands de bois.

On simplifie encore la méthode précédente, en ne décomposant pas la tige et en l'assimilant à un tronc de cône unique, dont on calcule le volume par l'un des procédés indiqués précédemment, soit par la formule du tronc de cône, soit plus simplement, en considérant le volume de la tige comme équivalant à celui d'un cylindre de même longueur et ayant pour base la section circulaire prise au milieu de la tige, ou bien la moyenne des sections circulaires extrêmes de la tige.

Cette méthode de cubage simplifiée est celle généralement admise dans la pratique du commerce. Elle est très peu exacte, surtout quand le coefficient de décroissance est fort et que la tige mesurée est longue.

Il est bien rare que la décroissance de la tige soit uniforme ; le tronc des arbres de grande dimension se rapproche assez d'un tronc de cône qui serait légèrement renflé vers le milieu de sa hauteur ; il suit de là qu'en prenant pour un des éléments du cubage la grosseur au milieu de la longueur du tronc, on obtient généralement un cube supérieur à celui qu'on trouverait en calculant le volume à l'aide de la moyenne arithmétique des grosseurs aux deux extrémités du tronc. Toutefois, il arrive assez rarement que l'endroit où le renflement du tronc est le plus fort soit exactement au point milieu de la hauteur de la tige ; ce point, au contraire, se trouve fréquemment soit en-deçà, soit au-delà de ce milieu.

On appelle *découpe* l'opération qui a pour but de diviser la tige entière en deux ou plusieurs pièces, de manière à en tirer le meilleur parti, et à en rendre le cubage aussi avantageux que possible, sans cependant compromettre les dimensions recherchées par le commerce pour les pièces de charpente. La découpe influe sur le cubage, surtout quand on compte les équarrissages de 3 en 3 centimètres, en négligeant au profit de l'acheteur toute fraction de 3 centimètres, suivant l'usage du commerce de Paris. Il suffit quelquefois, en effet, de gagner quelques millimètres de plus sur la grosseur de la tige pour éviter de subir un cubage faisant perdre environ 3 centimètres sur l'équarrissage. Un exemple fera mieux saisir encore l'effet d'une découpe plus ou moins habile.

La figure 2 représente le profil d'une tige de chêne de 26 mètres de hauteur, dont on a mesuré les diamètres de 2 en 2 mètres. Les distances mesurées sur la tige ont été rapportées sur l'axe XY à l'échelle de 1 à 400 ; les ordonnées, représentant les diamètres aux différentes hauteurs, ont été rapportées à l'échelle de 1 à 200.

En calculant le volume de cette tige par la formule (*a*) on a obtenu 3^{mc},911, volume qui représente ce qu'on est convenu d'appeler le *volume réel*.

En appliquant la méthode du cylindre unique, cette tige ayant en son milieu 1^{m},44 de circonférence, donne pour 26 mètres de hauteur 4^{mc},290, volume qui représente ce qu'on est convenu d'appeler le *cube cylindrique*.

On voit que dans ce cas le cubage cylindrique est plus avantageux que le cubage au volume réel. Mais si l'on remarque, comme on peut s'en rendre compte sur la figure ci-contre, que la partie A X, par exemple, a une qualité supérieure à la partie A Y, eu égard à ses fortes dimensions, à sa forme régulière, et enfin à l'absence de nœuds, etc., et que par conséquent on pourra lui appliquer un prix en rapport avec ces qualités ; on sera amené à faire une première découpe en A. En appliquant à chacune des pièces A X, A Y la méthode du cubage cylindrique, on aurait :

Pour la 1re pièce . . . . 2^{mc},599   ⎫

Pour la 2e » . . . . . . 0 ,731   ⎬ 3^{mc},330

Y
X
B
A
$h = 8^m$.
Circ. au mil. $= 0^m,78$.
Charpente 2e qé.
$h = 6^m$.
Circ. au mil. $= 1^m,41$.
Charpente 2e qé.
$h = 12^m$.
Circ. au mil. $= 1^m,65$.
Charpente 1re qé.

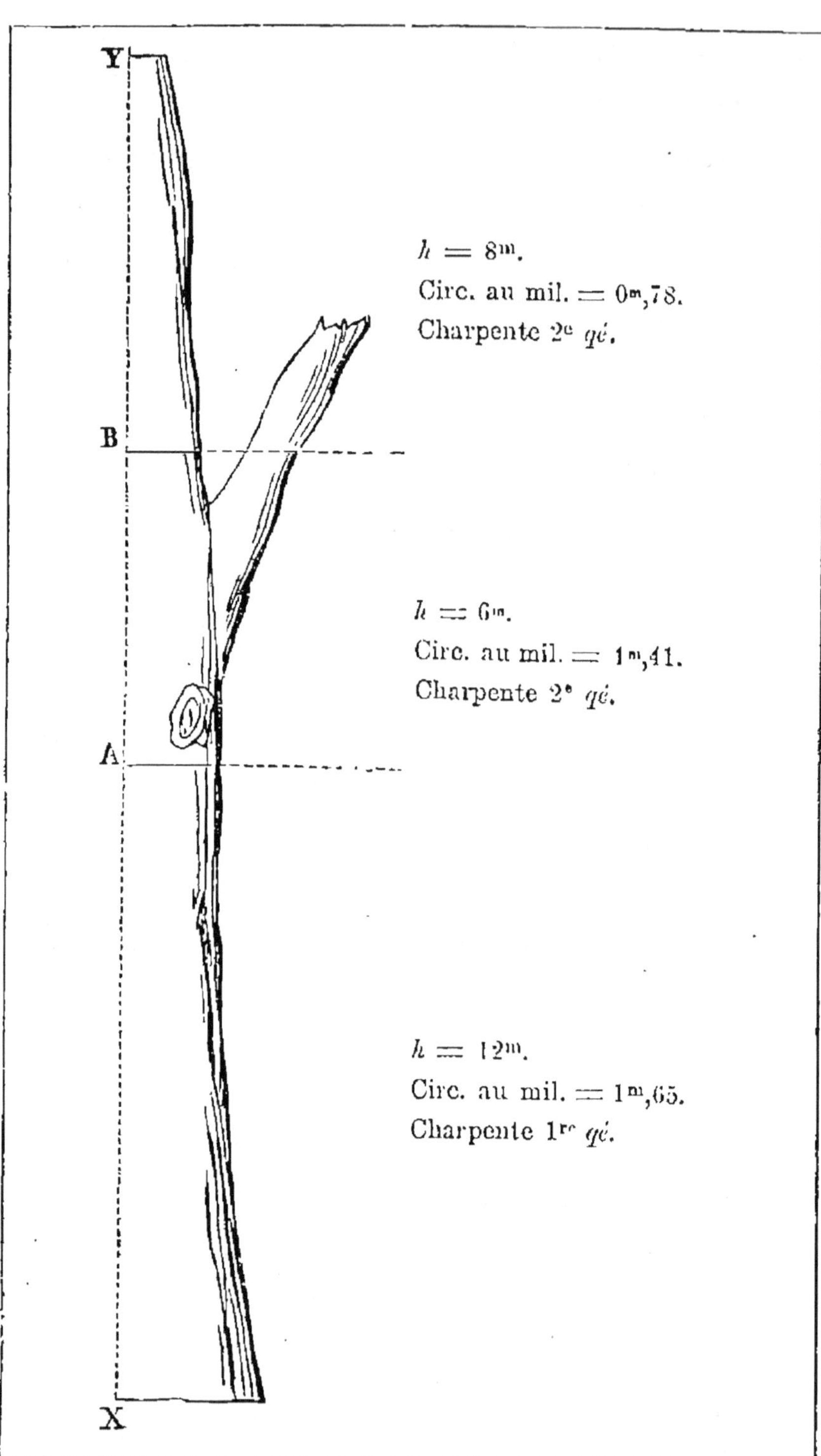

Fig. 2.

Ce résultat par trop défavorable, quant au volume, doit être modifié par une seconde découpe entre A et Y, en B, par exemple ; par cette nouvelle combinaison, on aurait :

Pour la 1re pièce. . . . . . 2^{mc},599
Pour la 2e » . . . . . . 0 ,949 $\quad$ 3^{mc},935.
Pour la 3e » . . . . . . 0 ,387

Les détails de ce dernier calcul font voir que le cube cylindrique de la pièce A B est plus avantageux d'une manière absolue que celui de la pièce A Y. C'est surtout à des anomalies de cette nature que les découpes doivent obvier.

Le cubage cylindrique est une simplification du cubage au volume réel ; néanmoins, il nécessite encore des calculs assez compliqués ; puisqu'il faut, si l'on emploie les circonférences, ce qui est un usage admis, élever au carré la circonférence, diviser ce carré par 4 π ou 4 × 3,1416, et enfin multiplier le quotient obtenu par la longueur ; le volume cherché a en effet pour expression géométrique :

$$V = \frac{1}{4\,\pi}\,C^2\,H.$$

3° *Cubage au quart sans déduction.*

On simplifierait sensiblement les calculs en substituant au cercle $\dfrac{1}{4\,\pi}C^2$, un carré équivalent, dont le côté serait une fraction connue de la circonférence. Cherchons quelle est cette fraction. Pour cela désignons par $\dfrac{1}{x}$ l'inconnue, on a évidemment

$$\frac{1}{4\,\pi}\,C^2\,H = \left(\frac{1}{x}\,C\right)^2 H$$

d'où

$$\frac{1}{x} = \sqrt{\frac{1}{4\,\pi}} = 0,282.$$

Le côté de carré cherché est donc compris entre 0,33 ou le tiers et 0,25 ou le quart de la circonférence. Le tiers de la circonférence donnerait un volume trop fort ; au contraire, le quart de la circonférence donne un volume trop faible, mais plus approché. C'est cette dernière fraction qu'on a adoptée pour simplifier le cubage cylindrique, quoique trop faible. En voici les raisons : pour obtenir le volume cylindrique, on mesure la tige revêtue de son écorce ; or, cette partie de la tige n'a aucune valeur ; un procédé de cubage qui n'en tiendrait pas compte ne saurait, au point de vue des transactions, présenter un grand inconvénient ; outre l'écorce proprement dite, une partie du bois tombe comme déchet pour des raisons diverses assez nombreuses ; en sorte qu'en définitive on a admis en général que l'erreur en moins commise par le cubage au quart de la circonférence, sans déduction, est négligeable, et que ce cubage donne sensiblement le volume de la matière réellement utilisable.

Appliquons le cubage au quart sans déduction au chêne

précédemment cubé ; on aura, en n'admettant que des multiples de 3 centimètres comme côtés d'équarrissage, suivant l'usage du commerce de Paris :

$$1^{\text{re}} \text{ pièce.} \begin{cases} \text{Circonférence, } 1^{\text{m}},65. \\ \text{Le quart,} \qquad 0\ ,41. \\ \qquad V = 0,39 \times 0,39 \times 12 = \quad 1^{\text{mc}},825 \end{cases}$$

$$2^{\text{e}} \quad - \quad \begin{cases} \text{Circonférence, } 1^{\text{m}},41. \\ \text{Le quart,} \qquad 0\ ,35. \\ \qquad V = 0,33 \times 0,33 \times\ 6 = \quad 0\ ,653 \end{cases}$$

$$3^{\text{e}} \quad - \quad \begin{cases} \text{Circonférence, } 0^{\text{m}},78. \\ \text{Le quart,} \qquad 0\ ,19. \\ \qquad V = 0,18 \times 0,18 \times\ 8 = \quad 0\ ,259 \end{cases}$$

Total du volume au quart sans déduction $= \quad 2^{\text{mc}},737$

Le volume théorique par le cubage cylindrique, en appelant C la circonférence au milieu, est :

$$V\ cyl = \frac{1}{4\ \pi}\ C^2\ H$$

Le volume théorique au quart sans déduction sera :

$$V_{\frac{1}{4}} = \frac{1}{16}\ C^2\ H$$

prenant le rapport de ces deux valeurs, on aura :

$$\frac{V_{\frac{1}{4}}}{V cyl} = \frac{4\ \pi}{16} = \frac{\pi}{4} = 0{,}7854$$

Ce nombre 0,7854 est le *coefficient* qui permet de passer

du volume cylindrique au volume au quart sans déduction. Ainsi, si l'on avait trouvé, pour volume cylindrique
d'une tige, $3^{mc}842^{dc}$, son volume théorique, au quart sans
déduction, serait :

$$3,842 \times 0,7854 = 3^{mc},017$$

Réciproquement, pour passer du volume au quart sans
déduction au volume cylindrique, on diviserait le premier
volume par le coefficient 0,7854 ; ou mieux on le multiplierait par l'inverse de ce coefficient qui est $\dfrac{1}{0,7854} = 1,27323$

4° *Cubage au 5ᵉ ou au 6ᵉ déduit.*

Certains arbres, tels que le chêne, renferment de l'aubier, qui est, nous le savons, une zone de bois de formation
récente, encore imparfaite ; cette partie du bois est complètement dépourvue des qualités de résistance, d'élasticité
et de durée, qui font rechercher le bois de chêne pour les
grandes constructions civiles et navales, ainsi que pour
différents ouvrages de l'industrie. Pour certains emplois,
et surtout dans les devis d'ingénieurs et d'architectes, les
volumes des bois sont déterminés d'après les dimensions
qu'ils doivent avoir en place ; ils doivent être sans aubier ;
leur volume est donc calculé dans ces conditions pour
l'évaluation des prix ; en sorte qu'une bille de chêne en
grume, c'est-à-dire encore revêtue de son écorce, ou non
équarrie, a un volume tout différent de celui qu'auront

les pièces de bois sans aubier qu'on en tirera ; or, pour tenir compte de ces différences, on a recours à un mode de cubage particulier, que l'usage a consacré et dont l'exactitude a été constatée à la suite d'une longue expérience. Ce mode de cubage est connu sous le nom de cubage au *cinquième déduit* ou au *sixième déduit*, selon les essences. Voici la manière de procéder :

On prend le tour au milieu de la pièce en grume, on en déduit le 5ᵉ ou le 6ᵉ ; on prend ensuite le quart du reste comme côté d'équarrissage, on élève ce quart au carré et on multiplie par la longueur (1).

Appliquons cette méthode au chêne proposé comme exemple, on a :

$$
\begin{array}{lr}
\text{Circonf.} \dots\dots\dots & 1^{m},65 \\
\text{Le } 5^{e} \dots\dots\dots & 0\ ,33 \\
\hline
\text{reste} \dots\dots\dots & 1^{m},32 \\
\text{Dont le quart} = \dots\dots & 0\ ,33
\end{array}
$$

d'où :

$$ V_{\frac{1}{5}} = 0,33 \times 0,33 \times 12 = 1^{mc},307 $$

de même, circ. $1^{m},41$ donne :

$$ V_{\frac{1}{5}} = 0,27 \times 0,27 \times 6 = 0\ ,437 $$

(1) Plus généralement, appelons C la circonférence moyenne, $\frac{1}{n}$ la déduction à faire subir à cette circonférence, la formule du cubage au n^{e} déduit sera :

$$ V_n = \frac{1}{16} C^2 \left(\frac{n-1}{n} \right)^2 \times H. $$

de même, circ. $0^m,78$ donne :

$$V_{\frac{1}{5}} = 0,15 \times 0,15 \times 8 = 0^{mc},180$$

Total du volume au 5e déduit. $1^{mc},924$

Il est bon de remarquer que le cinquième de la circonférence représente exactement le côté de l'équarrissage ; la règle précédente, en ce qui concerne le cubage au *cinquième déduit,* peut donc se simplifier ainsi qu'il suit : prendre le cinquième de la circonférence au milieu, élever le quotient obtenu au carré et multiplier par la longueur.

Par le cubage au *sixième déduit,* on aurait :

Circ. $=$ . . . . $1^m,65$

Le $6^e =$ . . . . $0\ ,27$

Reste. . . . . $1^m,38$

Dont le quart $=$ . . . . $0\ ,345$

d'où :

$$0,33 \times 0,33 \times 12 = 1,307. .$$
de même pour circ. $= 1^m,41$, on aurait :
$$0,27 \times 0,27 \times 6 = 0,437. .$$
de même pour circ. $= 0^m,78$, on aurait :
$$0,15 \times 0,15 \times 8 = 0,180. .$$

$1^{mc},924.$

Dans ce cas particulier, le cubage au *sixième déduit* donne les mêmes résultats que celui au cinquième ; parce que, en négligeant les fractions de 3 centimètres sur les côtés de l'équarrissage, on perd plus au *sixième* qu'au *cin-*

quième. Il est d'ailleurs facile d'établir les rapports exacts des volumes obtenus par les différents modes de cubage qui ont été exposés.

Relations entre les divers modes de cubage pratiques.

Nous avons déjà trouvé :

$$\frac{V_{\frac{1}{4}}}{V cyl} = 0,7854$$

on aurait de même :

$$\frac{V_{\frac{1}{5}}}{V cyl} = \frac{h\, C^2 \frac{1}{16} \left(1 - \frac{1}{5} \right)^2}{\frac{1}{4\,\pi} h\, C^2} = \frac{\pi}{4} \left(1 - \frac{1}{5} \right)^2 = 0,502655$$

$$\frac{V_{\frac{1}{6}}}{V cyl} = \frac{\pi}{4} \left(1 - \frac{1}{6} \right)^2 = 0,54541$$

et les inverses de ces trois rapports :

$$\frac{V cyl}{V_{\frac{1}{4}}} = \frac{4}{\pi} = 1,27323$$

$$\frac{V cyl}{V_{\frac{1}{5}}} = \frac{4}{\pi \left(1 - \frac{1}{5} \right)^2} = 1,98946$$

$$\frac{V cyl}{V_{\frac{1}{6}}} = \frac{4}{\pi \left(1 - \frac{1}{6} \right)^2} = 1,83351.$$

On obtient de même :

$$\frac{V_{\frac{1}{5}}}{V_{\frac{1}{4}}} = \left(1 - \frac{1}{5} \right)^{2} = 0,64000$$

$$\frac{V_{\frac{1}{6}}}{V_{\frac{1}{4}}} = \left(1 - \frac{1}{6} \right)^{2} = 0,69444$$

$$\frac{V_{\frac{1}{5}}}{V_{\frac{1}{6}}} = \frac{\left(1 - \dfrac{1}{5} \right)^{2}}{\left(1 - \dfrac{1}{6} \right)^{2}} = 0,921605$$

et enfin les inverses de ces trois derniers rapports :

$$\frac{V_{\frac{1}{4}}}{V_{\frac{1}{5}}} = \frac{1}{0,64000} = 1,5625$$

$$\frac{V_{\frac{1}{4}}}{V_{\frac{1}{6}}} = \frac{1}{0,69444} = 1,44001$$

$$\frac{V_{\frac{1}{6}}}{V_{\frac{1}{5}}} = \frac{0,69444}{0,64000} = 1,08506.$$

On peut, à l'aide des coefficients que nous venons de calculer, passer par une simple multiplication de l'un des quatre systèmes de cubage à l'un quelconque des trois autres. On peut également, connaissant par exemple le prix du mètre cube calculé au quart sans déduction, déduire le prix du mètre cube calculé par l'un quelconque des trois autres procédés.

Les résultats précédents sont résumés dans le tableau suivant, page 20.

L'usage de ce tableau est aussi facile qu'utile. Si par exemple on connaissait le prix du mètre cube au *cinquième déduit,* soit 90 francs; et que, connaissant le volume de l'arbre d'après le cubage cylindrique, on voulût lui appliquer le prix du mètre cube au quart sans déduction, il suffirait, le volume cylindrique de cet arbre étant supposé de 2^{mc},

1° de multiplier le prix connu par 0,64, ce qui donne

$$0,64 \times 90 = 57^f,60$$

2° de multiplier le volume par 0,7854, soit

$$2 \times 0,7854 = 1^{mc},57$$

et d'appliquer à ce volume le prix de $57^f,60$.

Bois méplats.

Les procédés pratiques de cubage consistent, ainsi que nous l'avons établi, à mesurer le tour de la tige en son milieu pour en déduire une surface de section qui, multipliée par la longueur, donne le volume. Cette surface de section, qui n'est que l'équivalent plus ou moins approché de la section réelle, est un cercle pour le cubage cylindrique et un carré pour les cubages au quart sans déduction, au cinquième ou au sixième déduit. Dans tous ces procédés, on arrive à la détermination du volume par

MODES DE CUBAGE employés.	COEFFICIENTS SERVANT à obtenir le volume correspondant au cubage				COEFFICIENTS SERVANT à obtenir le prix du mètre cube correspondant au cubage			
	cylindrique.	au 1/4 sans déduction.	au 1/5 déduit.	au 1/6 déduit.	cylindrique.	au 1/4 sans déduction.	au 1/5 déduit.	au 1/6 déduit.
Cylindrique.............	1.00000	0.7854	0.502655	0.545412	1.000	1.2732	1.9895	1.8335
Au 1/4 sans déduction...	1.27323	1.0000	0.64000	0.69444	0.7854	1.0000	1.5625	1.4400
Au 1/5 déduit..........	1.98946	1.5625	1.00000	1.08506	0.5026	0.6400	1.0000	0.9216
Au 1/6 déduit..........	1.83851	1.4400	0.921605	1.00000	0.5454	0.6944	1.0851	1.0000

la mesure du tour de l'arbre qu'on assimile à une circonférence. Aucun arbre cependant n'est circulaire d'une manière absolue ; et si l'on voulait assimiler le contour de la section perpendiculaire à l'axe de la tige, à une figure géométrique se rapprochant davantage de la réalité, c'est à l'ellipse qu'il faudrait songer. Dans la plupart des cas, l'excentricité de l'ellipse est assez faible pour qu'on puisse sans inconvénient lui substituer le cercle ayant pour circonférence le contour de l'ellipse. Cependant, dans de certaines conditions de végétation, par suite d'une inégale répartition de la lumière sur l'arbre, ou pour toute autre cause, il arrive quelquefois que la tige est sensiblement moins épaisse dans un sens que dans l'autre ; son diamètre, mesuré dans des sens différents, présente des différences assez importantes. Dans ce cas, on dit que l'arbre est *méplat,* et en assimilant le contour de l'arbre à une circonférence de cercle, on commet une erreur *en plus* qui peut n'être pas négligeable.

Il est utile alors de modifier les procédés de mesurage ordinaires ; au lieu de prendre la circonférence de l'arbre, il faut mesurer, à l'aide d'un *compas forestier* dont nous donnerons plus loin la description, la plus grande et la plus petite épaisseur, et adopter comme diamètre la moyenne de ces deux épaisseurs ; on calculera ensuite le volume en déduisant de ce diamètre moyen la circonférence et l'on fera subir au volume une réduction si cela est nécessaire, ainsi que nous allons l'expliquer.

Soient $2\,r$ et $2\,r'$ les deux épaisseurs mesurées que nous considérerons comme représentant le grand axe et le petit axe d'une ellipse; la surface approchée de la section de la tige sera celle de l'ellipse, ou $\pi r r'$; en lui substituant la surface d'un cercle dont le diamètre est $r + r'$ on commet une erreur exprimée par :

$$E = \frac{\pi}{4} \left(r + r' \right)^2 - \pi r r'$$

d'où :

$$E = \frac{\pi}{4} \left(r - r' \right)^2.$$

L'erreur est donc égale au cercle ayant pour diamètre la demi-différence des épaisseurs mesurées sur la tige, multipliée par la longueur de cette dernière, puisqu'on a :

$$V = \frac{\pi}{4} h (r + r')^2 - \frac{\pi}{4} h (r - r')^2 = \pi h r r'.$$

Appliquons ces formules à un exemple.

Soit une bille de chêne de 12 mètres de longueur; la grosseur maxima au milieu ayant été trouvée égale à $0^m,60$, et la grosseur minima égale à $0^m,50$; nous aurons :

$$h = 12, \; r = 0,30, \; r' = 0,25.$$

Le volume cylindrique, pour un diamètre moyen de $0,30 + 0,25 = 0,55$, sera :

$$\frac{\pi}{4} h \times 0,55^2 = 2^{mc},851 \text{ à } 30 \text{ fr. l'un, ci. } \quad 85^f,55$$

L'erreur *en plus* est de :

$$\frac{\pi}{4} h \times 0,05^2 = 0^{mc},024 \text{ à } 30 \text{ fr., ci.} \dots \quad 0^f,72$$

c'est-à-dire de moins de 1 pour 100, elle est négligeable ; mais si l'on avait $r = 0,35$, $r' = 0,25$,

$$\frac{\pi}{4} h \times 0,6^2 = 3^{mc},392 \text{ à } 30 \text{ fr., ci.} \dots \quad 101^f,77$$

$$E = \frac{\pi}{4} h \times 0,1^2 = 0^{mc},095 \text{ à } 30 \text{ fr., ci.} \quad 2^f,85$$

dans ce cas l'erreur est d'environ 3 %, elle n'est plus négligeable.

Il paraîtrait plus rationnel d'employer la formule de l'ellipse $\pi r r'$; puisqu'on aurait directement le résultat cherché ; cependant, comme il existe des tables donnant les volumes des cylindres circulaires et qu'il n'en existe pas pour les cylindres elliptiques, il est préférable d'adopter la marche que nous avons suivie.

Si l'on avait procédé, dans ce dernier exemple, selon la pratique ordinaire, en prenant le tour de l'arbre comme circonférence de cercle, on trouverait pour circonférence $1^m,898$; le volume cherché serait donc :

$$\frac{1}{4\pi} h \times 1,898^2 = 3^{mc},444 \text{ à } 30 \text{ fr., ci.} \quad 103^f,32$$

Le cylindre elliptique donnerait :

$$\pi \times 0,35 \times 0,25 \times h = 3^{mc},297 \text{ à } 30 \text{ fr., ci.} \quad 98^f,91$$

$$\text{La différence} \dots \dots \quad 4^f,41$$

représenterait une perte au préjudice de l'acheteur de 4,26 %.

La pratique qui consiste à adopter, dans les transactions commerciales, le tour des pièces de bois en grume avec ou sans écorce, comme élément de cubage, introduit donc une condition défavorable à l'acheteur, dans le cas des arbres méplats ; par cette méthode, le cubage des arbres même à peu près circulaires est toujours susceptible d'erreurs *en plus,* souvent négligeables, mais quelquefois assez sensibles. Si l'on joint à cette cause l'existence par exemple de défauts plus ou moins graves et cachés, qui ont pour résultat de déprécier quelquefois à l'insu de l'acheteur, quelque expérimenté qu'il soit, certaines pièces de bois ; on comprendra que l'usage consacré à Paris de ne mesurer les équarrissages que de 3 en 3 centimètres et les longueurs que de 25 en 25 centimètres soit justifié ; c'est une compensation au profit de l'acheteur des erreurs plus ou moins apparentes, mais réelles, au profit du vendeur, qui résultent des procédés de cubage adoptés.

II. — BOIS ÉQUARRIS.

Les bois de charpente, surtout ceux de chêne, sont employés à de grandes distances de leur lieu de production ; aussi pour diminuer autant que possible les frais de transport, façonne-t-on les tiges sur le parterre de la coupe, de manière à ne faire livraison que du bois de charpente ou d'industrie réellement utilisable, en les dépouillant plus ou moins suivant les circonstances de leur écorce et de leur aubier. On équarrit donc généralement en forêt les pièces destinées à la charpente.

Équarrir une pièce de bois, c'est la transformer, à l'aide de la hache et de la scie, en un parrallélépipède rectangle ou en un tronc de pyramide rectangulaire droit.

Une pièce de charpente est dite équarrie à *vive arête*, quand les quatre faces latérales sont à angle droit et terminées par quatre arêtes sensiblement droites. Ces arêtes peuvent être complètement dépourvues d'aubier ou en présenter une plus ou moins grande proportion ; dans le premier cas, c'est l'*équarrissage* à vive arête sur *franc bois;*

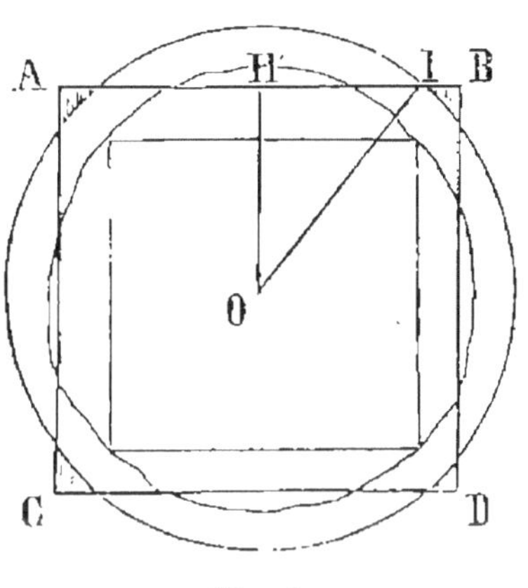

Fig. 3.

dans le second cas, l'équarrissage à vive arête *avec tolérance.*

Une pièce de bois équarrie présente des *flaches,* quand les faces adjacentes ne se terminent pas chacune par une arête commune ; ainsi une pièce équarrie au quart sans déduction présente nécessairement sur chaque angle des flaches ; dont on peut facilement établir l'importance par le calcul.

En effet, soit (fig. 3) une circonférence de cercle représentant la section d'un tronc, dont le diamètre soit égal à l'unité, et supposons le tronc équarri suivant les traits A B, C D, A C, B D ; en prenant $A\,B = \dfrac{1}{4}\pi$, ce sera

l'équarrissage au quart sans déduction ; les flaches aux quatre angles se mesurent sur B I, que l'on obtient au moyen d'une équerre. Traçons l'apothème O H et joignons O I, et de plus posons :

$$I\,B = n \times A\,B$$

comme :

$$A\,B = \frac{\pi}{4} \quad \text{on a} \quad I\,B = n\,\frac{\pi}{4}.$$

Or, dans le triangle rectangle O H I, on a :

$$\overline{O\,H}^2 + \overline{H\,I}^2 = \overline{O\,I}^2;$$

remarquons que :

$$O\,H = \frac{\pi}{8}, \quad H\,I = H\,B - I\,B = \frac{\pi}{8} - n\,\frac{\pi}{4}, \quad O\,I = \frac{1}{2},$$

donc :

$$\frac{\pi^2}{64} + \left(\frac{\pi}{8} - n\,\frac{\pi}{4} \right)^2 = \frac{1}{4};$$

d'où, en réduisant, on arrive à l'équation du 2e degré :

$$n = \frac{1}{2} - \sqrt{\frac{1}{4} - \frac{1}{2} + \frac{4}{\pi^2}}, \quad n = 0{,}1053;$$

mais :

$$A\,B = \frac{\pi}{4} = 0{,}785,$$

donc :

$$B\,I = 0{,}785 \times 0{,}1053 = 0{,}083.$$

Équarrissage à vive arête sur franc-bois.

Pour équarrir à *vive arête sur franc-bois* une pièce de chêne, on ne doit admettre aux angles aucune partie d'aubier ; le côté d'équarrissage devra donc être égal au côté du carré inscrit dans le cercle limité extérieurement par la zone d'aubier.

Soit d le diamètre mesuré sur *franc-bois*, le côté d'équarrissage à vive arête c sera :

$$c = \frac{d}{\sqrt{2}} = \frac{d}{1,4142} \quad \text{ou} \quad c = 0,707\ d \qquad (1)$$

En supposant D le diamètre sur écorce, $\dfrac{D - d}{2}$ représentera l'épaisseur de l'écorce et de l'aubier.

Cherchons quelle serait la valeur $\dfrac{D - d'}{2}$, dans le cas d'un équarrissage au cinquième déduit, et posons $D = 1$; on aura évidemment pour équarrissage :

$$c = \frac{\pi}{5}, \quad \text{d'où} \quad d' = \frac{\pi}{5} \sqrt{2} = 0,889 ;$$

donc :

$$\frac{D - d'}{2} = \frac{1 - 0,889}{2} = 0,0555.$$

On peut conclure de là que le cubage au cinquième déduit donnera un volume plus fort ou plus faible que celui de la pièce équarrie à vive arête sur franc-bois, selon que la double épaisseur de l'écorce et de l'aubier sera supérieure ou inférieure à 0,111 D.

Mais l'épaisseur de l'écorce et de l'aubier n'est pas proportionnelle au diamètre des arbres, tels que le chêne. Généralement ce sont les plus gros chênes et les plus hauts qui donnent une moindre proportion d'écorce et d'aubier, dont l'épaisseur ne dépasse guère $0^{m},05$; ceux dont l'épaisseur de l'écorce et de l'aubier est supérieure sont exceptionnels soit comme dimension, soit comme végétation. Quant aux chênes de faible dimension, ils présentent une proportion de bon bois moindre et une proportion d'écorce et d'aubier supérieure au rapport 0,0555 D. Ainsi un arbre de $0^{m},30$ de diamètre, d'après ce rapport, ne devrait donner que $0,0555 \times 0^{m},30 = 0,017$; en réalité, il peut fournir jusqu'à $0^{m},04$.

On doit donc admettre qu'en général le cubage au cinquième déduit donne un résultat assez approché du cubage à vive arête sur *franc-bois* pour les très gros arbres seulement ; mais toujours sensiblement trop fort pour les arbres de dimensions faibles ou moyennes.

Équarrissage à vive arête sur franc-bois, avec tolérance.

On a pu remarquer que le cubage au cinquième déduit réduit le volume de la pièce en grume à moitié environ. On a, en effet :

$$\frac{\pi}{4}\left(1 - \frac{1}{5} \right)^{2} = 0,502$$

Or, nous venons de constater que l'équarrissage à vive arête sur franc-bois fournit presque toujours un volume inférieur à celui donné par le cubage au 5ᵉ déduit, inférieur par conséquent à la moitié du volume total de l'arbre. Il s'ensuit que les pièces de bois équarries sans aubier doivent atteindre de très hauts prix ; aussi se contente-t-on généralement d'un équarrissage *avec tolérance*, c'est-à-dire comportant aux angles une certaine quantité d'aubier, de flaches ou de défournis.

Représentons par 1 le diamètre sur *franc-bois*, par c le côté de l'équarrissage, avec une tolérance égale à $n\,c$, on aura, en suivant l'ordre de calcul adopté pour la figure 3 :

$$\frac{c^2}{4} + \left(\frac{c}{2} - n\,c \right)^2 = \frac{1}{4},$$

d'où en réduisant :

$$c = \sqrt{\frac{1}{2 + 4\,n^2 - 4\,n}}.$$

Pour certaines destinations, les arbres ne peuvent être employés qu'équarris à vive arête sur franc bois, mais souvent on est moins exigeant et l'on admet une tolérance de tant pour cent sur l'équarrissage. Si, dans la formule précédente, on remplace n par ce tant pour cent, par exemple 0,15, comme c'est l'usage dans la marine militaire, on aura :

$$c = 0,819$$

et pour un diamètre quelconque d sur franc-bois

$$c = d \times 0,819$$

D'où l'on tire cette règle : *Pour obtenir l'équarrissage d'une pièce de bois en grume, on prend son épaisseur au milieu de la longueur, avec un compas courbe, après avoir enlevé l'écorce de manière à avoir le diamètre sur aubier; on fait ensuite une entaille dans l'aubier, jusqu'au bon bois; on mesure avec un double décimètre l'épaisseur de l'aubier, on double l'épaisseur ainsi constatée pour retrancher le résultat du diamètre sur aubier; le reste représente le diamètre sur franc-bois = d' qu'on multiple par 0,819 pour avoir l'équarrissage avec tolérance de 15 %.*

On aurait de la même manière :

pour $n = 0,10$, ou 10 % de tolérance $c = d \times 0,781$

pour $n = 0,20$ ou 20 %. . . . . $c = d \times 0,857$

Il est facile, après une opération de cette nature, de se rendre compte de la quantité réelle de *bon bois* comprise dans la pièce équarrie.

Il est clair que la totalité de bon bois contenue dans une tronce, en supposant sa longueur égale à 1 et $d = 1$, sera :

$$\frac{\pi\, d^2}{4} = 0^{mc},7854 ;$$

quand on équarrit à vive arête sur franc-bois on détache donc de la pièce une quantité de bon bois égale à 0,7854 — $0,707^2 d$, ou 0,7854 — 0,4984 = 0,287. Il est aisé de voir qu'avec la tolérance de 15 % par exemple, on augmente le volume de la pièce de $\frac{34}{100}$; il devient donc

0,4984 $\times$ 1,34 = 0^{mc},6678. Mais on compte dans ce volume une partie d'aubier et de défourni, dont l'importance est facile à calculer.

La figure 4 représente une bille de chêne où sont figurés les tracés de l'équarrissage à vive arête et de l'équarrissage

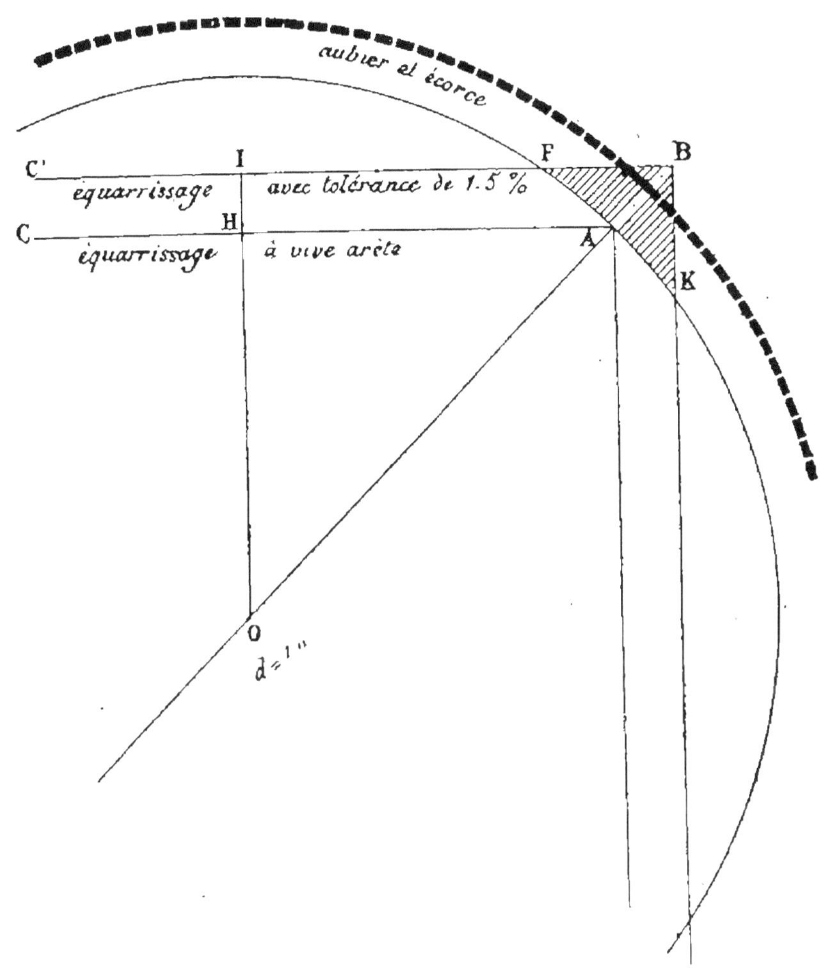

Fig. 4.

à 15 % de tolérance ; en supposant le diamètre sur franc-bois $d = 1$, on a

$$c = 0,707 \qquad c' = 0,819$$

$$F\,B = c' - c = 0,112$$

$$H\,I = \frac{c' - c}{2} = 0,056$$

On peut considérer comme triangle la section B F A K qui est la partie d'aubier et d'écorce admise aux quatre angles. La surface de ce triangle est égale à

$$F\,B \times H\,I \text{ ou } 0,112 \times 0,056 = 0,0063.$$

La quantité d'écorce contenue dans la pièce équarrie avec tolérance de 15 % est donc

$$0,0063 \times 4 = 0,025$$

et la quantité de bon bois sera

$$0,668 - 0,025 = 0,643.$$

Il en résulte que théoriquement le prix du mètre cube mesuré avec tolérance de 15 % ne devrait être que de 3, 7 % inférieur à celui du mètre cube mesuré d'après un équarrissage à vive arête ; mais d'autres considérations dont on a à tenir compte dans le débit des bois viennent modifier cette proportion, ainsi que nous le verrons dans un des chapitres suivants.

On voit que quel que soit l'équarrissage qu'on veuille donner à une tronce non équarrie, on peut toujours déterminer le volume auquel la pièce sera réduite par cet équarrissage ; il suffit pour cela de connaître le diamètre au milieu de la pièce, déduction faite de la double épaisseur de l'écorce et de l'aubier. La méthode de cubage au 5ᵉ déduit n'est qu'un procédé empirique pour déterminer le volume à vive arête sur franc-bois, mais qui n'est exact qu'autant que la double épaisseur de l'écorce et de l'aubier se trouve être égale aux $\dfrac{111}{1000}$ du diamètre. Ce procédé suppose donc que l'épaisseur de l'aubier est proportionnelle au diamètre, ce qui, en fait, n'est pas. Les petits arbres ont à proportion beaucoup plus d'aubier que les gros, et le procédé au 5ᵉ déduit ne saurait être appliqué avec chance d'exactitude que pour les très gros arbres. Pour les autres, il serait préférable d'admettre une épaisseur d'écorce et d'aubier de 0,03 à 0,04, c'est-à-dire de diminuer le diamètre mesuré sur écorce de 6 ou 8 centimètres et de déterminer l'équarrissage par l'un des coefficients 0,707, 0,781, 0,819 ou 0,857 calculés plus haut, page 30.

Mesure à l'équerre des pièces équarries.

Quand une pièce de bois est équarrie, on détermine son volume en multipliant le produit de sa largeur et de son

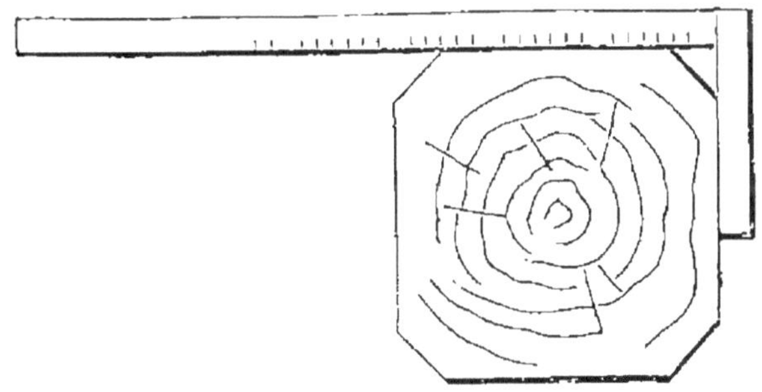

Fig. 5.

épaisseur par sa longueur. L'épaisseur et la largeur de la pièce ou mieux son *équarrissage* se mesure au moyen d'une équerre (fig. 5), composée de deux branches inégales, la plus longue portant des divisions de 3 en 3 centimètres, selon l'usage de Paris, ou de 2 en 2 centimètres, selon l'usage de Rouen et autres lieux. Quant aux longueurs, elles se prennent parallèlement à l'axe de la pièce et de 25 en 25 centimètres à Paris et de 20 en 20 centimètres à Rouen. Ainsi, l'équarrissage d'une pièce mesurant $0^m,35$ sur l'une de ses faces et $0^m,32$ sur l'autre, serait de $0^m,33$ à $0^m,30$ selon l'usage de Paris, et de $0^m,34$ à $0^m,32$ selon l'usage de Rouen ; si cette pièce avait 6 mètres de longueur, elle cuberait dans le premier cas $0^m,594$, et dans le second $0^m,653$.

L'équarrissage d'une pièce de bois s'exprime souvent par une des notations suivantes :

$$\frac{33}{30} \text{ ou } 33 \times 30.$$

Mesure à la ficelle des pièces de bois équarries ou non.

Pour mesurer à l'aide de l'équerre, décrite plus haut, les équarrissages, il faut pouvoir déplacer la pièce ; la faire tourner au moins sur une face, lui *donner un quartier* suivant l'expression en usage dans les chantiers de marine.

Dans beaucoup de localités on n'emploie pas l'équerre ; on mesure le tour de la pièce à l'aide d'une simple ficelle, armée à l'une de ses extrémités d'une sorte de grande aiguille en fer ; puis on prend le quart de ce tour pour équarrissage.

Il est évident que si la pièce est équarrie à vive arête et que si les quatre faces sont égales, le quart du tour mesuré à la ficelle exprimera exactement l'équarrissage de la pièce ; mais le procédé *à la ficelle* ne concorde avec celui à l'équerre que dans ce cas particulier peu fréquent dans la pratique.

Si les faces de la pièce équarrie à vive arête étaient iné-gales, le quart du tour donnerait un équarrissage auquel correspondrait un volume plus fort que celui de la pièce. Mais en général le cubage à la ficelle donne un équarris-sage inférieur à celui qu'on obtiendrait par l'équerre ; le volume qui en résulte est plus faible. En effet, les bois qu'on soumet à ce mode de cubage ne sont pas toujours équarris sur quatre faces ; souvent ils sont simplement dépouillés de leur écorce et arrondis ou équarris en octo-gone régulier ; ou bien équarris avec plus ou moins de flaches et de défournis ; si la pièce est ronde, on a le vo-lume au quart sans déduction ; dans le cas contraire, on a un volume qui s'approche d'autant moins du volume réel que la pièce a plus de défourni.

Quant à la manière de prendre le quart du tour mesuré à la ficelle, elle varie avec les localités ; tantôt on prend pour équarrissage le plus grand multiple de 3 centimètres, ou de 2 centimètres compris dans le quart du tour, tantôt on admet des côtés d'équarrissage inégaux lorsque la combinaison est plus avantageuse.

Supposons, par exemple, que la ficelle ait donné $1^m,64$; dans certaines régions on prendra pour équarrissage :

$$0,39 \times 0,39$$

ailleurs :

$$0,40 \times 0,40$$

ailleurs encore :

$$0,40 \times 0,42$$

à cet égard ce sont les usages et les conventions qui font la loi des parties.

Les pièces de charpente ne sont pas toujours à axe rectiligne; on emploie, notamment dans la construction des navires, des pièces courbes dont l'axe a une flèche plus ou moins grande, suivant la destination spéciale que ces pièces doivent recevoir; deux faces sont planes et deux faces courbes. En terme de construction navale, les pièces de bois qui ont une ou plusieurs courbes de cette sorte sont désignées sous le nom de *bois courbants*, et l'on réserve la désignation de *bois courbes* aux pièces formées par l'intersection de deux branches formant un angle plus ou moins ouvert; elles sont utilisées comme *courbes d'étambot*, *courbes de pont*, etc.

Tout équarrissage comporte deux dimensions, la largeur et l'épaisseur; pour *les courbants*, l'épaisseur est la distance entre les deux faces planes; elle se mesure, par conséquent, sur l'une des faces courbes; cette dimension s'appelle *le droit;* la largeur est la distance entre les deux faces courbes; elle se mesure par conséquent sur l'une des faces planes; cette seconde dimension s'appelle *le tour*. Ces désignations de *tour* et de *droit,* pour la largeur et l'épaisseur des pièces de charpente quelconques, ne sont usitées que pour les pièces de marine.

La longueur des *bois courbants* se mesure parallèlement à l'axe courbe des pièces.

D'après les usages de la marine, les longueurs sont prises
en nombres pairs de décimètres ; les fractions de 10 centimètres et au-dessous sont négligées ; celles au-dessus sont
comptées pour un décimètre ; les circonférences *sur écorce*
sont prises en décimètres ; les fractions de 5 centimètres et
au-dessous sont négligées ; celles au-dessus sont comptées
pour un décimètre ; enfin, les équarrissages sont exprimés
en nombres pairs de centimètres ; toute fraction d'un centimètre et au-dessous est négligée ; celle au-dessus est
comptée pour un centimètre.

§ II. — *Bois de feu.*

Tous les bois impropres à la charpente ou à l'industrie
sont utilisés comme combustibles. Cependant il arrive
parfois que certains arbres pouvant fournir du bois d'industrie et même de charpente sont entièrement convertis
en bois de feu, à cause de la valeur vénale que peut atteindre dans certaines circonstances cette marchandise ;
mais ce sont là des cas exceptionnels.

Les bois de feu se divisent :

1° En bois de chauffage proprement dits, destinés à
alimenter, les uns, les foyers domestiques ; les autres, les
fours de boulangerie, de verrerie, etc. ;

2° En bois de charbon dits *charbonnettes*, carbonisés en
forêt et donnant, soit du charbon de cuisine, soit du charbon de forge ;

3° En fagots et bourrées, comprenant les menus bois

servant au chauffage dans les campagnes et surtout à l'alimentation des fours à chaux, à plâtres, des tuileries et briqueteries, etc.

Les bois de chauffage et la charbonnette se mesurent par des procédés identiques. Les bûches sont empilées de manière à ne laisser que le moins d'interstices possible entre elles dans une membrure (fig. 6), dont les dimensions sont fixées d'avance, de façon que l'espace occupé par la

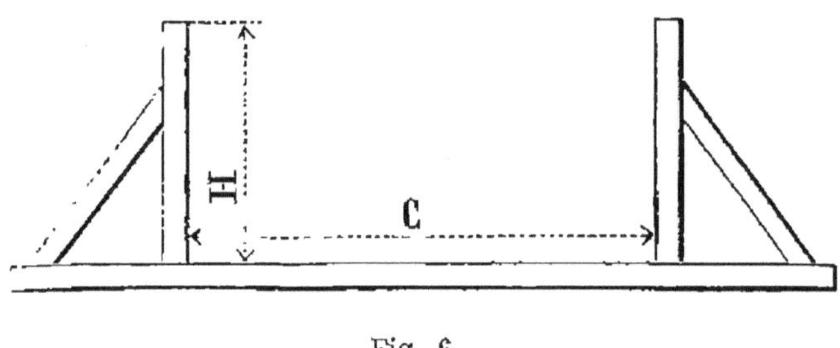

Fig. 6.

pile forme un parallélépipède droit, dont les trois dimensions sont la longueur des bûches $= L$, la hauteur de la pile $= H$, sa longueur ou couche $= C$.

La longueur des bûches varie suivant les usages locaux et selon les diverses destinations à donner au bois, entre $0^m,66$ (ou 2 pieds de roi, en ancienne mesure), et $1^m,30$ (ou 4 pieds de roi). On ne mesure jamais ensemble que les bois ayant même longueur de bûche. Dans ce mesurage, on doit donc considérer la longueur des bûches comme une quantité constante ; la hauteur de la pile H, et la longueur de couche C sont seules indéterminées ; toutefois, on est convenu, ce qui d'ailleurs est prescrit par les règlements, de calculer la hauteur, de façon qu'en la multipliant par la longueur de bûche, le produit soit exactement égal à un mètre carré ; il suffit alors de connaître en mètres et sous-multiples du mètre la longueur de couche, pour exprimer sans calcul le nombre de mètres cubes et décimètres cubes correspondant au volume de la pile.

S'agit-il de bois de 4 pieds, ayant par conséquent $1^m,30$ de longueur, on aura :

$$H = \frac{1^{mq}}{1,30} = 0^m,77 \; ;$$

de même pour le bois de 2 pieds, ayant $0^m,66$ de longueur (dimension de la charbonnette), on aurait :

$$H = \frac{1^{mq}}{0,66} = 1^m,52.$$

Si donc du bois de 4 pieds, ou *grand bois, bois de corde, bois de moule,* etc., était empilé à $0^m,77$ de hauteur et que la pile mesurât 3 mètres et 3 décimètres de longueur de couche, le volume de cette pile serait de 3 mètres cubes et 3 dixièmes de mètre cube.

En matière de bois de chauffage, l'unité de mesure est le *stère.* On entend par stère de bois de chauffage la quantité de bûches empilées que peut contenir un espace mesurant un mètre cube. La pile que nous avons prise précédemment pour exemple mesurerait 3 stères et 3 décistères.

La loi du 4 juillet 1837 et l'ordonnance du 16 juin 1839 prescrivent de n'employer, pour la vente du bois de chauffage, que les trois mesures suivantes : le *stère,* le *double-*

stère et le *demi-décastère;* les membrures correspondant à ces mesures doivent avoir : la première 1 mètre de couche, la seconde 2 mètres, la troisième 3 mètres ; la hauteur du montant de ces membrures doit être réglée selon la longueur des bûches. Toutefois, ce qui importe le plus à la régularité des transactions, c'est **un** bon empilage bien plus que la fixation de mesures spéciales du genre de celles que nous venons d'indiquer ; la quantité de bois mesurée variant avec le soin plus ou moins grand que l'on met à empiler les bûches, c'est surtout cette opération de l'empilage qui doit être loyale et consciencieuse. Il y a d'ailleurs des règlements de police sur la manière dont les piles de bois doivent être composées. D'après un décret du 6 septembre 1852, on doit exclure les bûches cambrées, dont la courbure peut donner en son milieu une flèche de $0^m,15$ à $0^m,20$, en prenant pour corde de l'arc une ficelle tendue passant par les deux extrémités de la bûche ; celles qui présentent deux courbures, dont les flèches réunies donnent également $0^m,15$ à $0^m,20$; celles qui sont creuses ou pourries, celles qui n'ont pas la longueur voulue.

Néanmoins, les empilages défectueux se sont quelquefois tellement multipliés dans le commerce de détail, qu'on a été amené à abandonner les mesures de capacité pour vendre au poids. Cet usage, bien qu'assez répandu, n'est pas général parce qu'il n'est pas sans d'assez graves inconvénients. Le poids spécifique d'une même essence est en raison du plus ou moins grand degré d'humidité du bois, en raison inverse, par conséquent, de sa qualité comme

combustible à consommer immédiatement ; de là souvent
de grandes difficultés pour obtenir du bois sec. On ne
peut donc pas préciser le poids du stère de bois de chauffage ; on admet dans le commerce de Paris qu'il est de
400 kil. pour les bois durs et de 300 kil. pour les bois
blancs ; ces chiffres paraissent trop faibles ; par des expériences où l'on empilait le bois avec soin, on a trouvé que

Fig. 7.

le poids du stère de bois dur varie entre 435 et 500 kil.

Généralement, dans les endroits où l'on mesure en
grand le bois de feu, dans les forêts et sur les ports, on
n'a pas de membrures de la forme indiquée dans la fig. 6.
On y supplée à l'aide de piquets en bois fichés verticalement dans le sol et solidement arc-boutés comme l'indique
le dessin de la fig. 7. Il faut choisir avec soin l'emplace-
ment de chaque pile, rechercher un endroit sec et aussi
horizontal que possible, placer chaque bûche de façon à
ne laisser que le moins de vide possible. Enfin, lorsque

les piles doivent séjourner quelques mois avant d'être mesurées, comme il se produit toujours un tassement qui a pour effet de diminuer la hauteur d'environ 4 ou 5 %, il faut, dans cette prévision, élever la pile de 3 ou 4 centimètres en plus de la hauteur exacte.

On trouvera dans le tableau suivant les hauteurs à donner aux piles pour les différentes longueurs de bûche généralement adoptées.

DÉSIGNATION des bois.	LONGUEURS de bûche		HAUTEURS des PILES	OBSERVATIONS
	mesure nouvelle	mesure ancienne		
Grand bois...	$1^m,30$	4 p.	$0^m,77$	Quand la hauteur est un peu forte on la diminue quelquefois de moitié; il faut alors diviser par 2 la longueur de couche pour avoir le nombre de stères.
Id	1 ,14	3 p. $^1/^2$	0 ,88	
Bois de branches. . . .'.	0 ,81	2 p. $^1/^2$	1 ,23	
Charbonnette.	0 ,66	2 p.	1 ,52	

Dans nombre de cas, il est intéressant et utile de connaître le rapport du vide au plein d'un stère de bois de feu. Si les bûches empilées étaient toutes des cylindres ayant même diamètre, il serait facile de déterminer ce rapport, qui alors serait constant, quel que fût le diamètre des cylindres égaux. En effet, désignons par d le diamètre d'une bûche exactement cylindrique, par H la hauteur de la pile et par C la longueur de sa couche. Le volume total de la pile sera, en appelant L la longueur des bûches, $H \times C \times L$; quant au volume réel des bûches, chaque bûche cubant $\frac{\pi}{4} d^2 L$, il sera exprimé par autant de fois ce dernier volume partiel qu'il y aura de bûches dans la pile ; dans le sens de la couche il y en aura évidemment un nombre égal à $\frac{C}{d}$ et dans le sens de la hauteur un nombre égal à $\frac{H}{d}$; et en totalité $\frac{H\,C}{d^2}$; par conséquent, en divisant le volume des cylindres $\frac{\pi\,d^2}{4} \times \frac{H\,C\,L}{d^2}$ par $H\,C\,L$ le volume total de la pile, on a :

$$\frac{\pi}{4} = 0,7854 \, ;$$

le rapport cherché du vide au plein sera donc :

$$\frac{4 - \pi}{4} = 0,2146.$$

Volume réel des bois empilés.

On appelle *facteur* ou *coefficient* d'empilage le rapport du volume *total* ou *apparent* de la pile au volume *réel* des bûches empilées d'un stère de bois de feu.

Ainsi le facteur d'empilage, dans le cas hypothétique de cylindres égaux, serait

$$\frac{4}{\pi} = 1,27.$$

Ce chiffre est un minimum qui n'est jamais réalisé.

Le facteur d'empilage est essentiellement variable, parce qu'il dépend non seulement de causes inhérentes à chaque essence, mais encore des longueurs données aux bûches et des formes plus ou moins irrégulières que peuvent présenter les assortiments de bois de même essence.

Toutefois, dans la même région, on peut, pour une même essence et une même longueur de bûches, adopter un facteur constant.

Il y a plusieurs procédés pour déterminer ces facteurs d'empilage ; pour le calcul desquels il faut connaître le volume réel des bûches pouvant être contenues dans un stère.

1re méthode. — On empile aussi bien que possible un stère de bois ; puis on cube séparément chaque bûche considérée comme cylindre. Le quotient de la division de l'unité par le volume obtenu en totalisant les volumes partiels des bûches exprime le coefficient cherché.

Cette méthode n'est applicable qu'aux bois ronds et de formes suffisamment régulières ; mais il est impraticable pour le bois refendu, connu généralement sous le nom de *bois de quartier*, et pour les bois de forme irrégulière.

2e méthode. — Il faut nécessairement dans ce dernier cas avoir recours à la méthode hydrostatique dont l'emploi du reste est général ; elle n'a que l'inconvénient d'exiger un appareil spécial appelé *xylomètre,* qu'on peut d'ailleurs simplifier au besoin. Cet appareil consiste dans un cylindre de hauteur un peu supérieure à la longueur des bûches à mesurer et d'un diamètre d'environ 0^m,50, servant de récipient; à 0ᵐ,50 environ au-dessus du fond, se trouve adapté un tube de verre recourbé, en communication avec l'intérieur du cylindre et formant vase communiquant avec ce dernier; ce tube porte des divisions dont les intervalles correspondent à la hauteur dont s'élève ou s'abaisse l'eau du récipient, quand le volume occupé augmente ou diminue d'un litre ou même d'un demi-litre, c'est-à-dire d'un décimètre ou d'un demi-décimètre cube.

En plongeant entièrement une bûche dans l'eau du récipient, le niveau de l'eau monte d'une quantité équivalente au volume de la bûche; il suffit donc de noter les niveaux avant et après l'immersion et de faire la différence des deux cotes pour avoir le volume de la bûche; le résultat est d'une exactitude aussi grande que possible; car la quantité d'eau qui a pu pénétrer dans les pores du bois n'est pas appréciable et n'affecte pas le résultat d'un façon sensible.

D'après des expériences assez nombreuses on peut admettre que le facteur d'empilage varie entre les limites suivantes :

de 1,35 à 1,45 pour les bois droits,

et de 1,60 à 1,80 pour les bois tortus et noueux.

Il a été aussi constaté que ce facteur augmente avec le nombre de bûches susceptibles de composer un stère; — et aussi en raison de la longueur des bûches; — enfin qu'il est plus fort pour le bois de quartier que pour les bois ronds.

Les *fagots* et les *bourrées,* qui sont des faisceaux de branches, de ramilles et de menus bois maintenus, les fagots, par deux liens ou harts, les bourrées, par une seule hart, se comptent au cent. Leurs dimensions varient suivant les localités ; elles sont assez généralement de $1^m,30$ de long et de $0^m,80$ de tour à la hart.

On peut, comme pour les bois empilés, déterminer la quantité effective de matière ligneuse contenue dans un cent de fagots de dimensions connues.

Pour cela, on détermine par des pesées, opérées sur un nombre de fagots suffisant, le poids moyen d'un fagot ; on immerge ensuite dans le xylomètre un des fagots dont on connaît le poids exact. En appelant P le poids moyen d'un fagot, p le poids exact du fagot d'expérience, v le volume d'eau déplacé par ce fagot immergé, on aura pour volume du cent de fagots

$$V = \frac{100\ P\,v}{p}.$$

§ III. — *Exécution des calculs de cubage.*

I. — LIMITES DES ERREURS DE MESURAGES ET DE CALCULS.

Indépendamment des erreurs qu'on peut commettre par négligence, ou manque de soins suffisants, et qu'il est toujours possible d'éviter ; il en est d'autres qu'on est obligé de subir, parce qu'elles tiennent à l'imperfection de nos organes et de nos instruments, ou aux exigences de certaines conditions à remplir. Mais dans la pratique ces erreurs peuvent toujours, en général, être renfermées dans des limites telles qu'elles n'altèrent pas les résultats de façon à compromettre l'opération qu'on a en vue. D'un autre côté, comme un des éléments importants des opérations de cubage est le temps qu'il y faut consacrer, on doit s'attacher à simplifier le plus possible les mesurages et les calculs; et pour cela ne rechercher que l'approximation strictement nécessaire, afin de ne pas s'attarder à des minuties inutiles.

Il convient donc de connaître d'une manière précise les règles à suivre à cet égard, de façon à n'exagérer ni dans un sens ni dans l'autre le degré de précision des opérations.

Nous avons indiqué la précision relative à laquelle on peut atteindre par les différents procédés du cubage adoptés dans la pratique. En appliquant celui par lequel on approche le plus du volume réel et qui consiste à additionner les volumes partiels des billons d'un mètre, en lesquels on peut décomposer la tige, on arriverait théoriquement à obtenir le volume à moins d'un millième près, c'est-à-dire d'un décimètre cube près, comme on peut le vérifier par la formule (e) de l'erreur, page 7.

Mais pour réaliser cette approximation, il serait nécessaire que les mesurages fussent faits dans des conditions particulières d'exactitude, impossibles à réaliser, ainsi que nous allons l'établir.

Désignons par D le diamètre moyen et par H la hauteur

d'une tige quelconque, par d et h le degré d'approximation à atteindre dans les mesurages ; tels par conséquent que la plus grande erreur sur D et H ne dépasse pas d et h; l'erreur qui pourra en résulter sur le volume ne dépassera pas la différence des volumes correspondant à D $+ d$ et H $+ h$ d'une part et à D et H d'autre part. L'erreur E sera donc

$$E = \frac{\pi}{4} \left\{ (D + d)^2 (H + h) - D^2 H \right\}.$$

c'est-à-dire la différence des deux volumes cylindriques. En développant et réduisant cette expression, on a

$$E = \frac{\pi}{4} (2\,D\,H\,d + D^2 h + H\,d^2 + 2\,D\,d\,h + d^2 h);$$

les quantités $H d^2 + 2\,D\,d\,h + d^2 h$ n'ont qu'une influence insensible sur le résultat et peuvent être négligées, il reste donc

$$E = \frac{\pi}{4} (2\,D\,H\,d + D^2\,h);$$

or, d'après la question que nous nous sommes posée, il faut qu'on ait

$$0{,}001 > \frac{\pi}{4} (2\,D\,H\,d + D^2\,h).$$

En assignant à D et H les plus faibles dimensions admises dans la pratique telles que $D = 0^m,2$ et $H = 5^m$, on aurait

$$0{,}001 > 0{,}7854\,(2\,d + 0{,}04\,h).$$

On reconnaît déjà par ce résultat que l'influence de l'erreur commise sur le diamètre est beaucoup plus grande que celle de l'erreur commise sur la hauteur.

Pour satisfaire à l'inégalité précédente, il faut poser d = 0,0003, h = 0015, ce qui donne

$$0,001 > 0,00094.$$

Si au contraire on assignait à D et II les plus grandes dimensions qui se présentent d'ordinaire, c'est-à-dire D = 1 mètre, H = 10 mètres, on aurait l'inégalité

$$0,001 > 0,7854 (20\ d + h),$$

qui exigerait, pour être satisfaite, qu'on eût

$$d = 0,00005 \text{ et } h = 0,0002.$$

Ces résultats font voir qu'en pratique il est absolument impossible de chercher l'exactitude à un décimètre cube près. Les mesurages les plus exacts auxquels on peut prétendre ne sauraient dépasser une approximation de $0^m,01$ pour le diamètre et de $0^m,1$ pour les longueurs.

Dans ces conditions, en appliquant la formule précédente de l'erreur, on trouve qu'on obtiendrait le volume à moins de $0^{mc},246$ pour l'arbre d'un mètre de diamètre, et à moins de $0^{mc},019$ pour celui de $0^m,20$ de diamètre.

Nous indiquons dans le tableau suivant les différentes approximations qu'on obtiendrait sur une tige de $0^m,60$ de diamètre et 12 mètres de longueur, en faisant varier l'approximation des mesurages dans les limites de l'usage.

Tige mesurant $0^m,60$ de diamètre et 12 mètres de longueur :

Volume théorique $= 3^{mc},4$:

APPROXIMATION		ERREUR MAXIMA				
sur	sur	SUR LE VOLUME.				
le diamètre.	la longueur.					
m.	m.	m.c.		volume compris. m.c.		
0.01	0.10	0.143	entre	3.400	et	3.543
	0.20	0.172	—	3.400	et	3.572
0.02	0.10	0.258	—	3.400	et	3.658
	0.20	0.286	—	3.400	et	2.686
	0.25	0.301	—	3.400	et	3.700
0.03	0.10	0.372	—	3.400	et	3.772
	0.20	0.401	—	3.400	et	3.801
	0.25	0.415	—	3.400	et	3.815

La formule de l'erreur pour les pièces équarries est

$$E = 2\,A\,Ha + A^2\,h$$

en appelant A l'équarrissage, a l'approximation sur cette

APPROXIMATION		ERREUR MAXIMA				
sur	sur	SUR LE VOLUME.				
l'équarrissage.	la longueur.					
m.	m.	m.c.		pour un volume compris. m.c.		
0.01	0.10	0.096	entre	1.600	et	1.696
	0.20	0.112	—	1.600	et	1.712
0.02	0.10	0.176	—	1.600	et	1.776
	0.20	0.192	—	1.600	et	1.792
	0.25	0.200	—	1.600	et	1.800
0.03	0.10	0.256	—	1.600	et	1.856
	0.20	0.272	—	1.600	et	1.872
	0.25	0.280	—	1.600	et	1.880

dimension et donnant à H et h le même sens que précédemment.

C'est à l'aide de cette formule que nous avons dressé le second tableau, qui concerne une pièce de $0^m,60$ d'équarrissage et de 10 mètres de longueur.

Si l'on considérait les circonférences au lieu des diamètres, la formule du volume cylindrique en fonction de la circonférence étant

$$V = \frac{1}{4\pi} C^2 H,$$

la formule de l'erreur pourrait comme précédemment, s'écrire

$$E = \frac{1}{4\pi} (2 C H c + C^2 h);$$

donnant à C et H les valeurs particulières $1^m,90$ et 12 mètres ; pour $c = 0,03$ et $h = 0,25$ on aurait

$$E = 0,0796 (2 \times 1,90 \times 12 \times 0,03 + 3,61 \times 0,25)$$

$$E = 0,181.$$

Le volume théorique de l'arbre de $1^m,90$ de tour moyen et de 12 mètres de hauteur est de $3^{mc},448$; c'est-à-dire sensiblement le même que celui de $0^m,60$ de diamètre ; or en comparant l'erreur $0^{mc},181$ que nous venons d'obtenir pour une circonférence mesurée à $0^m,03$ près, avec les nombres du tableau précédent se rapportant à la tige de 0,60, on constate qu'une même approximation sur le diamètre et sur la circonférence donne dans le second cas une approximation sur le volume trois fois plus forte que dans le premier cas.

Toutefois cet avantage en faveur des circonférences n'est qu'apparent ; à cause de la difficulté que présente toujours la mesure de la circonférence d'un arbre, à raison de circonstances qui *toutes* tendent à en *augmenter* le développement.

L'écart entre la grandeur mesurée ou calculée et sa grandeur réelle peut être soit en diminution, soit en augmentation de la grandeur réelle ; dans le premier cas l'erreur est *par défaut,* dans le second cas elle est *par excès.* Dans les mesurages on est amené à mesurer les dimensions tantôt par défaut, tantôt par excès suivant les circonstances.

II. — CUBAGE DES ARBRES INDIVIDUELLEMENT.

Les arbres abattus sont généralement cubés individuellement ; c'est-à-dire qu'après les avoir affectés chacun d'un numéro d'ordre, on détermine leurs dimensions et l'on calcule le volume à leur attribuer. Dans ce cas, les mesures sont prises généralement par défaut.

Dans ce procédé, il y a autant de probabilités pour que la limite supérieure des erreurs possibles soit atteinte, qu'il y en a pour que l'erreur soit nulle. On doit, malgré cette incertitude, considérer le volume donné par le cubage comme ayant seul un caractère de réalité suffisamment certain. La fraction de volume dont on ne tient pas compte par le cubage et qui est indéterminée, peut atteindre un maximum dont l'importance doit toujours être négligeable ; et c'est évidemment aux parties contractantes, s'il s'agit de marché, qu'il appartient de décider jusqu'à quel point une fraction du volume doit être considérée comme négligeable au profit de l'acheteur. Les tolérances admises sur les dimensions à adopter comme bases des calculs sont proportionnelles aux erreurs qui en résultent pour la détermination du volume d'une même tige ; ainsi une erreur double sur l'équarrissage et sur la longueur produit une erreur double sur le volume ; mais pour deux tiges différentes la même erreur sur les dimensions produit des erreurs de volume différentes, et dont l'importance relative est plus grande pour les pièces de faibles dimensions que pour les grosses.

Dans le commerce des bois, sur les ports et sur les marchés, les mesurages par défaut seuls sont admis ; c'est un avantage au profit de l'acheteur. L'approximation à observer est déterminée par l'usage et varie suivant les localités.

Mais ce procédé n'est pas le plus approximatif, et toutes les fois qu'il n'est pas imposé, il conviendrait de lui préférer celui qui consiste à mesurer les dimensions tantôt par défaut, tantôt par excès, de la manière suivante :

Soit A une dimension quelconque, n le nombre d'unités a contenu par défaut dans A et e une fraction de l'unité a telle qu'on ait

$$A = n\,a + e$$

Si e est plus petit que $\dfrac{a}{2}$, la mesure sera prise par défaut et égale à na; si e est plus grand que $\dfrac{a}{2}$ la mesure sera prise par excès et égale à $(n + 1)\, a$.

Par exemple si l'on compte les équarrissages de 2 en 2 centimètres, l'unité de mesure a sera le double centimètre et un équarrissage compris entre 22 centimètres et 24 sera compté 22 par défaut ou 24 par excès, suivant que sa dimension réelle sera plus près de 22 ou de 24 centimètres.

Il est clair que dans ce cas la mesure adoptée différera toujours au maximum d'un centimètre soit en plus, soit en moins de la dimension exacte; l'erreur à craindre est alors réduite de moitié.

Quant au bénéfice et à la perte qui en résultent, ils se trouvent nécessairement compensés sur une grande quantité d'arbres; en sorte que le bénéfice ou la perte sur l'ensemble d'une opération, s'il en existe, se reduit en définitive à fort peu de chose.

En résumé, mesurer de 2 en 2 ou de 3 en 3 centimètres *par défaut* ou *par excès*, c'est obtenir un volume avec une approximation double, qu'en mesurant de 2 en 2 ou de 3 en 3 *par défaut* seulement.

III. — CUBAGE DES ARBRES EN BLOC OU PAR GROUPES.

Si dans un intervalle on suppose un certain nombre d'objets de volumes inégaux, formant une série de grandeurs à accroissements égaux; l'ensemble ou la somme de ces diverses grandeurs ne sera pas modifié en attribuant à chaque objet une grandeur unique, égale à la moyenne arithmétique des deux grandeurs extrêmes ou également distantes des extrêmes ; car ces volumes forment une progression arithmétique.

Parmi ces m objets il n'y en a qu'un, si m est impair, qui ait exactement la grandeur moyenne ; si donc on en prélève un seul, la probabilité que l'objet prélevé soit de la grandeur moyenne peut s'exprimer par la fraction $\dfrac{1}{m}$, probabilité très faible si m est grand.

Mais si l'on doit prélever un grand nombre de ces objets successivement, la question change de face. Car on peut alors considérer deux groupes dans la série, celui des grandeurs inférieures à la grandeur moyenne et celui des grandeurs supérieures ; et comme par hypothèse ces deux groupes ont même nombre d'objets, chacun d'eux en comptera $\dfrac{m}{2}$. Quand on prélèvera une première fois un objet, il y aura probabilité égale pour que cet objet soit du 1ᵉʳ ou du 2ᵉ groupe ; mais après ce premier prélèvement, les probabilités seront changées ; l'un des groupes comprendra un objet de moins et le nombre des cas possibles sera diminué d'une unité ; on aura donc pour l'un $\dfrac{m-2}{2\,(m-1)}$ et pour l'autre $\dfrac{m}{2\,(m-1)}$, d'où une plus grande probabilité pour que le prélèvement se fasse dans ce dernier groupe. Enfin supposons qu'après un certain nombre de prélèvements, il y en ait n du premier groupe et n' du second ; les probabilités respectives pour que le nouvel objet à prélever soit de l'un des deux groupes seront

$$\frac{m - 2\,n}{2\,(m - n - n')} \quad \text{et} \quad \frac{m - 2\,n'}{2\,(m - n - n')}$$

Si $n = n'$ les probabilités seront égales, et si n et n' sont très grands, la valeur moyenne des objets prélevés sera, sinon en toute rigueur, du moins très approximativement, égale à la moyenne de toute la série m. Dans cette hypothèse de n et n' très grands, on aura également en général $n = n'$.

Si les prélèvements déjà faits n dans l'un des groupes sont plus nombreux que ceux n' de l'autre groupe, la probabilité que les nouveaux prélèvements auront lieu dans ce dernier groupe sera plus grande ; car dans ce cas $\dfrac{m - 2\,n'}{2\,(m - n - n')}$ sera plus grand que $\dfrac{m - 2\,n}{2\,(m - n - n')}$; et il est visible que cette probabilité sera d'autant plus grande que $n - n'$ sera plus grand. Il y aura donc toujours tendance à une compensation dans les résultats, qui fera que la somme des prélèvements comprendra autant d'objets de volume supérieur que d'objets de volume inférieur au volume moyen ; ou tout au moins sensiblement autant, et qu'on pourra attribuer, sans erreur sensible, à chacun des objets prélevés, le volume moyen pour déterminer leur volume total.

C'est sur ce principe de probabilité qu'est fondée la

méthode des cubages d'arbres en bloc, ou par groupes.

Si l'on range dans la même catégorie les arbres d'une forêt où l'on connaît le volume du plus petit arbre et celui du plus gros et si ces arbres sont en grand nombre et tels dans tous les cas que les hasards de la végétation les a produits, ils formeront une série de grandeurs continues ou du moins à accroissements sensiblement égaux. Les conditions nécessaires à la détermination du volume moyen seront donc réalisées ; et en en prélevant un certain nombre, on pourra leur appliquer à chacun ce volume moyen.

En général, il faut que les arbres compris dans le même intervalle ne soient pas, du plus petit au plus gros, de dimensions trop différentes ; parce que sans cette condition, il est fort rare que les volumes des arbres du groupe forment une série régulière ; la détermination du volume moyen entraînerait alors à des cubages individuels qui feraient perdre tout le bénéfice de la méthode de cubage en bloc.

Quand les intervalles ont été déterminés de façon que les arbres qui y sont compris forment une série régulière, l'approximation du cubage dépend du nombre des arbres et du degré d'approximation auquel l'arbre moyen a été calculé.

Théoriquement, quand ce nombre d'arbres est très grand, l'approximation du cubage dépend uniquement de la détermination du volume moyen du groupe auquel il correspond. Ce volume devrait donc être évalué de façon à pouvoir être exprimé par un nombre contenant autant de chiffres décimaux que le nombre d'arbres par lequel il sera multiplié contiendra de chiffres; ce qui signifie que les arbres types doivent être cubés avec la plus grande précision possible.

Les intervalles généralement adoptés, quand on classe les arbres par diamètre, sont de 10 en 10 ou de 5 en 5 centimètres; et, quand on les classe par circonférence, de 20 en 20 ou de 10 en 10 centimètres.

On ne comprend, dans chaque intervalle, que les arbres dont les longueurs, du plus petit au plus grand, ne diffèrent pas plus d'un mètre ou de deux mètres, et on leur attribue à chacun la longueur moyenne.

Il y a plusieurs procédés pour calculer le volume moyen de chaque intervalle : 1° en prenant la moyenne du plus gros et du moins gros arbre de l'intervalle, c'est le procédé le plus rapide et le plus exact théoriquement; 2° en prenant le volume de l'arbre de grosseur moyenne, c'est le procédé le plus généralement adopté, il fournit théoriquement un volume trop faible; 3° en prenant la moyenne des volumes d'un certain nombre d'arbres représentant approximativement toutes les grosseurs que l'intervalle pourra contenir. Ce procédé, plus rigoureux dans la pratique que les précédents, ne s'emploie que dans les grandes opérations forestières et exige une série d'expériences longues et minutieuses.

On ne peut être fixé, *à priori*, que sur les volumes extrêmes de l'intervalle, c'est-à-dire sur le plus fort et sur le plus faible; car le volume correspondant à la grosseur moyenne de la série n'en est pas le volume moyen. On sait en effet que, pour une même hauteur, les volumes cylindriques sont proportionnels aux carrés de leurs diamètres ou de leurs circonférences : c'est pourquoi le 2ᵉ procédé n'est pas rigoureux.

Quand on fait des expériences sur un certain nombre d'arbres d'un intervalle, pour la détermination du volume moyen, il faut avoir soin, autant que possible, d'opérer non seulement sur toutes les grosseurs contenues dans l'intervalle, mais encore de prendre chaque grosseur en nombre proportionnel à celui que peut présenter l'intervalle pour chacune de ces grosseurs.

IV. — EXÉCUTION DES CALCULS.

Pour exécuter les calculs nécessaires à la détermination du volume des arbres, qu'il s'agisse du volume cylindrique, ou bien simplement du volume après équarrissage, il faut faire trois ou quatre opérations par arbre et quelquefois davantage ; et, de plus, avoir présent à l'esprit la nature des opérations à faire. Il en résulte une suite d'opérations assez longue, surtout quand on a beaucoup d'arbres à cuber, et en outre de nombreuses chances d'erreurs. Aussi se dispense-t-on presque toujours d'opérer ainsi, grâce à certains procédés très simples de calcul rapide. Le procédé le plus simple, le mieux à la portée de tout le monde, consiste dans l'emploi de *tables* ou *tarifs*, qui donnent les résultats tout calculés. Les conditions que doivent remplir ces tables sont : 1° qu'elles ne renferment aucune erreur ; 2° de n'être pas trop volumineuses ; 3° que les recherches y soient faciles et rapides.

Nous avons cherché à réaliser ces conditions dans les tables suivantes, à l'aide desquelles, par des opérations très simples, on peut arriver à cuber un matériel de bois abattu quelconque, *quel que soit l'usage de la localité où l'on opère.*

TABLE PREMIÈRE.

Cette table doit être employée spécialement dans les cubages où l'on mesure la grosseur des bois au moyen des diamètres. La première colonne donne les diamètres de un en un centimètre, et la seconde les circonférences correspondant à ces diamètres. La troisième et la quatrième colonne donnent les équarrissages à vive arête, ou avec tolérance de 15 % pour les arbres d'un diamètre donné. Enfin les trois dernières colonnes donnent le volume, pour 1^m de longueur, des bois dont on connaît soit l'équarrissage, soit le diamètre, soit la circonférence.

1° *Cubage cylindrique.* — Soit un arbre de $0^m,60$ de diamètre moyen, mesuré au milieu de sa longueur, et de 12 mètres de longueur ; on cherche dans la colonne des diamètres le nombre 0,60 ; sur la même ligne, dans la 6e colonne, se trouve le volume du cylindre d'un mètre de hauteur, qui est $0^{mc},282\,743$; comme ce nombre doit être multiplié par 12 pour donner le volume cherché, et qu'on doit avoir ce volume à moins d'un centième près, on prendra seulement quatre chiffres ; on aura donc :

$$V = 0^{mc},2827 \times 12 = 3^{mc},39.$$

Si au lieu d'un arbre, on en avait 30 ayant $0^m,60$ de diamètre moyen et une longueur totale ensemble de 310^m, on aurait :

$$V = 0^{mc},28274 \times 310 = 87^{mc},65.$$

2° *Cubage au quart sans déduction.* — On déterminera d'abord, à l'aide de la table, le volume cylindrique de l'arbre proposé, comme nous venons de l'indiquer ; puis on multipliera le volume trouvé par le coefficient de conversion 0,7854 dont on n'emploiera que trois chiffres.

En prenant l'arbre de l'exemple précédent, on aurait donc :

$$V_4 = 3^{mc},39 \times 0,785 = 2^{mc},66.$$

3° *Cubage au cinquième ou au sixième déduit.* — On opèrera comme précédemment, en appliquant soit le facteur 0,5026, soit le facteur 0,5454, selon qu'il s'agira du cubage au cinquième ou au sixième déduit :

$$V_5 = 3^{mc},39 \times 0,503 = 1^{mc},70,$$
$$V_6 = 3^{mc},39 \times 0,545 = 1^{mc},85.$$

4° *Cubage de bois équarri à vive arête, sans aubier.* — Soit un arbre dont le diamètre sous aubier a été trouvé de $0^m,35$ au milieu de sa longueur, qui est de 11^m ; on cherche dans la colonne des diamètres le nombre $0^m,35$; sur la même ligne, dans la 3e colonne, se trouve l'équarrissage 0,25 qu'aura la pièce mesurée ; pour avoir son cube, il suffit de chercher dans la 1re colonne le nombre 0,25 ; on trouvera sur la même ligne et dans la 5ᵉ colonne le nombre $0^{mc},0625$, qu'il suffira de multiplier par 11 pour avoir le volume cherché :

$$V = 0^{mc},0625 \times 11 = 0^{mc},69.$$

5° *Cubage de bois équarri avec tolérance de 15 %.* — On procèdera de même que pour le cubage précédent, seulement au lieu de lire l'équarrissage dans la 3ᵉ colonne, ce sera dans la 4ᵉ ; on aura ainsi pour la même pièce que la précédente un équarrissage de $0^{m},29$ et pour volume :

$$V = 0^{mc},0841 \times 11 = 0^{mc},93.$$

6° *Cubage en bois de feu.* — Certaines essences d'arbres, malgré leurs grandes dimensions, sont souvent vendues comme bois de feu. Ce sont par exemple l'orme, le hêtre, le charme. Dans ce cas, il faut cuber les arbres au volume cylindrique, en mètres cubes pleins, et convertir ensuite cette unité en stère, au moyen d'un facteur de conversion convenablement choisi.

Supposons, par exemple, que l'arbre dont nous avons précédemment calculé le volume soit de l'essence charme ; on multiplierait son volume cylindrique par le facteur $1,65$, et l'on obtiendrait alors le volume de la tige supposée débitée en bois de chauffage par bûches de longueur d'usage et fendues en quartier :

$$V_{st} = 3,39 \times 1,65 = 5^{st},59.$$

S'il s'agissait de hêtres, le coefficient à employer serait

moins fort, c'est-à-dire par exemple de 1,40 et l'on aurait :

$$V_{st} = 3,39 \times 1,40 = 4^{st},75.$$

7° *Cubage au volume réel.* — L'application de la formule $\frac{\pi}{4} h\,(d^2 + d'^2 + d''^2 + ...)$ est facilitée par la Table I, puisque chacun des termes compris entre parenthèses, multiplié par $\frac{\pi}{4}$, est donné pour 1^m de hauteur ; il suffit de multiplier la somme par h que l'on prend généralement de 1 ou 2 mètres. Quelquefois, la tige, dans sa partie supérieure, se termine coniquement ; dans ce cas, on assimile cette partie de la tige à un cône géométrique : c'est ce qu'on appelle le *cône terminal*; son volume s'obtient encore au moyen de la table I, puisque le cône est le tiers d'un cylindre de même base et de même hauteur.

Soit, comme exemple, une tige de chêne de 17 mètres de longueur et d'un diamètre de $0^m,35$ à $1^m,50$ du gros bout, qu'on décompose en cinq billons cylindriques de deux mètres de longueur et en un cône terminal de 7 mètres ; on en calculera le volume réel, ainsi qu'il suit, à l'aide de la table I.

Diamèt. moyen 0,37 vol. p^r 1^m de haut 0,1075 ⎫
—   —   0,33   —   —   0,0855 ⎪
—   —   0,33   —   —   0,0855 ⎬ = 0,3983 × 2 = 0,797
—   —   0,30   —   —   0,0707 ⎪
—   —   0,25   —   —   0,0493 ⎭
Diam. à la base 0,24   (cône)   — $0,0452 \times \frac{1}{3} \times 7 = 0^m,105$

Cube total de la tige........ $0^m,90$

La table I, 7ᵉ colonne, donne aussi les volumes cylindriques en fonction des circonférences ; on pourra l'utiliser
quand on mesurera les arbres avec une très grande précision, en prenant par exemple les circonférences de centimètre en centimètre. Dans ce cas, on considèrera les
nombres de la 1ʳᵉ colonne comme exprimant des circonférences, et ceux de la même ligne dans la dernière colonne
comme le volume cylindrique correspondant pour 1ᵐ de
hauteur. Dans tous les autres cas, on devra se servir de la
table II.

TABLE II.

Cette table est celle à employer pour les cubages où les
grosseurs sont mesurées au moyen des circonférences,
comme on le fait généralement dans le commerce.

La 1ʳᵉ colonne donne les circonférences de cinq en cinq
centimètres, et la 2ᵉ les diamètres correspondants ; ce qui
permettra, en cas de besoin, d'utiliser la table I. Les quatre
colonnes suivantes donnent l'équarrissage des pièces en
grume pour tous les cubages usités ; enfin la 7ᵉ colonne
donne les volumes cylindriques pour 1ᵐ de hauteur.

Le tarif permet de calculer à moins d'un centième près les
volumes des pièces équarries pour les quatre cubages ; il faut
en effet, pour atteindre cette approximation, que l'équarrissage soit exprimé par trois chiffres décimaux ; quand on
se contente de deux décimales, comme on le fait généralement, on trouvera le volume pour 1 m. de hauteur dans
la 5ᵉ colonne de la table I. Voici les résultats qu'on ob-

tiendrait par ces deux procédés pour une bille de 2^m, 25 de tour au milieu de et 10 m. de longueur, pour les quatre modes de cubages :

$$
\begin{aligned}
&\text{m.c.} && \text{m.c.}\\
\text{Vol. au } \tfrac{1}{4} &= 0,562 \times 0,562 \times 10 = 3,16 & 0,56 \times 0,56 \times 10 &= 3,14\\
- \text{ au } \tfrac{1}{5} &= 0,450 \times 0,450 \times 10 = 2,02 & 0,45 \times 0,46 \times 10 &= 2,02\\
- \text{ au } \tfrac{1}{6} &= 0,469 \times 0,469 \times 10 = 2,20 & 0,47 \times 0,47 \times 10 &= 2,21\\
\text{Vive arête} &= 0,506 \times 0,506 \times 10 = 2,56 & 0,51 \times 0,51 \times 10 &= 2,60
\end{aligned}
$$

On peut d'ailleurs exécuter au moyen de cette table tous les calculs indiqués pour la table I, quand au lieu de mesurer le diamètre on mesure la circonférence ; puisque le volume cylindrique, correspondant à chaque circonférence, se trouve en regard dans la dernière colonne.

Ainsi le volume cylindrique de la bille précédente serait :

$$0,4023 \times 10 = 4^{mc},02.$$

Si l'on voulait déterminer le volume équarri avec tolérance de 15 %, on chercherait dans la table II le diamètre correspondant à 2^m,25 ou 0,716, puis, dans la table I, le volume correspondant à l'équarrissage demandé, pour un diamètre de 0,72, diminué de la double épaisseur de l'écorce et de l'aubier, que nous supposerons égale à 0^m,08, c'est-à-dire pour un diamètre de $0,72 - 0,08 = 0^m,64$; ce qui donne pour équarrissage 0,52 et pour volume $0,2704 \times 10 = 2^{mc},70$.

Les deux tables I et II permettent donc d'opérer rapidement et avec facilité tous les calculs de cubage ; quels que soient les éléments dont on dispose et la méthode que l'on adopte.

Enfin ces deux tables permettent de déterminer l'une des deux dimensions quand on connaît l'autre dimension et le volume; ou bien les deux dimensions pour un volume donné.

Soit par exemple à déterminer l'équarrissage au 5ᵉ déduit d'une pièce de bois devant cuber 2ᵐᶜ et avoir 10 m. de longueur. Divisant le volume par la longueur, on a 0ᵐᶜ,2; le nombre qui en est le plus près, dans la colonne 7 de la table II, est 0,203725, auquel correspond au 5ᵉ déduit l'équarrissage 0,33 qui est la dimension cherchée.

Autre exemple. Déterminer les dimensions d'une pièce de bois dont la longueur soit dans le rapport de l'épaisseur comme 20 est à 1, et dont le volume soit de 2ᵐᶜ. Divisant le volume par 20 on a 0ᵐᶜ,1; dans ces conditions, l'équarrissage serait égal à la longueur; la pièce formerait un cube et son volume serait : $V = C^3 = 0^{mc},1$, d'où $C = 0^{m},464$; si la longueur était 20 fois plus grande, elle serait 9ᵐ,3. Le nombre le plus près de 0,464 dans la table II, 3ᵉ colonne, étant 0, 462, on trouve pour circonférence 1,85.

Donc, pour fournir cette pièce, il faudrait un arbre de 1ᵐ,85 de tour au milieu.

TABLE III.

La table III renferme les équarrissages correspondant à un pourtour donné, suivant les divers usages du commerce. La 1re colonne des équarrissages donne les dimensions du cubage au quart sans déduction, en n'admettant comme équarrissage que le plus grand multiple de 2 centimètres compris dans le quart de la circonférence ; la 2e colonne n'admet que des équarrissages multiples de 3 centimètres ; enfin la 3e colonne, intitulée *équarrissage mixte*, admet des équarrissages de dimensions inégales et multiples, soit de 2, soit de 3 centimètres.

S'il s'agit d'une pièce en grume, le pourtour est la circonférence mesurée au ruban ou à *la ficelle* ; la table III donne l'équarrissage au quart sans déduction, suivant l'un des trois modes en usage.

S'il s'agit d'une pièce équarrie à vive arête, la table donnerait exactement l'équarrissage de la pièce au moyen de son pourtour. Enfin, s'il s'agit d'une pièce simplement blanchie, ou plus ou moins équarrie, la table fournira les éléments du *cubage à la ficelle*, adopté dans un très grand nombre de localités, notamment dans les bassins de la Saône, du Rhône et de la Seine.

TABLE IV.

La table IV fait connaître le volume d'une pièce de bois équarrie d'un mètre de longueur et d'un équarrissage donné. Les dimensions de l'équarrissage ne sont pas toujours égales ; souvent il existe entre elles une différence de 1, 2, 3, 4 et même 6 centimètres. La table IV renferme tous les cas d'équarrissage possibles. La 1re colonne donne la plus petite dimension des deux ; celles intitulées 0, 1, 2, 3, 4, et 6 comprennent le volume correspondant à l'équarrissage dont la petite dimension figure dans la 1re colonne et dont la 2e dimension est égale à la 1re, ou lui est supérieure de 1, 2, 3, 4 ou 6 centimètres.

S'il s'agissait, par exemple, d'une pièce de charpente de 12 mètres de longueur et portant 0,33 × 0,36 d'équarrissage ; on chercherait dans la 1re colonne le nombre 0,33, puis sur la même ligne et dans la colonne intitulée 3, le volume 0,1188 pour un mètre de longueur, la pièce de charpente aurait donc pour cube :

$$0,1188 \times 12 = 1^{mc},43.$$

TABLE PREMIÈRE

POUR LES CUBAGES AU DIAMÈTRE.

VOLUMES CYLINDRIQUES ET CARRÉS POUR 1ᵐ DE HAUTEUR.

DIAMÈTRES.	CIRCONFÉ-RENCES.	ÉQUARRISSAGES		VOLUMES EN FONCTION		
		à vive arête.	avec tolérance de 15 %	des équarrissages.	des diamètres.	des circonférences.
N	πN	0.707 N	0.819 N	N^2	$\dfrac{\pi}{4} N^2$	$\dfrac{1}{4\pi} N^2$
m.	m.	m.	m.	m. c.	m. c.	m. c.
0.10	0.314	0.07	0.08	0.0100	0.007.854	»
0.11	0.346	0.08	0.09	0.0121	0.009.503	»
0.12	0.377	0.08	0.10	0.0144	0.011.310	»
0.13	0.408	0.09	0.11	0.0169	0.013.273	»
0.14	0.440	0.10	0.11	0.0196	0.015.394	»
0.15	0.471	0.11	0.12	0.0225	0.017.671	»
0.16	0.503	0.11	0.13	0.0256	0.020.106	»
0.17	0.534	0.12	0.14	0.0289	0.022.698	»
0.18	0.565	0.13	0.15	0.0324	0.025.447	»
0.19	0.597	0.13	0.16	0.0361	0.028.353	»
0.20	0.628	0.14	0.16	0.0400	0.031.416	0.003.183
0.21	0.660	0.15	0.17	0.0441	0.034.636	0.003.509
0.22	0.691	0.16	0.18	0.0484	0.038.013	0.003.851
0.23	0.723	0.16	0.19	0.0529	0.041.548	0.004.210
0.24	0.754	0.17	0.20	0.0576	0.045.239	0.004.584
0.25	0.785	0.18	0.20	0.0625	0.049.087	0.004.974
0.26	0.817	0.18	0.21	0.0676	0.053.093	0.005.379
0.27	0.848	0.19	0.22	0.0729	0.057.256	0.005.801
0.28	0.880	0.20	0.23	0.0784	0.061.575	0.006.239
0.29	0.911	0.20	0.24	0.0811	0.066.052	0.006.693
0.30	0.942	0.21	0.25	0.0900	0.070.686	0.007.162
0.31	0.974	0.22	0.25	0.0961	0.075.477	0.007.647
0.32	1.005	0.23	0.26	0.1024	0.080.425	0.008.149
0.33	1.037	0.23	0.27	0.1089	0.085.530	0.008.666
0.34	1.068	0.24	0.28	0.1196	0.090.792	0.009.199

TABLE PREMIÈRE. (*Suite.*)

DIAMÈTRES.	CIRCONFÉ-RENCES.	ÉQUARRISSAGES		VOLUMES EN FONCTION		
		à vive arête.	avec tolérance de 15 %.	des équarrissages.	des diamètres.	des circonférences.
N	πN	0.707 N	0.819 N	N²	$\dfrac{\pi}{4}$ N²	$\dfrac{1}{4\,\pi}$ N²
m.	m.	m.	m.	m. c.	m. c.	m. c.
0.35	1.100	0.25	0.29	0.1225	0.096.211	0.009.748
0.36	1.131	0.25	0.29	0.1296	0.101.788	0.010.313
0.37	1.162	0.26	0.30	0.1369	0.107.521	0.010.894
0.38	6.194	0.27	0.31	0.1444	0.113.411	0.011.491
0.39	1.225	0.28	0.32	0.1521	0.119.459	0.012.104
0.40	1.257	0.28	0.33	0.1600	0.125.664	0.012.732
0.41	1.288	0.29	0.34	0.1681	0.132.025	0.013.377
0.42	1.319	0.30	0.34	0.1764	0.138.544	0.014.038
0.43	1.351	0.30	0.35	0.1849	0.145.520	0.014.714
0.44	1.382	0.31	0.36	0.1936	0.152.053	0.015.406
0.45	1.414	0.32	0.37	0.2025	0.159.043	0.016.115
0.46	1.445	0.33	0.38	0.2116	0.166.190	0.016.839
0.47	1.476	0.33	0.38	0.2209	0.173.494	0.017.579
0.48	1.508	0.34	0.39	0.2304	0.180.956	0.018.335
0.49	1.539	0.35	0.40	0.2401	0.188.574	0.019.107
0.50	1.571	0.35	0.41	0.2500	0.196.350	0.019.895
0.51	1.602	0.36	0.42	0.2601	0.204.282	0.020.698
0.52	1.634	0.37	0.43	0.2704	0.212.372	0.021.518
0.53	1.665	0.37	0.43	0.2809	0.220.618	0.022.353
0.54	1.696	0.38	0.44	0.2916	0.229.022	0.023.205
0.55	1.728	0.39	0.45	0.3025	0.237.583	0.024.072
0.56	1.759	0.40	0.46	0.3136	0.246.301	0.024.956
0.57	1.791	0.40	0.47	0.3249	0.255.176	0.025.855
0.58	1.822	0.41	0.48	0.3364	0.264.208	0.026.770
0.59	1.853	0.42	0.48	0.3481	0.273.397	0.027.701
0.60	1.885	0.42	0.49	0.3600	0.282.743	0.028.648
0.61	1.916	0.43	0.50	0.3721	0.292.247	0.029.611
0.62	1.948	0.44	0.51	0.3844	0.301.907	0.030.590
0.63	1.979	0.45	0.52	0.3969	0.311.725	0.031.585
0.64	2.011	0.45	0.52	0.4096	0.321.699	0.032.595

TABLE PREMIÈRE. (*Suite.*)

DIAMÈTRES.	CIRCONFÉRENCES.	ÉQUARRISSAGES		VOLUMES EN FONCTION		
		à vive arête.	avec tolérance de 15 %.	des équarrissages.	des diamètres.	des circonférences.
N	πN	0.707 N	0.819 N	N^2	$\dfrac{\pi}{4}$ N^2	$\dfrac{1}{4\pi}$ N^2
m.	m.	m.	m.	m.c.	m.c.	m.c.
0.65	2.042	0.46	0.53	0.4225	0.331.831	0.033.622
0.66	2.073	0.47	0.54	0.4356	0.342.119	0.034.664
0.67	2.105	0.47	0.55	0.4489	0.352.565	0.035.723
0.68	2.136	0.48	0.56	0.4624	0.363.168	0.036.797
0.69	2.168	0.49	0.57	0.4761	0.373.928	0.037.887
0.70	2.199	0.49	0.57	0.4900	0.384.845	0.038.993
0.71	2.231	0.50	0.58	0.5041	0.395.919	0.040.115
0.72	2.262	0.51	0.59	0.5181	0.407.150	0.041.253
0.73	2.293	0.52	0.60	0.5329	0.418.539	0.042.407
0.74	2.325	0.52	0.61	0.5476	0.430.084	0.043.577
0.75	2.356	0.53	0.61	0.5625	0.441.786	0.044.763
0.76	2.388	0.54	0.62	0.5776	0.453.646	0.045.964
0.77	2.419	0.54	0.63	0.5929	0.465.663	0.047.182
0.78	2.450	0.55	0.64	0.6084	0.477.836	0.048.415
0.79	2.482	0.56	0.65	0.6241	0.490.167	0.049.665
0.80	2.513	0.57	0.66	0.6400	0.502.655	0.050.930
0.81	2.545	0.57	0.66	0.6561	0.515.300	0.052.211
0.82	2.576	0.58	0.67	0.6725	0.528.102	0.053.516
0.83	2.608	0.59	0.68	0.6889	0.541.061	0.054.821
0.84	2.639	0.59	0.69	0.7056	0.554.177	0.056.150
0.85	2.670	0.60	0.70	0.7225	0.567.450	0.057.495
0.86	2.702	0.61	0.70	0.7396	0.580.880	0.058.856
0.87	2.733	0.62	0.71	0.7569	0.594.468	0.060.233
0.88	2.765	0.62	0.72	0.7744	0.608.212	0.061.625
0.89	2.796	0.63	0.73	0.7921	0.622.144	0.063.034
0.90	2.827	0.64	0.74	0.8100	0.636.173	0.064.458
0.91	2.859	0.64	0.75	0.8281	0.650.388	0.065.899
0.92	2.890	0.65	0.75	0.8464	0.664.761	0.067.355
0.93	2.922	0.66	0.76	0.8649	0.679.291	0.068.827
0.94	2.953	0.66	0.77	0.8836	0.693.978	9.070.315

TABLE PREMIÈRE. (*Suite.*)

DIAMÈTRES.	CIRCONFÉ-RENCES.	ÉQUARRISSAGES		VOLUMES EN FONCTION		
		à vive arête.	avec to-lérance de 15 %.	des équarris-sages.	des diamètres.	des circonférences.
N	πN	0.707 N	0.819 N	N²	$\frac{\pi}{4}$ N²	$\frac{1}{4\pi}$ N²
m.	m.	m.	m.	m. c.	m. c.	m. c.
0.95	2.985	0.67	0.78	0.9025	0.708.822	0.071.819
0.96	3.016	0.68	0.79	0.9216	0.723.823	0.073.339
0.97	3.047	0.69	0.79	0.9409	0.738.981	0.074.875
0.98	3.079	0.69	0.80	0.9604	0.754.296	0.076.427
0.99	3.110	0.70	0.81	0.9801	0.769.769	0.077.994
1.00	3.142	0.71	0.82	»	0.785.398	0.079.578
1.01	3.173	0.71	0.83	»	0.801.185	0.081.178
1.02	3.204	0.72	0.84	»	0.817.128	0.082.793
1.03	3.236	0.73	0.84	»	0.833.229	0.084.424
1.04	3.267	0.74	0.85	»	0.849.487	0.086.072
1.05	3.299	0.74	0.86	»	0.865.901	0.087.735
1.06	3.330	0.75	0.87	»	0.882.473	0.089.414
1.07	3.362	0·76	0.88	»	0.899.202	0.091.109
1.08	3.393	0.76	0.88	»	0.916.088	0.092.820
1.09	3.424	0.77	0.89	»	0.933.131	0.094.547
1.10	3.456	0.78	0.90	»	0.950.332	0.096.289
1.11	3.487	0.78	0.91	»	0.967.689	0.098.048
1.12	3.519	0.79	0.92	»	0.985.203	0.099.823
1.13	3.550	0.80	0.93	»	1.002.875	0.101.613
1.14	3.581	0.81	0.93	»	1.020.703	0.103.420
1.15	3.613	0.81	0.94	»	1.038.689	0.105.242
1.16	3.644	0.82	0.95	»	1.056.832	0.107.080
1.17	3.676	0.83	0.96	»	1.075.131	0.108.934
1.18	3.707	0.83	0.97	»	1.093.588	0.110.804
1.19	3.739	0.84	0.97	»	1.112.202	0.112.690
1.20	3.770	0.85	»	»	1.130.973	0.114.592
1.21	3.801	0.86	»	»	1.149.901	0.116.510
1.22	3.833	0.86	»	»	1.168.987	0.118.444
1.23	3.864	0.87	»	»	1.188.229	0.120.394
1.24	3.896	0.88	»	»	1.207.628	0.122.359

TABLE PREMIÈRE. (*Suite.*)

DIAMÈTRES.	CIRCONFÉ-RENCES.	ÉQUARRISSAGES		VOLUMES EN FONCTION		
		à vive arête.	avec tolérance de 15 %.	des équarrissages.	des diamètres.	des circonférences.
N	πN	0.707 N	0.819 N	N^2	$\dfrac{\pi}{4}\,N^2$	$\dfrac{1}{4\,\pi}\,N^2$
m.	m.	m.	m.	m. c.	m. c.	m. c.
1.25	3.927	0.88	»	»	1.227.185	0.124.311
1.26	3.958	0.89	»	»	1.246.898	0.126.338
1.27	3.990	0.90	»	»	1.266.769	0.128.351
1.28	4.021	0.90	»	»	1.286.796	0.130.381
1.29	4.053	0.91	»	»	1.306.981	0.132.426
1.30	4.084	0.92	»	»	1.327.323	0.134.487
1.31	4.115	0.93	»	»	1.347.822	0.136.564
1.32	4.147	0.93	»	»	1.368.478	0.138.657
1.33	4.178	0.94	»	»	1.389.291	0.140.766
1.34	4.210	0.95	»	»	1.410.261	0.142.890

TABLE II.

POUR LES CUBAGES A LA CIRCONFÉRENCE.

CIRCONFÉRENCES.	DIAMÈTRES.	ÉQUARRISSAGES DÉDUITS DE LA CIRCONFÉRENCE				VOLUMES CYLINDRIQUES pour 1 m. de hauteur.
		au quart sans déduction.	au cinquième déduit.	au sixième déduit.	à vive arête.	
m.	m.	m.	m.	m.	m.	m.c.
0.20	0.064	0.050	0.040	0.042	0.045	0.003.183
0.25	0.080	0.062	0.050	0.052	0.056	0.004.974
0.30	0.095	0.075	0.060	0.062	0.068	0.007.162
0.35	0.111	0.087	0.070	0.073	0.079	0.009.749
0.40	0.127	0.100	0.080	0.083	0.090	0.012.733
0.45	0.143	0.112	0.090	0.094	0.101	0.016.115
0.50	0.159	0.125	0.100	0.104	0.113	0.019.895
0.55	0.175	0.137	0.110	0.115	0.124	0.024.073
0.60	0.191	0.150	0.120	0.125	0.135	0.028.649
0.65	0.207	0.162	0.130	0.135	0.146	0.033.623
0.70	0.223	0.175	0.140	0.146	0.158	0.038.994
0.75	0.239	0.187	0.150	0.156	0.169	0.044.764
0.80	0.255	0.200	0.160	0.167	0.180	0.050.931
0.85	0.271	0.212	0.170	0.177	0.191	0.057.497
0.90	0.286	0.225	0.180	0.187	0.203	0.064.460
0.95	0.302	0.237	0.190	0.198	0.214	0.071.821
1.00	0.314	0.250	0.200	0.208	0.225	0.079.580
1.05	0.334	0.262	0.210	0.219	0.236	0.087.737
1.10	0.350	0.275	0.220	0.229	0.248	0.096.292
1.15	0.366	0.287	0.230	0.240	0.259	0.105.245
1.20	0.382	0.300	0.240	0.250	0.270	0.114.595
1.25	0.398	0.312	0.250	0.260	0.281	0.124.344
1.30	0.414	0.325	0.260	0.271	0.293	0.134.490
1.35	0.430	0.337	0.270	0.281	0.304	0.145.035
1.40	0.446	0.350	0.280	0.292	0.315	0.155.977
1.45	0.462	0.362	0.290	0.302	0.326	0.167.317
1.50	0.477	0.375	0.300	0.212	0.338	0.179.055
1.55	0.493	0.387	0.310	0.323	0.349	0.191.191
1.60	0.509	0.400	0.320	0.333	0.360	0.203.725
1.65	0.525	0.412	0.330	0.344	0.371	0.216.657

TABLE II. (*Suite.*)

CIRCONFÉRENCES.	DIAMÈTRES.	ÉQUARRISSAGES DÉDUITS DE LA CIRCONFÉRENCE				VOLUMES CYLINDRIQUES
		au quart sans déduction.	au cinquième déduit.	au sixième déduit.	à vive arête.	pour 1 m. de hauteur.
m.	m.	m.	m.	m.	m.	m. c.
1.70	0.541	0.425	0.340	0.354	0.383	0.229.986
1.75	0.557	0.437	0.350	0.365	0.394	0.243.714
1.80	0.573	0.450	0.360	0.375	0.405	0.257.839
1.85	0.589	0.462	0.370	0.385	0.416	0.272.362
1.90	0.605	0.475	0.380	0.396	0.428	0.287.284
1.95	0.621	0.487	0.390	0.406	0.439	0.302.603
2.00	0.637	0.500	0.400	0.417	0.450	0.318.320
2.05	0.653	0.512	0.410	0.427	0.461	0.334.435
2.10	0.668	0.525	0.420	0.437	0.473	0.350.948
2.15	0.684	0.537	0.430	0.448	0.484	0.367.859
2.20	0.700	0.550	0.440	0.458	0.495	0.384.717
2.25	0.716	0.562	0.450	0.469	0.506	0.402.367
2.30	0.732	0.575	0.460	0.479	0.518	0.420.449
2.35	0.748	0.587	0.470	0.490	0.529	0.438.928
2.40	0.764	0.600	0.480	0.500	0.540	0.457.805
2.45	0.780	0.612	0.490	0.510	0.551	0.477.079
2.50	0.796	0.625	0.500	0.521	0.563	0.496.750
2.55	0.812	0.637	0.510	0.531	0.574	0.516.819
2.60	0.828	0.650	0.520	0.542	0.585	0.537.961
2.65	0.844	0.662	0.530	0.552	0.596	0.558.851
2.70	0.859	0.675	0.540	0.562	0.608	0.580.138
2.75	0.875	0.687	0.550	0.573	0.619	0.601.824
2.80	0.891	0.700	0.560	0.583	0.630	0.623.907
2.85	0.907	0.712	0.570	0.594	0.642	0.646.389
2.90	0.923	0.725	0.580	0.604	0.653	0.669.268
2.95	0.939	0.737	0.590	0.615	0.664	0.692.545
3.00	0.955	0.750	0.600	0.625	0.675	0.716.220
3.05	0.971	0.762	0.610	0.635	0.687	0.740.293
3.10	0.987	0.775	0.620	0.646	0.698	0.764.764
3.15	1.003	0.787	0.630	0.656	0.709	0.789.633

TABLE II. (*Suite.*)

| CIRCONFÉRENCES. | DIAMÈTRES. | ÉQUARRISSAGES DÉDUITS DE LA CIRCONFÉRENCE | | | | VOLUMES CYLINDRIQUES pour 1 m. de hauteur. |
		au quart sans déduction.	au cinquième déduit.	au sixième déduit.	à vive arête.	
m.	m.	m.	m.	m.	m.	m. c.
3.20	1.019	0.800	0.640	0.667	0.720	0.814.899
3.25	1.035	0.812	0.650	0.677	0.732	0.840.564
3.30	1.050	0.825	0.660	0.687	0.743	0.866.626
3.35	1.066	0.837	0.670	0.698	0.754	0.893.087
3.40	1.082	0.850	0.680	0.708	0.765	0.919.945
3.45	1.098	0.862	0.690	0.719	0.777	0.947.201
3.50	1.114	0.875	0.700	0.729	0.788	0.974.855
3.55	1.130	0.887	0.710	0.740	0.799	1.002.907
3.60	1.146	0.900	0.720	0.750	0.810	1.031.357
3.65	1.162	0.912	0.730	0.760	0.822	1.060.205
3.70	1.178	0.925	0.740	0.771	0.833	1.089.450
3.75	1.194	0.937	0.750	0.781	0.844	1.119.094
3.80	1.210	0.950	0.760	0.792	0.855	1.149.135
3.85	1.225	0.962	0.770	0.802	0.867	1.179.575
3.90	1.241	0.975	0.780	0.812	0.878	1.210.412
3.95	1.257	0.987	0.790	0.823	0.889	1.241.647
4.00	1.273	1.000	0.800	0.833	0.900	1.273.280
4.05	1.289	1.012	0.810	0.844	0.912	1.305.511
4.10	1.305	1.025	0.820	0.854	0.923	1.337.740
4.15	1.321	1.037	0.830	0.865	0.934	1.370.567
4.20	1.337	1.050	0.840	0.875	0.945	1.403.791
4.25	1.353	1.062	0.850	0.885	0.957	1.445.372
4.30	1.369	1.075	0.860	0.896	0.968	1.471.431
4.35	1.385	1.087	0.870	0.906	0.979	1.505.853
4.40	1.401	1.100	0.880	0.917	0.990	1.540.669

TABLE III.

ÉQUARRISSAGE CORRESPONDANT A UN POURTOUR DONNÉ

(Cubage à la ficelle).

TOUR moyen de la pièce.	ÉQUARRISSAGES.			TOUR moyen de la pièce.	ÉQUARRISSAGES.		
	De 2 en 2 centim.	De 3 en 3 centim.	Mixte.		De 2 en 2 centim.	De 3 en 3 centim.	Mixte.
0,30	6×6	6×6	6×9	**1,00**	24×24	24×24	24×26
0,32	8×8	6×6	8×8	1,02	24×24	24×24	24×27
0,34	8×8	6×6	8×9	1,04	26×26	24×24	26×26
0,36	8×8	9×9	9×9	1,06	26×26	24×24	26×27
0,38	8×8	9×9	9×10	1,08	26×26	27×27	27×27
0,40	10×10	9×9	10×10	1,10	26×26	27×27	27×28
0,42	10×10	9×9	10×10	1,12	28×28	27×27	28×28
0,44	10×10	9×9	10×12	1,14	28×28	27×27	28×28
0,46	10×10	9×9	10×12	1,16	28×28	27×27	28×30
0,48	12×12	12×12	12×12	1,18	28×28	27×27	28×30
0,50	12×12	12×12	12×12	**1,20**	30×30	30×30	30×30
0,52	12×12	12×12	12×14	1,22	30×30	30×30	30×30
0,54	12×12	12×12	12×15	1,24	30×30	30×30	30×32
0,56	14×11	12×12	14×14	1,26	30×30	30×30	30×33
0,58	14×14	12×12	14×15	1,28	32×32	30×30	32×32
0,60	14×14	15×15	15×15	1,30	32×32	30×30	32×33
0,62	14×14	15×15	15×16	1,32	32×32	33×33	33×33
0,64	16×16	15×15	16×16	1,34	32×32	33×33	33×34
0,66	16×16	15×15	16×16	1,36	34×34	33×33	34×34
0,68	16×16	15×15	16×18	1,38	34×34	33×33	34×34
0,70	16×16	15×15	16×18	**1,40**	34×34	33×33	34×36
0,72	18×18	18×18	18×18	1,42	34×34	33×33	34×36
0,74	18×18	18×18	18×18	1,44	36×36	36×36	36×36
0,76	18×18	18×18	18×20	1,46	36×36	36×36	36×36
0,78	18×18	18×18	18×20	1,48	36×36	36×36	36×38
0,80	20×20	18×18	20×20	1,50	36×36	36×36	36×38
0,82	20×20	18×18	20×21	1,52	38×38	36×36	38×38
0,84	20×20	21×21	21×21	1,54	39×38	36×36	38×39
0,86	20×20	21×21	21×22	1,56	38×38	39×39	39×39
0,88	22×22	21×21	22×22	1,58	38×38	39×39	39×40
0,90	22×22	21×21	22×22	**1,60**	40×40	39×39	40×40
0,92	22×22	21×21	22×24	1,62	40×40	39×39	40×40
0,94	22×22	21×21	22×24	1,64	40×40	39×39	40×42
0,96	24×24	24×24	24×24	1,66	40×40	39×39	40×42
0,98	24×24	24×24	24×24	1,68	42×42	42×42	42×42

TOUR moyen de la pièce.	ÉQUARRISSAGES.			TOUR moyen de la pièce.	ÉQUARRISSAGES.		
	De 2 en 2 centim.	De 3 en 3 centim.	Mixte.		De 2 en 2 centim.	De 3 en 3 centim.	Mixte.
1,70	42×42	42×42	42×42	**2,50**	62×62	60×60	62×63
1,72	42×42	42×42	42×44	2,52	62×62	63×63	63×63
1,74	42×42	42×42	42×45	2,54	62×62	63×63	63×64
1,76	44×44	42×42	44×44	2,56	64×64	63×63	64×64
1,78	44×44	42×42	44×45	2,58	64×64	63×63	64×64
1,80	44×44	45×45	45×45	2,60	64×64	63×63	64×66
1,82	44×44	45×45	45×46	2,62	64×64	63×63	64×66
1,84	46×46	45×45	46×46	2,64	66×66	66×66	66×66
1,86	46×46	45×45	46×46	2,66	66×66	66×66	66×66
1,88	46×46	45×45	46×48	2,68	66×66	66×66	66×68
1,90	46×46	45×45	46×48	**2,70**	66×66	66×66	66×69
1,92	48×48	48×48	48×48	2,72	68×68	66×66	68×68
1,94	48×48	48×48	48×48	2,74	68×68	66×66	68×69
1,96	48×48	48×48	48×50	2,76	68×68	69×69	69×69
1,98	48×48	48×48	48×51	2,78	68×68	69×69	69×70
2,00	50×50	48×48	50×50	2,80	70×70	69×69	70×70
2,02	50×50	48×48	50×51	2,82	70×70	69×69	70×70
2,04	50×50	51×51	51×51	2,84	70×70	69×69	70×72
2,06	50×50	51×51	51×52	2,86	70×70	69×69	70×72
2,08	52×52	51×51	52×52	2,88	72×72	72×72	72×72
2,10	52×52	51×51	52×52	**2,90**	72×72	72×72	72×72
2,12	52×52	51×51	52×54	2,92	72×72	72×72	72×74
2,14	52×52	51×51	52×54	2,94	72×72	72×72	72×75
2,16	54×54	54×54	54×54	2,96	74×74	72×72	74×74
2,18	54×54	54×54	54×54	2,98	74×74	72×72	74×75
2,20	54×54	54×54	54×56	3,00	74×74	75×75	75×75
2,22	54×54	54×54	54×56	3,02	74×74	75×75	75×76
2,24	56×56	54×54	56×56	3,04	76×76	75×75	76×76
2,26	56×56	54×54	56×57	3,06	76×76	75×75	76×76
2,28	56×56	57×57	57×57	3,08	76×76	75×75	76×78
2,30	56×56	57×57	57×58	**3,10**	76×76	75×75	76×78
2,32	58×58	57×57	58×58	3,12	78×78	78×78	78×78
2,34	58×58	57×57	58×58	3,14	78×78	76×78	78×78
2,36	58×58	57×57	58×60	3,16	78×78	78×78	78×80
2,38	58×58	57×57	58×60	3,18	78×78	78×73	78×81
2,40	60×60	60×60	60×60	3,20	80×80	78×78	80×80
2,42	60×60	60×60	60×60	3,22	80×80	78×78	80×81
2,44	60×60	60×60	60×62				
2,46	60×60	60×60	60×63				
2,48	62×62	60×60	62×62				

TABLE IV.

ÉQUARRISSAGES DE 2 EN 2 ET DE 3 EN 3 CENTIMÈTRES, ET VOLUMES QUI EN RÉSULTENT POUR 1 MÈTRE DE LONGUEUR.

1re dimension d'équarrissage.	NOMBRE DE CENTIMÈTRES EN SUS POUR LA 2e DIMENSION.					
	0	1	2	3	4	6
0,06	0,0036	»	0,0048	0,0054	0,0060	0,0072
0,08	0,0064	0,0072	0,0080	»	0,0096	0,0112
0,09	0,0081	0,0090	»	0,0108	»	0,0135
0,10	0,0100	»	0,0120	»	0,0140	0,0160
0,12	0,0144	»	0,0168	0,0180	0,0192	0,0216
0,14	0,0196	0,0210	0,0224	»	0,0252	0,0280
0,15	0,0225	0,0240	»	0,0270	»	0,0315
0,16	0,0256	»	0,0288	»	0,0320	0,0352
0,18	0,0324	»	0,0360	0,0378	0,0396	0,0432
0,20	0,0400	0,0420	0,0440	»	0,0480	0,0520
0,21	0,0441	0,0462	»	0,0504	»	0,0567
0,22	0,0484	»	0,0528	»	0,0572	0,0616
0,24	0,0576	»	0,0624	0,0648	0,0672	0,0720
0,26	0,0676	0,0702	0,0728	»	0,0780	0,0832
0,27	0,0729	0,0756	»	0,0810	»	0,0891
0,28	0,0784	»	0,0840	»	0,0896	0,0952
0,30	0,0900	»	0,0960	0,0990	0,1020	0,1080
0,32	0,1024	0,1056	0,1088	»	0,1152	0,1216
0,33	0,1089	0,1122	»	0,1188	»	0,1287
0,34	0,1156	»	0,1224	»	0,1292	0,1360
0,36	0,1296	»	0,1368	0,1404	0,1440	0,1512
0,38	0,1444	0,1482	0,1520	»	0,1596	0,1672
0,39	0,1521	0,1560	»	0,1638	»	0,1755
0,40	0,1600	»	0,1680	»	0,1760	0,1840
0,42	0,1764	»	0,1848	0,1890	0,1932	0,2016
0,44	0,1936	0,1980	0,2024	»	0,2112	0,2200
0,45	0,2025	0,2070	»	0,2160	»	0,2295
0,46	0,2116	»	0,2208	»	0,2300	0,2392
0,48	0,2304	»	0,2400	0,2448	0,2496	0,2592
0,50	0,2500	0,2550	0,2600	»	0,2700	0,2800

1re dimension d'équarrissage.	NOMBRE DE CENTIMÈTRES EN SUS POUR LA 2e DIMENSION.					
	0	1	2	3	4	6
0,51	0,2601	0,2652	»	0,2751	»	0,2907
0,52	0,2704	»	0,2808	»	0,2912	0,3016
0,54	0,2916	»	0,3021	0,3078	0,3132	0,3240
0,56	0,3136	0,3192	0,3218	»	0,3360	0,3472
0,57	0,3249	0,3306	»	0,3420	»	0,3591
0,58	0,3364	»	0,3480	»	0,3596	0,3712
0,60	0,3600	»	0,3720	0,3780	0,3840	0,3960
0,62	0,3844	0,3906	0,3968	»	0,4092	0,4216
0,63	0,3969	0,4032	»	0,4158	»	0,4317
0,64	0,4096	»	0,4224	»	0,4352	0,4480
0,66	0,4356	»	0,4488	0,4551	0,4620	0,4752
0,68	0,4624	0,4692	0,4760	»	0,4896	0,5032
0,69	0,4761	0,4830	»	0,4968	»	0,5175
0,70	0,4900	»	0,5040	»	0,5180	0,5320
0,72	0,5184	»	0,5328	0,5100	0,5472	0,5616
0,74	0,5476	0,5550	0,5624	»	0,5772	0,5920
0,75	0,5625	0,5700	»	0,5850	»	0,6075
0,76	0,5776	»	0,5928	»	0,6080	0,6232
0,78	0,6084	»	0,6240	0,6318	0,6396	0,6552
0,80	0,6400	0,6480	0,6560	»	0,6720	0,6880

V. — PROCÉDÉS DE CALCUL RAPIDE DES CUBAGES.

Nous avons vu que l'écueil à éviter pour les tables numériques était de leur donner de trop grands développements ; car on leur ôte ainsi le principal avantage pratique qu'elles peuvent fournir, c'est-à-dire la rapidité des calculs. C'est à raison de ce principe que nous avons réduit le plus possible les tables qui précèdent, en nous efforçant cependant d'y réunir tous les renseignements nécessaires. Elles ne dispensent pas de tout calcul ; puisqu'il faut multiplier les volumes trouvés par la longueur des arbres.

Pour comprendre dans ces tables tous les volumes que peuvent fournir les bois à mesurer avec les différentes longueurs possibles, il faudrait leur donner une étendue 250 fois plus grande environ. Or, on mettrait plus de temps à feuilleter la table qu'à faire la multiplication par la longueur, qui n'a qu'un ou deux chiffres.

Mais si, pour cette raison, les tables numériques sont forcément assez limitées, il n'en est plus de même pour les tables graphiques ; celles-ci permettent de condenser, en un seul tableau de très faible dimension, des résultats qui rempliraient des volumes de chiffres.

Les tableaux graphiques, ou *les graphiques*, comme on dit par abréviation, sont maintenant d'un usage courant, particulièrement dans l'industrie des chemins de fer ; mais il ne semble pas que jusqu'à présent ils se soient beaucoup généralisés en dehors des savants et des ingénieurs. Leur usage cependant est à la portée de tous, même des moins savants, et pour en tirer bon parti, il suffit simplement de n'avoir pas trop mauvaise vue.

Les personnes qui ont à cuber et à estimer des bois trouveraient de grands avantages dans l'emploi de ces graphiques ; aussi croyons-nous qu'il ne sera pas sans intérêt d'indiquer ici la méthode que nous avons adoptée pour la construction d'une de ces tables, qui nous a donné les meilleurs résultats dans la pratique.

CONSTRUCTION DES GRAPHIQUES DE CUBAGES.

Le volume cylindrique, qui sert de base à tous les cubages pratiques, peut s'exprimer d'une manière générale par la formule

$$n\, x^2\, h = v,$$

dans laquelle x peut être le rayon de la base du cylindre, son diamètre, ou sa circonférence, et la quantité constante n égale, suivant les cas, à π, à $\dfrac{\pi}{4}$ ou à $\dfrac{1}{4\pi}$.

La quantité $n\, x^2\, h$ peut être considérée comme le produit de deux facteurs distincts $n\, x^2 \times h$ ou $x^2 \times n\, h$.

Il s'agit donc, en premier lieu, de résoudre graphiquement une multiplication dont on connaît les deux facteurs. Les propriétés des triangles semblables et des lignes proportionnelles en fournissent le moyen.

Les chiffres sont des signes qui n'ont aucune propriété commune avec les quantités qu'ils représentent; de là la nécessité, pour réaliser les différentes combinaisons des nombres, d'avoir recours aux opérations d'arithmétique. Si l'on convient de représenter une quantité quelconque par une ligne droite par exemple, comme il existe entre les quantités numériques et la ligne droite une propriété commune, celle de continuité, on pourra représenter d'une manière générale, c'est-à-dire dans toute leur continuité, les différentes combinaisons des nombres abstraits et par conséquent aussi des nombres concrets.

Nous n'entreprendrons pas d'exposer ici ce que nous pourrions appeler l'arithmétique graphique ; il nous suffira d'indiquer quelques principes nécessaires pour faciliter l'usage des tables graphiques de cubage.

Si sur une ligne droite indéfinie (fig. 8), on mesure une certaine longueur, on pourra considérer cette longueur comme une unité abstraite. Supposons, pour fixer les idées, cette longueur égale à un centimètre ; en la portant à droite du point A une fois, deux fois..... dix fois et marquant les

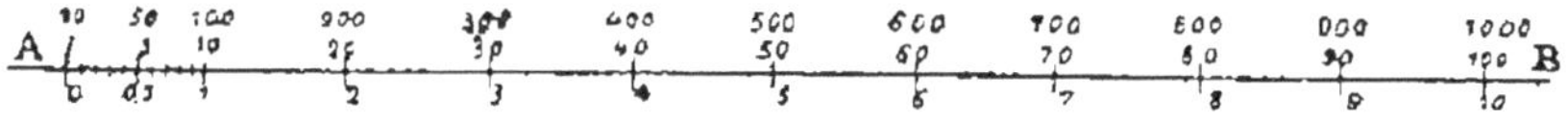

Fig. 8.

différentes longueurs obtenues, on aura des longueurs correspondant aux nombres 1, 2,..... 10 ; en divisant l'unité en 10, on aura également des longueurs correspondant aux nombres 0,1 ; 0,2..... 0,9. Si l'on convient de donner à la longueur unité primitive, absolument abstraite, une valeur numérique dix fois plus grande, au lieu de l'appeler 1 on l'appellera 10, et le système AB, au lieu d'exprimer simplemen toutes les grandeurs numériques comprises entre 0 et 10, exprimera toutes celles comprises entre 0 et 100 ; on pourrait d'ailleurs attribuer à l'unité primitive toute valeur numérique égale à un multiple ou à un sous-multiple de 10, et par conséquent étendre ou restreindre à volonté la signification numérique du système A B maintenu dans ses dimensions.

Les différentes grandeurs comprises entre deux subdivisions successives ne sont pas marquées par des traits ; mais les intervalles non divisés étant généralement restreints, on peut facilement en supputer à vue les fractions simples 0,1 ; 0,2..... 0,9, sans commettre d'erreur sensible : c'est ce qu'on appelle faire une *interpolation à vue*.

A l'aide d'un système tel que A B, comprenant dix divisions principales, subdivisées chacune en dix, on peut donc construire mille nombres différents, pour chaque ordre d'unité dont on voudra faire choix. Nous appellerons le système A B une *échelle;* en donnant à cette expression un sens un peu différent, et surtout beaucoup plus étendu que celui attaché à l'échelle de proportion ordinaire, servant à restituer aux figures réduites leurs dimensions réelles.

Généralement une échelle ne comprend que dix divisions principales subdivisées en autant de parties, mais on peut ajouter une ou plusieurs échelles à la première et semblables, selon les besoins. Dans la fig. 8, nous avons affecté chaque division de trois cotes, pour la clarté de la démonstration, mais on n'en doit inscrire qu'une seule, rien n'étant plus simple que de multiplier ou diviser mentalement par 10, 100, etc., un nombre quelconque d'unités.

Revenons maintenant à la question qui nous intéresse, celle de réaliser graphiquement une multiplication, c'est-à-dire de construire une table de multiplication.

Construisons une échelle A B (fig. 9) comprenant dix divisions principales, et joignons chacun des points de division à un point C extérieur à A B, choisi arbi-

trairement ; puis divisons A C ou B C en dix parties
égales, et par chacun des points de division menons des
droites parallèles à A B. Ces parallèles équidistantes
pourront être considérées comme des échelles, dont les
divisions seront égales à un dixième d'une division de
A B, pour la parallèle n° 1 ; à deux dixièmes d'une division de A B, pour la parallèle n° 2 ; et ainsi de suite ;

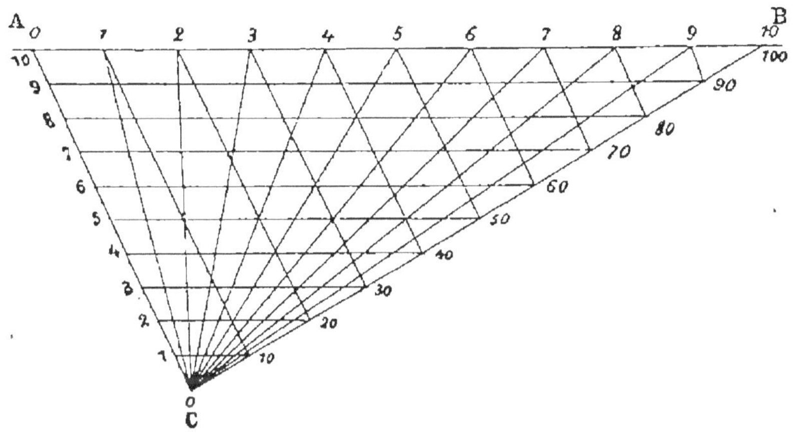

Fig. 9.

en sorte que si les divisions de la parallèle n° 1 représentent des unités, celles de la parallèle n° 2 représen-
teront deux unités, celles de la parallèle n° 3 trois
unités... celles de l'échelle A B dix unités ; nous cote-
rons donc 1, 2, 3,... 10 les obliques passant par les divisions 1, 2, 3... 10 de la parallèle n° 1. D'après ce qui
précède, il est clair que le produit de 5 par 4, par exemple,
doit s'exprimer par la portion de la parallèle n° 5 déterminée par son point de rencontre avec l'oblique 4 ; il ne
reste donc plus qu'à se donner le moyen d'évaluer les

longueurs qui expriment les produits; il suffit pour cela de mener par les points de division de l'échelle A B des droites parallèles à A C; leur équidistance mesurée sur les parallèles à A B sera de dix unités, qu'on pourra, par une nouvelle subdivision, réduire à une simple unité. La table de multiplication sera dès lors complète.

L'échelle A B est celle des multiplicandes; l'échelle A C, celle des multiplicateurs; enfin l'échelle B C, celle des produits.

Il suffira donc, pour faire une multiplication, de suivre l'oblique marquant le multiplicande jusqu'à sa rencontre avec la parallèle marquant le multiplicateur et d'évaluer, au moyen de l'échelle des produits, la distance de ce point à l'origine de la parallèle du multiplicateur. On trouve ainsi sans difficulté que 2 par 7 donne 14; que 32 par 54 est 1728 en interpolant et sachant que le premier chiffre à droite est 8.

La figure 9, suffisante pour l'explication théorique, n'a pas les dimensions, ni les dispositions particulières et variables suivant les cas, qu'on doit adopter dans la pratique; pour une table de multiplication donnant 4 chiffres exacts, il faudrait doubler ces dimensions; supprimer la parallèle n° 1 qui peut être remplacée par la parallèle n° 10, en divisant par 10; introduire enfin d'autres dispositions dont l'ensemble constitue l'art de construire les tables graphiques.

Les principales conditions à réaliser sont : 1° que les divisions de l'échelle des produits marquent les unités de l'ordre du dernier chiffre à conserver, suivant le degré d'approximation nécessaire ; 2° que les intersections des différentes lignes du graphique se présentent sous des angles suffisamment ouverts, pour plus de précision dans la lecture ; 3° que pour éviter toute confusion et rendre la lecture plus rapide, les lignes marquant des dizaines, par exemple, soient en trait plus fort que celles marquant des unités. A l'aide de procédés analogues, un même graphique peut renfermer plusieurs tables, dites à double entrée, sans aucune confusion ; par exemple en faisant usage pour les lignes des facteurs, de traits de couleurs différentes, noir, rouge, bleu, etc., ou de traits ponctués, pointillés, etc.

Les tables de multiplication sont des tables à double entrée, dont les échelles des facteurs sont graduées suivant la loi de génération des nombres naturels. Il est d'ailleurs facile de comprendre qu'on peut également graduer chacune de ces échelles suivant la loi exprimée par une fonction quelconque d'une variable, et que les produits sont les résultats de la multiplication de ces deux fonctions dans leurs différentes variations.

Tel est le cas des tables de cubage. Les détails de construction que nous allons exposer, pour l'une de ces tables, compléteront nos explications sur la question des graphiques appropriés aux cubages.

Considérons les deux facteurs de la formule générale du volume cylindrique x^2 et $n h$, et proposons-nous de construire une table dont les données sont les circonférences et les hauteurs. La formule génératrice sera dès lors :

$$V = C^2 \times \frac{1}{4\,\pi}\,h.$$

Au lieu de graduer l'échelle des multiplicandes suivant la loi exprimée par C^2 en faisant varier C dans les limites nécessaires, on peut graduer l'échelle suivant la loi de variation de R^2 en prenant le rayon correspondant aux circonférences, de la manière suivante :

Circ. =	$0^m,50$	rayon correspondant	R =	0,0795	R^2=0,0063
—	0 ,60	—	—	0,0955	0,0091
—	0 ,70	—	—	0,111	0,0123
	⋮			⋮	⋮
—	1 ,50	—	—	0,238	0,0566
—	1 ,60	—	—	0,254	0,0645
	⋮			⋮	⋮
—	4 »	—	—	0,636	0,4044

L'échelle des multiplicandes a donc été graduée d'après les valeurs successives de R^2; mais les cotes de l'échelle indiquent les circonférences correspondantes; en sorte que la distance 0,0063 est cotée 0,50, de même 0,60 la distance 0,0091, et ainsi de suite. Pour les circonférences de 0,50 à $1^m,40$, ces distances ont été décuplées; mais à partir de $1^m,50$ elles n'ont été portées que pour leur valeur réelle. Le point extérieur à cette échelle, d'où doivent rayonner les obliques, a été pris à 10 centimètres de la première échelle, et de façon que les parallèles équidistantes des produits soient inclinées de 45 degrés sur cette première échelle.

L'échelle des multiplicateurs a été graduée suivant la loi exprimée par le second facteur $n\,h$; dans lequel la quantité constante n est égale à π ou 3,1416, puisqu'on a pris R^2 pour premier facteur. Faisant varier h de 4^m à 15^m, on a :

$$
\begin{array}{ccc}
\text{Pour } h = 4 & \pi\,h = & 12.5664 \\
\qquad\ 5 & & 15.7080 \\
\vdots & & \vdots \\
\qquad\ 15 & & 47.1039
\end{array}
$$

Représentons par A B (fig. 10) l'axe sur lequel a été construite l'échelle des multiplicandes de notre table

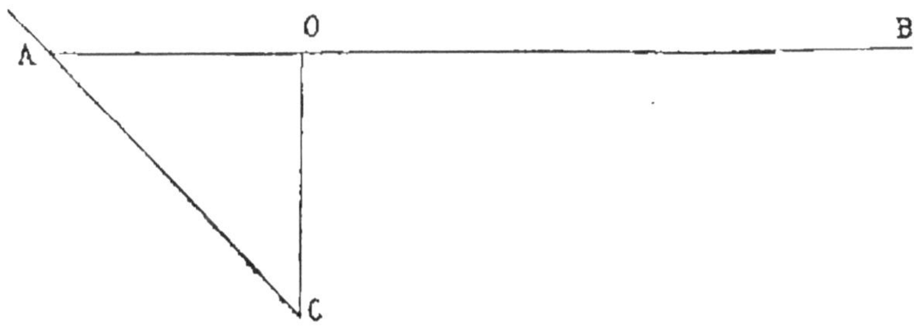

Fig. 10.

graphique. Faisons $A\,O = 1$ décimètre et O C, perpendiculaire sur A B, de même longueur que A O ; l'oblique A C, qui a servi d'origine et de direction pour mener les parallèles équidistantes de l'échelle des produits, sera inclinée de 45° sur A B. Ayant figuré les carrés des rayons correspondant aux circonférences de $1^m,50$ à 4^m par des longueurs, à partir de l'origine A, égales à chacun des nombres exprimant ces carrés; la distance A O, égale à un décimètre, figurera un mètre cube, si l'on figure sur l'échelle des multiplicateurs le facteur correspondant à $n\,h = 10$ par la longueur OC; mais alors pour $h = 15$ par exemple, on aurait $n\,h = 47{,}1039$ qu'il faudrait figurer par $0^m{,}471$ à partir de C, ce qui donnerait au graphique de trop grandes dimensions. Aussi avons-nous divisé par 4 ces facteurs $n\,h$, ce qui n'altère pas les résultats, à condition de multiplier les produits par 4; nous avons donc attribué aux longueurs de l'échelle des produits une signification quatre fois plus grande; de telle sorte que le mètre cube soit figuré par $0{,}025$ au lieu de l'être par $0{,}1$.

L'équidistance sur AB de l'échelle des volumes sera par suite, pour deux dixièmes de mètre cube, égale à $0^m{,}005$, intervalle qui permet d'interpoler à vue d'une façon assez exacte pour obtenir les volumes avec une erreur moindre d'un dixième de mètre cube; or c'est là pratiquement, ainsi que nous l'avons démontré, une approximation qu'on ne saurait dépasser utilement.

Il est clair que les résultats fournis par l'échelle des volumes seront décuplés, lorsqu'il s'agira d'arbres de $0^m{,}50$ à $1^m{,}40$ de circonférence; pour avoir le volume de ces arbres, il suffira donc de diviser par 10 le volume trouvé; c'est-à-dire d'avancer la virgule d'un rang vers la gauche. L'approximation obtenue pour ces arbres de faible dimension sera dix fois plus grande, ce qui satisfait à cette condition théorique qu'il faut calculer le volume de ces arbres avec une approximation plus grande que celui des gros arbres, parce que bien que l'erreur absolue de cubage soit moindre, l'erreur relative est plus grande.

La table graphique (Pl. I), construite d'après les indications qui précèdent, donne les volumes au cubage cylindrique pour les arbres dont la circonférence a été mesurée au milieu sur écorce.

Nous savons que pour passer du volume cylindrique au volume des arbres cubés au quart sans déduction, il suffit de multiplier le premier volume par le facteur de conversion 0,7854 ; et l'on a par conséquent :

$$V_{\frac{1}{4}} = R^2\, \pi h \times 0,7854.$$

Si donc on multiplie le facteur πh par le coefficient 0,7854 ; on pourra construire sur l'échelle des multiplicateurs des longueurs correspondant au facteur πh ainsi modifié ; c'est ce que nous avons fait pour mener les parallèles qui établissent l'échelle des hauteurs dont il faut se servir pour le cubage au quart.

Comme on peut encore passer du volume cylindrique au volume à vive arête par un coefficient constant, 0,6366, les parallèles à traits ponctués correspondent à une troisième graduation de l'échelle des multiplicateurs et fournissent l'échelle des hauteurs, à utiliser pour le cubage à vive arête.

La table de cubage graphique peut encore être utilisée

pour le cubage au cinquième déduit, puisqu'il suffit de dédoubler le volume cylindrique.

Ainsi, pour un arbre de $2^m,40$ de circonférence et d'une longueur de 11^m, le graphique donne :

Pour le cubage cylindrique	$5^{mc},05$	le calcul donne	$5^{mc},01$
— au quart	3 ,95	—	3 ,96
— au cinquième	2 ,52	—	2 ,53
— à vive arête	3 ,20	—	3 ,21

Et pour un arbre de $1^m,10$ sur 9^m on aurait encore par le graphique :

Pour le cubage cylindrique	$0^{mc},866$	et par le calcul	$0^{mc},867$
— au quart	0 ,680	—	0 ,681
— au cinquième	0 ,433	—	0 ,435
— à vive arête	0 ,552	—	0 ,551

Les erreurs que fait ressortir la comparaison de ces chiffres démontrent que l'approximation obtenue est largement suffisante.

Pour avoir les volumes cylindriques de 1^m de hauteur, on prendra ceux de 10^m, et l'on divisera le volume correspondant par 10 ; de même pour les hauteurs de 2 ou 3^m, on prendra les volumes correspondant à 4 ou 6^m, et l'on divisera le résultat par 2. Pour les fractions de mètre de hauteur, on interpolera à vue ; ainsi pour un arbre de $1^m,50$ de circonférence et $9^m,50$ de hauteur on trouvera $1^{mc},70$; le calcul donnerait : $0,15597 \times 9,50 = 1,701$. De même si l'on avait une circonférence intermédiaire telle que $1^m,95$ on trouverait pour 10^m de hauteur, en interpolant sur l'échelle des circonférences, $3^{\text{mc}},04$, le calcul donnerait $3^{\text{mc}},026$ ou $3^{\text{mc}},03$.

Ces quelques exemples suffisent pour montrer l'extension dont ces tables sont susceptibles ; on s'y habitue vite et après quelques essais, on arrive à obtenir les résultats avec une très grande rapidité.

Règle à cubage.

La règle à cubage de M. de Montrichard, inspecteur des forêts, fournit aussi un procédé de calcul rapide et essentiellement pratique pour obtenir les volumes. Elle n'est d'ailleurs qu'une application aux calculs de cubage de la règle à calcul ou règle logarithmique.

La théorie de la règle à calcul repose uniquement sur ce principe, qu'on peut figurer les nombres par des longueurs telles qu'en les ajoutant l'une à l'autre, ou en les retranchant l'une de l'autre, la somme ou la différence de ces longueurs soient égales à des longueurs correspondant au produit ou au quotient des nombres considérés. Il suffit pour cela de figurer sur une échelle les nombres naturels par des longueurs proportionnelles à leurs logarithmes.

La règle de M. de Montrichard repose sur le même principe. Elle se compose, comme la règle à calcul, de deux parties : d'une règle fixe et d'une réglette mobile engagée à plat dans une coulisse pratiquée à l'intérieur de la règle, de façon à glisser parallèlement à celle-ci. Elle porte trois échelles affectées, l'une aux circonfé-

rences (partie inférieure de la règle) (fig. 11); l'autre
aux hauteurs (partie supérieure de la réglette); la troisième aux volumes (partie supérieure de la règle); en
outre, vers le milieu de la réglette et au-dessous de l'é-
chelle des hauteurs sont marquées des divisions qui
constituent ce que nous appellerons l'échelle des repères.

L'échelle des hauteurs et celle des volumes sont graduées suivant la loi d'accroissement des logarithmes des
nombres naturels de 1 à 100; seulement l'échelle des

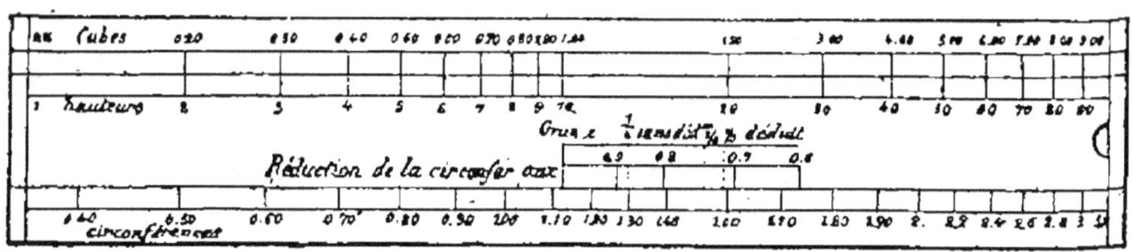

Fig. 11.

volumes figure des nombres cent fois moins forts que
ceux figurés sur l'échelle des hauteurs. Sur l'échelle des
circonférences la graduation est établie suivant la loi
exprimée par $x = 2 \log C - \log 4\pi$, où la quantité
x varie avec C seulement. Cette échelle est cotée, pour
les raisons que nous expliquerons plus loin, de 0,35 à
3,60. Enfin l'échelle des repères porte une série de traits,
qui servent à placer la réglette mobile dans la position
voulue, pour obtenir le volume cherché, suivant le mode
de cubage dont on a fait choix. Si l'on veut cuber des
arbres abattus en grume, au quart sans déduction, au
sixième ou au cinquième déduit, on choisit pour repère

le trait au-dessus duquel est inscrit le mode de cubage adopté ; ce trait amené au-dessus de la division qui exprime la circonférence donnée sur l'échelle inférieure de la règle, place la réglette mobile dans une position telle que la hauteur de l'arbre, lue sur l'échelle des hauteurs, coïncide avec la division qu'il faut lire sur l'échelle des cubes pour connaître le volume cherché ; ce volume est précisément celui en grume, au quart sans déduction, au sixième ou au cinquième déduit, selon le repère dont on s'est servi. Il faut, bien entendu, dans cette opération, se donner la circonférence moyenne de l'arbre.

On peut aussi, à l'aide de cette règle, cuber les arbres sur pied ; mais alors on doit lire, sur l'échelle affectée aux circonférences, le nombre correspondant à la circonférence de l'arbre mesurée à 1^{m},50 environ du sol, on choisira pour repère le trait coté 0,90 ou 0,80, etc., suivant qu'on sera convenu d'attribuer aux arbres à cuber une circonférence moyenne égale aux 90 %, 80 %, etc., de la circonférence à hauteur d'homme, ainsi que nous le verrons dans le chapitre suivant consacré au cubage des arbres sur pied. On procédera d'ailleurs, pour trouver le cube, comme précédemment. La règle n'est disposée pour les cubages sur pied, que de façon à fournir le volume cylindrique en grume.

Voici maintenant quelques explications théoriques utiles à connaître pour tirer tout le parti possible de ce petit instrument de calcul.

On sait qu'on a pour expression du volume cylindrique en fonction de la circonférence

$$V = \frac{1}{4\,\pi}\, C^2 H.$$

En substituant les logarithmes, on a :

$$\log V = 2 \log C - \log 4\,\pi + \log H \quad (1).$$

Si l'on pose

$$2 \log C - \log 4\,\pi = 0,$$

il restera

$$\log V = \log H.$$

Si, dans cette hypothèse, $V = 1^{mc}$, on aura

$$H = 1^m \text{ et } C = \sqrt{4\,\pi} = 3^m,545;$$

ces trois quantités, qui vérifient l'équation (1), fourniront donc trois logarithmes correspondant à zéro :

$$2 \log C - \log 4\,\pi = 0$$
$$\log H = 0$$
$$\log V = 0.$$

Si donc on gradue l'échelle des circonférences suivant la loi exprimée par

$$x = 2 \log C - \log 4\,\pi,$$

celle des hauteurs suivant

$$y = \log H$$

et celle des cubes suivant

$$z = \log V;$$

le zéro de l'échelle des circonférences correspondra au

nombre 3,545 ; celui de l'échelle des hauteurs au nombre 1, et celui de l'échelle des cubes au même nombre 1.

Si l'on divise la circonférence par 10, le volume correspondant sera divisé par 100, et si l'on multiplie la hauteur par 10, le volume correspondant sera décuplé. Effectuant ces opérations dans l'expression (1), on aura :

$$2 \log C - 2 - \log 4\,\pi + \log H + 1 = -1 + \log V.$$

La caractéristique seule du logarithme total sera modifiée ; mais le logarithme lui-même ne le sera pas ; par suite il n'y aura qu'un déplacement de virgule à opérer dans le produit.

Après avoir gradué les échelles comme nous l'avons indiqué plus haut, on pourra donc coter 0,35 le zéro de l'échelle des circonférences ; 10^m celui de l'échelle des hauteurs et 0^{mc},10 celui de l'échelle des cubes. La réglette (fig. 12), ajustée de façon que la division 10 des hauteurs coïncide avec la division 0,1 des cubes et 0,35 des circonférences, se trouvera repérée à son point d'origine ; c'est pourquoi le re-

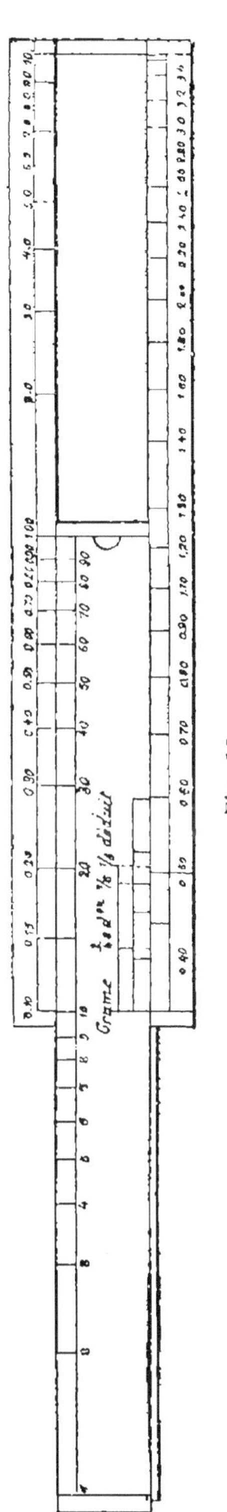

Fig. 12.

père correspondant au volume cylindrique ou en grume est placé vis-à-vis de la division 10 de la réglette. Dans cette position de la réglette, on obtiendra directement le volume des cylindres de 0,354 de circonférence et de 10^m et plus de hauteur ; mais quand la hauteur est inférieure à 10 mètres, la réglette fait défaut ; il faut alors multiplier la hauteur par 10 et chercher le volume correspondant à cette hauteur décuplée, puis diviser par 10 le résultat obtenu. Ainsi, pour un cylindre de $0^m,35$ de circonférence et de 6^m de hauteur, on chercherait sur l'échelle des hauteurs la division cotée 60 qui donnerait pour volume $0^{mc},60$; le cube cherché serait donc $0^{mc},06$. Inversement, si la réglette était ajustée de façon à faire coïncider le repère avec la division 3,60 des circonférences, pour les hauteurs supérieures à 10 mètres, la règle ferait encore défaut, il faudrait dans ce second cas diviser par 10 la hauteur et décupler ensuite le volume trouvé. Tous les cas analogues qui pourraient se présenter entre les limites de 0,35 et 3,60 de circonférence, se traiteraient de la même manière. Ainsi pour un cylindre de 3 mètres de circonférence et 20 mètres de hauteur, le repère coïncidant avec la division 3^m, on chercherait sur l'échelle des hauteurs la division 2^m, et lisant sur l'échelle supérieure $1^m,43$, le cube cherché serait $14^{mc},30$.

Telle est la raison pour laquelle le repère correspondant au volume en grume a été placé à égale distance des extrémités de la réglette mobile.

Il faut encore remarquer que l'échelle des circonférences n'étant graduée que de 0,35 à 3,60, si l'on avait une circonférence en dehors de ces limites, on devrait multiplier ou diviser par 10 la circonférence donnée et diviser ou multiplier par 100 le volume obtenu.

Nous avons vu que le cubage cylindrique en grume peut servir de base à tous les autres modes de cubages, et qu'on a :

Vol. au $\frac{1}{4}$ sans déduction $=$ vol. cyl. $\times$ 0,7854

— au $\frac{1}{6}$ déduit $=$ vol. cyl. $\times$ 0,5454

— au $\frac{1}{5}$ déduit $=$ vol. cyl. $\times$ 0,5026 ;

d'où, en prenant l'inverse de ces facteurs de conversion et en substituant les logarithmes, on a :

$$\text{Log. V}_{\frac{1}{4}} = 2 \log. \text{C} - \log. 4\,\pi + \log. \text{H} - \log. 1{,}273$$

$$\text{Log. V}_{\frac{1}{5}} = 2 \log. \text{C} - \log. 4\,\pi + \log. \text{H} - \log. 1{,}833$$

$$\text{Log. V}_{\frac{1}{5}} = 2 \log. \text{C} - \log. 4\,\pi + \log. \text{H} - \log. 1{,}989.$$

Il suffira donc de diminuer le logarithme du volume cylindrique du logarithme de 1,273 ou de 1,833, ou de 1,989 pour en déduire le volume au quart sans déduction, au sixième ou au cinquième déduit. C'est ce qu'on a donné la possibilité de faire, en traçant à droite du repère pour le cubage en grume, et aux distances de log. 1,273 $=$ 0,0105 log. 1,833 $=$ 0,0263 et log. 1,987 $=$ 0,029, des traits servant de repères pour les trois modes de cubage indiqués plus haut. Il est clair, en effet, que si l'on fait glisser la réglette de manière, par exemple, à amener le repère coté $\dfrac{1}{4}$ vis-à-vis de la division correspondant à la circonférence donnée, on aura diminué le logarithme du volume cylindrique d'une quantité égale à log. 1,273 et par conséquent divisé le volume par 1,273.

On sait que C étant la circonférence d'un arbre mesuré à hauteur d'homme, sa circonférence C' au milieu de la hauteur est inférieure à C d'une quantité, qui dépend de la décroissance de la tige. Soit $\frac{1}{n}$ la fraction par laquelle il faut multiplier C pour obtenir C' on aura

$$\frac{1}{4\,\pi}\,\frac{C^2}{n^2}\,H = \text{vol. sur pied} = V',$$

substituant les logarithmes, on aura

$$2 \log. C - \log. 4\,\pi + \log H - 2 \log n = \log. V'$$

Nous verrons au chapitre II, consacré au cubage des arbres sur pied, qu'on peut considérer la grosseur de la tige au milieu comme étant égale à une fraction de la grosseur au pied, qui peut varier, suivant le coefficient de décroissance, de 0,90 à 0,60.

$$\text{Or quand } C' = 0,90\ C \qquad n = 1,11$$
$$C' = 0,80\ C \qquad n' = 1,20$$
$$C' = 0,70\ C \qquad n'' = 1,43$$

Il a donc suffi de tracer, à la droite du premier repère et à une distance de 2 fois le logarithme de n puis de n', etc., une série de traits cotés 0,90, 0,80, 0,70... pour avoir l'échelle des repères à utiliser dans le cubage des bois sur pied. En amenant l'un de ces repères, choisi avec discernement, sur la division correspondant à la circonférence mesurée à hauteur d'homme, connaissant d'ailleurs la hauteur, on obtiendra sans difficulté, en suivant la même marche que précédemment, le volume en grume de l'arbre sur pied.

M. de Montrichard, en faisant une application très ingénieuse de la règle logarithmique aux calculs de cubage, ne pouvait pas se soustraire aux inconvénients qu'on s'accorde à trouver dans ce genre d'instruments. Les uns tiennent à la propriété même des nombres logarithmiques, dont les accroissements vont en s'atténuant, à mesure que les nombres auxquels ils correspondent s'élèvent ; il en résulte des systèmes d'échelles à divisions inégales et où l'unité entre les cotes 90 et 100 par exemple est figurée par des longueurs 6 à 7 fois moins grandes qu'entre 10 et 20, ce qui rend parfois pénible la lecture. Un autre inconvénient consiste dans la difficulté qu'on éprouve quelquefois à repérer exactement la réglette. Les tables graphiques ne présentent aucun de ces inconvénients.

VI. — TABLES ET RENSEIGNEMENTS DIVERS.

Les unités de mesures à appliquer pour la détermination du volume et du prix des bois varient suivant les régions et les pays. Il est donc indispensable d'être renseigné, pour le commerce d'exportation et d'importation, par exemple, sur les rapports existants entre les diverses unités de mesures nationales et étrangères et sur les diverses monnaies de compte qui servent à fixer les transactions commerciales.

I. — TABLEAU DES MESURES EMPLOYÉES DANS LE COMMERCE DES BOIS. (Extrait de l'*Annuaire des Eaux et Forêts*.)

France.....	Le mètre et ses subdivisions..........	mèt.
—	La toise valant 6 pieds de roi.........	1.949
—	Le pied de 12 pouces...............	0.329
—	Le pouce de 12 lignes..............	0.024
—	La ligne.......................	0.007
Autriche...	Le klafter (6 pieds)	1.896
—	Le pied (12 pouces)................	0.316
Bavière....	Le klafter (6 pieds)................	1.752
—	La perche (10 pieds)...............	2.920
Angleterre..	Foot (pied de 12 pouces)...........	0.304
—	Yard (3 pieds)...................	0.914
—	Wood long pole (6 yards)..........	5.487
États-Unis..	Foot (pied).....................	0.305
—	Yard (verge)....................	0.914
—	Fathom (toise)..................	1.829
—	Rood (perche)..................	5.029
Chine......	Tschech.......................	0.339
Francfort...	Klafter........................	1.710
—	Perche forestière	4.510
Prusse.....	Pied (12 pouces).................	0.314
—	Ruthe (12 pieds).................	3.768
Moldavie...	Stengène.......................	2.230
Valachie....	id	1.966
Russie.....	Sagène........................	2.133
Memel.....	Pied courant....................	0.284
Dantzik....	—	0.287
Suède......	—	0.296
Norwège...	—	0.313

Mesures de volume pour les bois de feu.

France.....	Le stère........................	stère.
—	Le double stère..................	2.000
—	Le décastère...................	10.000

		stères.
France.........	La corde des Eaux et Forêts (8 pieds de de couche, 4 pieds de hauteur, 3 pieds $\frac{1}{2}$ de longueur)......................	3.839
—	La corde de taillis (mêmes dimensions, sauf la longueur des bûches qui est de 2 pieds $\frac{1}{2}$)......................	2.742
—	La corde de moule (mêmes mesures, longueur de bûches 4 pieds)............	4.387
—	La corde sur la Cure..................	4.009
—	— sur l'Oise et l'Aisne.........	5.000
—	— sur la Marne et l'Ourcq......	4.008
—	— sur les ports de l'Yonne.....	4.007
—	— sur les ports de la Seine.....	5.000
—	— sur le port de Montargis	5.003
—	Le tonneau (Gironde)...............	3.636
—	La brasse (id.)..................	3.570
Autriche......	Le klafter...........................	3.11
Bade..........	—	3.89
Bavière.......	—	8.13
Angleterre.....	Le cord	3.56
États-Unis.....	Cubic foot	0.028
—	Cubic yard	0.764
—	Cord...............................	0.458
Danemark.....	Le faon forestier....................	2.61
Francfort	Le klafter..........................	2.90
Mecklembourg.	Le faden.	3.46
Nassau........	La corde	3.89
Prusse........	Le klafter (100 pieds cubes)..........	3.34
Wurtemberg...	Le klafter..........................	3.39
Moldavie......	Le stengène.........................	11.089
Valachie......	—	7.598

II. — TABLE DE CONVERSION DES TOISES, PIEDS, POUCES ET LIGNES EN MÈTRES ET DÉCIMALES DU MÈTRE.

(Extrait de l'Annuaire du Bureau des longitudes.)

Nombres.	Toises.	Pieds.	Pouces.	Lignes.
	m.	m.	m.	m.
1	1.9490	0.3218	0.0271	0.0023
2	3.8981	0.6197	0.0541	0.0045
3	5.8471	0.9745	0.0812	0.0068
4	7.7961	1.2994	0.1083	0.0090
5	9.7452	1.6242	0.1353	0.0113
6	11.6942	1.9490	0.1624	0.0135
7	13.6133	2.9739	0.1895	0.0158
8	15.5923	2.5987	0.2166	0.0181
9	17.5113	2.9235	0.2436	0.0203
10	19.4904	3.2484	0.2707	0.0226
20	38.9807	6.4968	0.5114	0.0451
30	58.4711	9.7452	0.8121	0.0677
40	77.9615	12.9936	1.0828	0.0902
50	97.4518	16.2420	1.3535	0.1128
60	116.9422	19.1901	1.6242	0.1353
70	136.4326	22.7388	1.8949	0.1579
80	155.9209	25.9871	2.1656	0.1805
90	175.4133	29.2355	2.4363	0.2030
100	194.9037	32.4839	2.7070	0.2256

III. — TABLE DE CONVERSION DES MÈTRES, DÉCIMÈTRES, CENTIMÈTRES ET MILLIMÈTRES EN PIEDS, POUCES ET LIGNES.

NOMBRES	MÈTRES.			DÉCIMÈTRES.			CENTIMÈTRES.			MILLIMÈTRES.		
	Pieds.	Pouces.	Lignes.	Pieds.	Pouces.	Lignes.	Pieds.	Pouces.	Lignes.	Pieds.	Pouces.	Lignes.
1	3	0	11,3	0	3	8,3	0	0	4,4	0	0	0,44
2	6	1	10,6	0	7	4,6	0	0	8,9	0	0	0,89
3	9	2	9,9	0	11	1,0	0	1	1,3	0	0	1,33
4	12	3	9,2	1	2	9,3	0	1	5,7	0	0	1,77
5	15	4	8,5	1	6	5,6	0	1	10,2	0	0	2,22
6	18	5	7,8	1	10	2,0	0	2	2,6	0	0	2,66
7	21	6	7,1	2	1	10,3	0	2	7,0	0	0	3,10
8	24	7	6,4	2	5	6,6	0	2	11,5	0	0	3,55
9	27	8	5,7	2	9	3,0	0	3	3,9	0	0	3,99
10	30	9	5,0	3	0	11,3	0	3	8,3	0	0	4,43
11	33	10	4,3									
12	36	11	3,5									
13	40	0	2,8									
14	43	1	2,1									
15	46	2	1,4									
16	49	3	0,7									
17	52	4	0,0									
18	55	4	11,3									
19	58	5	10,6									
20	61	6	9,9									

IV. — TABLE DE CONVERSION DES TOISES ET PIEDS CARRÉS ET CUBES EN MÈTRES CARRÉS ET CUBES.

NOMBRES	TOISES CARRÉES.	PIEDS CARRÉS.	TOISES CUBES.	PIEDS CUBES.
	m. q.	m. q.	m. c.	m. c.
1	3,7987	0,1055	7,4039	0,0343
2	7,5975	0,2110	14,8078	0,0685
3	11,3962	0,3166	22,2117	0,1028
4	15,1950	0,4221	29,6156	0,1371
5	18,9937	0,5276	37,0195	0,1714
6	22,7925	0,6331	44,4233	0,2057
7	26,5912	0,7386	51,8272	0,2399
8	30,3899	0,8442	59,2311	0,2742
9	34,1887	0,9497	66,6350	0,3085
10	37,9874	1,0552	74,0389	0,3428
11	41,7862	1,1607	81,4428	0,3770
12	45,5849	1,2662	88,8467	0,4113
13	49,3837	1,3718	96,2506	0,4456
14	53,1824	1,4773	103,6545	0,4799
15	56,9812	1,5828	111,0584	0,5142
16	60,7799	1,6883	118,4622	0,5484
17	64,5786	1,7938	125,8661	0,5827
18	68,3774	1,8994	133,2700	0,6170
19	72,1761	2,0049	140,6739	0,6513
20	75,9749	2,1104	148,0778	0,6855
30	113,9623	3,1656	222,1167	1,0283
40	151,9497	4,2208	296,1556	1,3711
50	189,9372	5,2760	370,1945	1,7139
60	227,9246	6,3312	444,2334	2,0566
70	265,9120	7,3864	518,2723	2,3994
80	303,8995	8,4417	592,3112	2,7422
90	341,8869	9,4969	666,3501	3,0849
100	379,8744	10,5521	740,3890	3,4277

V. — TABLE DE CONVERSION DES MÈTRES CARRÉS ET CUBES
EN TOISES ET PIEDS CARRÉS ET CUBES.

NOMBRES.	MÈTRES CARRÉS.	MÈTRES CUBES.	MÈTRES CARRÉS.	MÈTRES CUBES.
	Toises carrées.	Toises cubes.	Pieds carrés.	Pieds cubes.
1	0,2632	0,1351	9,48	29,17
2	0,5265	0,2701	18,95	58,35
3	0,7897	0,4052	28,43	87,52
4	1,0530	0,5403	37,91	116,70
5	1,3162	0,6753	47,38	145,87
6	1,5795	0,8104	56,86	175,04
7	1,8427	0,9451	66,34	204,22
8	2,1060	1,0805	75,81	233,39
9	2,3692	1,2156	85,29	262,56
10	2,6324	1,3506	94,77	291,74
11	2,8956	1,4857	104,24	320,91
12	3,1589	1,6207	113,72	350,09
13	3,4221	1,7558	123,20	379,26
14	3,6854	1,8908	132,68	408,43
15	3,9486	2,0259	142,15	437,61
16	4,2118	2,1610	151,63	466,78
17	4,4751	2960	161,11	495,96
18	4,7383	2,4311	170,58	525,13
19	5,0016	2,5661	180,06	554,30
20	5,2649	2,7013	189,54	583,48
30	7,8973	4,0519	284,30	875,22
40	10,5298	5,4026	379,07	1166,95
50	13,1622	6,7532	473,84	1458,69
60	15,7947	8,1038	568,61	1750,43
70	18,4271	9,4545	633,38	2042,17
80	21,0596	10,8051	758,15	2333,91
90	23,6920	12,1558	852,91	2625,65
100	26,3245	13,5064	947,68	2917,39

VI. — TABLEAU INDIQUANT LES VOLUMES RÉELS DES BOIS DE FEU RÉGULIÈREMENT EMPILÉS. (Extrait de l'*Annuaire des Eaux et Forêts*.)

Diamètre des bûches.	Nombre de bûches par mètre carré de la section transversale.	Nombre de bûches par stère (la bûche ayant 1m,14 de long).	Volume réel du stère en mètres cubes.	Volume apparent du mètre cube.
m.			m. c.	st.
0,04	317	278	0,389	2,58
0,05	260	228	0,442	2,26
0,09	88	77	0,551	1,81
0,10	70	61	0,563	1,77
0,12	54	47	0,631	1,57
0,15	37	32	0,662	1,51
0,16	33	30	0,663	1,51
0,17	29	25	0,652	1,54
0,18	26	23	0,653	1,53
0,19	23	20	0,667	1,50
0,20	22	19	0,661	1,51
0,21	20	18	0,675	1,48
0,22	18	16	0,682	1,47
0,23	16	14	0,681	1,47

VII. — QUANTITÉ D'EAU NORMALE CONTENUE DANS 100 DE BOIS DE CHAUFFAGE. (Expériences de M. Chevandier.)

ESSENCES.	RONDINAGE DE BRANCHES.				RONDINAGE DE BRINS.			
	6 mois	1 an	18 mois	2 ans	6 mois	1 an	18 mois	2 ans
Hêtre....	33,48	24,00	19,80	20,32	30,44	23,46	18,60	19,95
Chêne ...	31,20	26,90	24,55	21,09	32,71	26,76	23,35	20,28
Charme..	31,38	25,89	22,33	19,30	27,19	23,08	20,60	18,59
Bouleau..	37,34	28,99	24,12	21,78	39,72	29,01	22,73	19,52
Tremble .	35,69	26,01	21,85	19,94	40,45	26,22	17,77	17,92
Sapin ...	28,29	17,14	15,09	18,66	33,78	16,87	15,21	18,09
Pin......	35,30	17,59	15,72	17,39	41,49	18,67	15,63	17,42

VIII. — TABLEAU INDIQUANT LE POIDS DU STÈRE DE DIFFÉRENTS BOIS RÉGULIÈREMENT EMPILÉS ET COMPLÈTEMENT SECS. (Expériences de M. Chevandier.)

ESSENCES.	NATURE DES BOIS.	POIDS du stère.
		kil.
Chêne rouvre............	Bois de quartier.........	380
Chêne pédonculé.........	Id.	359
Chêne rouvre et pédonculé.	Id.	371
Id.	Rondins provenant de brins	317
Id.	Id. de branches.......	277
Hêtre.................	Bois de quartier..........	380
Id.	Rondins provenant de brins	314
Id.	Id. de branches......	304
Charme................	Bois de quartier.........	370
Id.	Bois de quartier et rondins.	361
Id.	Rondins et brins.........	313
Id.	Rondins de branches.....	298
Bouleau...............	Bois de quartier.........	338
Id.	Bois de quartier et rondins.	332
Id.	Rondins provenant de brins	315
Id.	Id. de branches......	269
Sapin.................	Rondins provenant de brins	312
Id.	Id. de branches......	287
Id.	Bois de quartier.........	277
Aune	Id.	293
Id.	Bois de quartier et rondins.	291
Id.	Rondins provenant de brins	283
Pin..................	Id.	283
Id.	Rondins de branches.....	281
Id.	Bois de quartier.........	256
Saule	Quartiers et rondins mêlés.	285
Id.	Rondins de brins.........	276
Tremble...............	Quartiers et rondins mêlés.	273

IX. — TABLEAU INDIQUANT LE POIDS DU MÈTRE CUBE PLEIN DES DIFFÉRENTS BOIS, D'APRÈS GAYER.

(Extrait de l'*Annuaire des Eaux et Forêts*.)

| NOMS DES PRINCIPALES ESSENCES. | | | | | POIDS DU BOIS | |
FRANÇAIS.	ALLEMANDS.	ANGLAIS.	ITALIENS.	ESPAGNOLS.	vert.	séché à l'air.
					kilog.	kilog.
Chêne pédonculé.	Stieleiche.	British oak.	Quercia farnia.	Roble pedunculato.	1.100	800
Chêne rouvre.	Trauben Eiche.	Sessile oak.	Rovere.	Roble.	1.010	740
Frêne.	Esche.	Common ash.	Frassine.	Fresno.	920	750
Hêtre.	Rothbuche.	Beech.	Faggio.	Haya.	1.010	740
Charme.	Weissbuche.	Horn beam.	Carpino.	Carpe.	1.080	720
Orme champêtre.	Feldulme.	Common elm.	Olmo.	Olmo.	950	690
Érable sycomore.	Bergahorn.	Sycamore.	Acero di montagna.	Arce sicomoro.	930	660
Bouleau.	Bircke.	Common birch.	Betula.	Abedul.	940	610
Mélèze.	Lärche.	Larch.	Larice.	Alerce.	760	620
Pin noir.	Schwarz Kiefer.	Austrian fir.	Pino austrinco.	Pino negro.	1.000	570
Aune glutineux.	Schwarz Erle.	Common alder.	Ontano.	Aliso.	820	530
Saule.	Weide.	Willow.	Salice.	Sauce.	850	530
Pin sylvestre.	Kiefer.	Scotch fir.	Pino silvestre.	Pino.	700	520
Aune blanc.	Weisserle.	White alder.	Ontano bianco.	Aliso.	800	490
Tremble.	Aspe.	Aspen.	Pioppo tremulo.	Alamo.	800	490
Peuplier blanc.	Silber Pappel.	White poplar.	Pioppo bianco.	Chopo.	950	480
Sapin.	Tanne.	Silver fir.	Abete bianco.	Abeto.	1.000	480
Épicea.	Fichte.	Spruce fir.	Abete rosso.	Abeto rojo.	730	470
Tilleul.	Linde.	Switch linden.	Tilio.	Tilo.	740	450
Pin Weymouth.	Weymouth Kiefer.	Weymouth fir.	Pino Weymouth.	Pino Weymouth.	730	430

X. — TABLEAU DES MONNAIES ÉTRANGÈRES
ET DE LEURS VALEURS EN MONNAIE FRANÇAISE.

ÉTATS.	MONNAIE DE COMPTE.		VALEUR en monnaie française.
	Nom des unités.	Nom et nombre des subdivisions de l'unité.	
			fr.
France..............	Franc........	100 centimes.	1.0000
Allemagne.........	Reichs-mark..	100 pfenning.	1.2345
Angleterre	Livre sterling.	20 schillings.	25.2213
Autriche-Hongrie ..	Florin........	100 kreutzers.	2.4691
Belgique..........	Franc........	100 centimes.	1.0000
Danemark.........	Krone	100 ore......	1.3888
Espagne..........	Peseta	»	1. »
Id.	Piastre forte..	»	5.2000
Id.(Iles Philippines).	Duro........	100 centavos.	5.0960
Grèce.............	Drachme.....	100 lepta. ...	1.0000
Italie.............	Lira.........	100 centesimi.	1.0000
Empire ottoman ...	Piastre	»	0.2278
Pays-Bas..........	Florin.	100 cents.....	2.1000
Tunis.............	Piastre	»	0.6194
Portugal..........	Milreis	»	5.6000
Russie............	Rouble	100 kopecks..	4.0000
Finlande..........	Marcka	»	1.0000
Roumanie.........	Ley	100 banis. ...	1.0000
Serbie	Dinar........	100 paras. ...	1.0000
Suède.............	Krona.......	100 ore......	1.3888
Norvège	Krone	100 ores.	1.3888
Suisse.............	Franc	100 centimes.	1.0000
Égypte	Piastre.......	40 paras.....	0.2573
Perse.............	Thoman......	100 schahis..	11.8300
Indes anglaises....	Roupie	»	2.3757
États-Unis	Dollar.......	100 cents....	5.1825
Mexique..........	Peso	100 centavos.	5.4308
Brésil.............	Milreis	»	2.8316
Chili	Peso.........	100 centavos.	5.0000
Pérou.............	Sol	10 deneros ou 100 cents..	5.0000

CHAPITRE II.

Cubage des bois sur pied.

Quand les arbres sont sur pied, on ne peut mesurer directement que la partie de la tige voisine du sol et jusqu'à 1^{m},50 de hauteur environ. Mais, nous savons que pour déterminer le volume cylindrique il faut nécessairement connaître la grosseur moyenne de la tige et sa hauteur. Aussi les méthodes de cubage des bois sur pied ont-elles toutes pour objet principal la détermination des deux éléments du volume, grosseur moyenne et hauteur de la tige, par des procédés spéciaux, plus ou moins exacts suivant leur complication et l'habileté de l'estimateur.

Nous allons par conséquent passer en revue les méthodes employées pour mesurer les hauteurs et les grosseurs (diamètres ou circonférences).

§ Ier. — *Mesure des hauteurs.*

L'approximation qu'il suffit d'atteindre dans l'appréciation des hauteurs ne saurait jamais dépasser un décimètre; le plus souvent, on se contente d'une approximation beaucoup moins grande. On sait en effet que la hauteur, dans la formule du volume cylindrique, n'entre qu'à la première puissance et affecte beaucoup moins le résultat que le diamètre ou la circonférence, qui y entre au carré.

A l'aide d'instruments, de topographie, on pourrait sans difficulté, sinon avec une suffisante rapidité, déterminer la hauteur d'une tige ; et on l'obtiendrait avec une exactitude bien supérieure à celle que nous avons indiquée plus haut. Mais la complication de cette opération serait trop grande ; en matière de cubage, il faut pouvoir obtenir une hauteur en moins de quelques minutes, si l'on doit opérer sur une grande quantité de pieds d'arbres comme c'est le cas ordinaire.

Il y a deux méthodes principales pour mesurer les hauteurs des arbres en forêt : celle où l'on emploie des instruments spéciaux appelés *dendromètres* et celle beaucoup moins exacte, mais souvent suffisante, dite *à vue d'œil*.

Mesure des hauteurs au dendromètre.

On appelle dendromètre tout instrument permettant de mesurer rapidement la hauteur des arbres ; il en existe un très grand nombre, nous ne décrirons que les plus simples et les plus employés.

Planchette dendrométrique. — Cet instrument est composé d'une planchette rectangulaire, en général de 10 centimètres sur 20, munie sur le côté AB (fig. 13) de pinnules destinées à diriger l'arête AB de la planchette dans la direction du point dont on veut mesurer la hauteur, un fil à plomb est suspendu au point A, enfin sur une des faces de la planchette et de C en D sont tracées des divisions marquant des centimètres et des millimètres ; sur l'autre face est fixé un anneau ou une poignée permettant de maintenir l'instrument en station de la main droite. Lorsque l'instrument est placé dans la direction voulue (fig. 13), le fil à plomb détermine sur la planchette, avec les deux côtés A C, C D, un triangle semblable au triangle L M B, dans lequel la distance M B de l'observa-

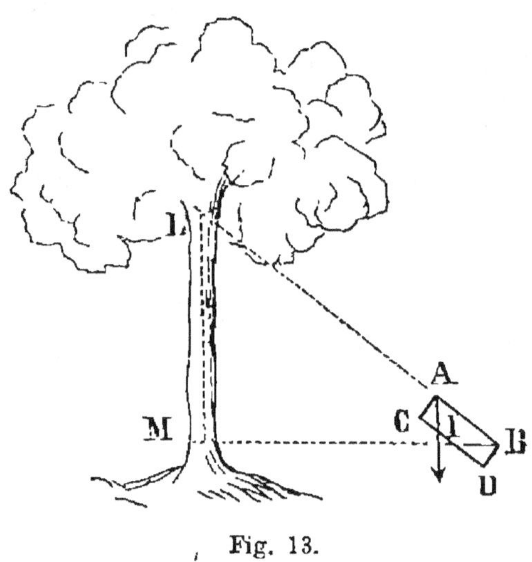

Fig. 13.

teur à l'arbre est l'homologue du côté A C, et la hauteur cherchée L M est l'homologue du côté C I, on a donc :

$$\frac{L M}{C I} = \frac{M B}{A C} \quad \text{d'où} \quad L M = C I \times \frac{M B}{A C}.$$

Ainsi, la hauteur M L est égale à la quantité C I lue sur la planchette, multipliée par le rapport de la distance M B de l'arbre à l'estimateur, au côté A C de la planchette. Ce dernier rapport sera constant si l'on se place toujours à la même distance des arbres à mesurer ; de plus, le nombre de centimètres et millimètres lu sur le côté C D sera le même que le nombre de mètres et de décimètres compris dans la hauteur mesurée, si le rapport $\dfrac{M\,B}{A\,C}$ est égal à à 100, comme cela arrive, par exemple, quand MB = 10 mètres et A C = 0,1, ou bien M B = 9 mètres et A C = 0,09, etc.

Pour avoir la hauteur totale de la tige, il faut encore ajouter à M L la partie comprise entre l'horizontale M B et le pied même de l'arbre; quand le terrain sera horizontal, la hauteur partielle à ajouter sera égale à la hauteur du point B au-dessus du sol, mais dans le cas où le terrain sera déclive, la quantité à ajouter pourra être plus grande ou plus petite que la hauteur de B au-dessus du sol. Il faut alors déterminer directement sur l'arbre la hauteur à ajouter, en se servant de la planchette comme d'un niveau à perpendicule ; ou bien la mesurer par un procédé identique à celui employé pour la partie M L. Pour cela, on modifie les dispositions de la planchette décrite plus haut ; on recule le point de suspension du fil à plomb du côté du point B, et la ligne KO (fig. 14) détermine sur C D l'origine d'une graduation dans le sens de OD et d'une seconde graduation dans le sens de OC. L'écart du fil à plomb à gauche du repère O indique la hauteur M N à ajouter.

La longueur du côté AC étant constante, il s'ensuit que pour avoir le rapport commode, $\dfrac{M\,B}{A\,C} = 100$, il faut

toujours se mettre en station à la même distance des arbres, en opérant comme nous venons de le dire. Mais
cette condition n'est pas toujours réalisable en forêt, il
faut donc connaître les moyens d'obvier le plus simplement possible à la défectuosité des lieux. .

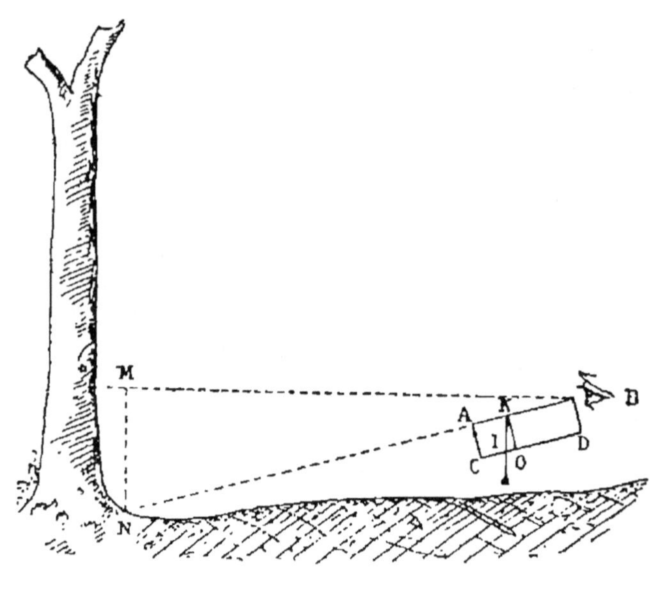

Fig. 14.

Supposons que la planchette que nous avons décrite ait
le côté A C égal à un décimètre, pour que les centimètres
et millimètres de la graduation O D correspondent à des
mètres et des décimètres de hauteur, il faut qu'on soit
placé à 10 mètres de l'arbre. Admettons que l'observation
faite dans ces conditions donne (fig. 15) un écart du fil à
plomb égal à O I; à une autre distance quelconque égale
à M B' par exemple, cet écart serait O' I', par conséquent
on aurait dans le premier cas :

$$M L = O I \times \frac{M B}{A C} ;$$

Dans le second cas :

$$M L = O' I' \times \frac{M B'}{A C'} ,$$

d'où l'on tire :

$$O I \times \frac{M B}{A C} = O' I' \times \frac{M B'}{A' C'} ;$$

mais comme $A' C' = A C$, il vient :

$$O I = O' I' \times \frac{M B'}{M B} .$$

On a, par hypothèse $M B = 10$ mètres, en sorte que si

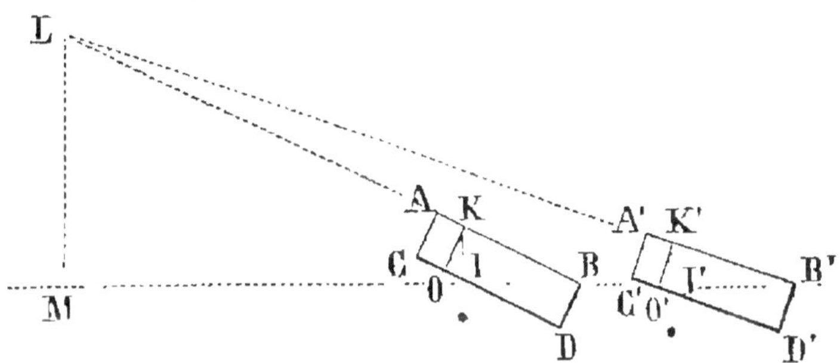

Fig. 15.

$M B' = 15$ mètres, $O' I'$ ayant été trouvé de 6 centimètres, on aura :

$$O I = 0,06 \times 1,50 = 0,09, \text{ d'où } M L = 9 \text{ mètres.}$$

Quelque simples que soient ces calculs, on pourra encore se les épargner à l'aide d'une modification légère de la planchette. Nous avons vu que le rapport $\frac{M B}{A C}$ égal à 100 ne change pas quand on fait varier les deux termes de ce rapport dans les mêmes proportions; si donc on divise AC = 0,1 en 10 parties égales et que par les points de division on trace des parallèles à C D, chacune de ces parallèles étant divisée comme la première,

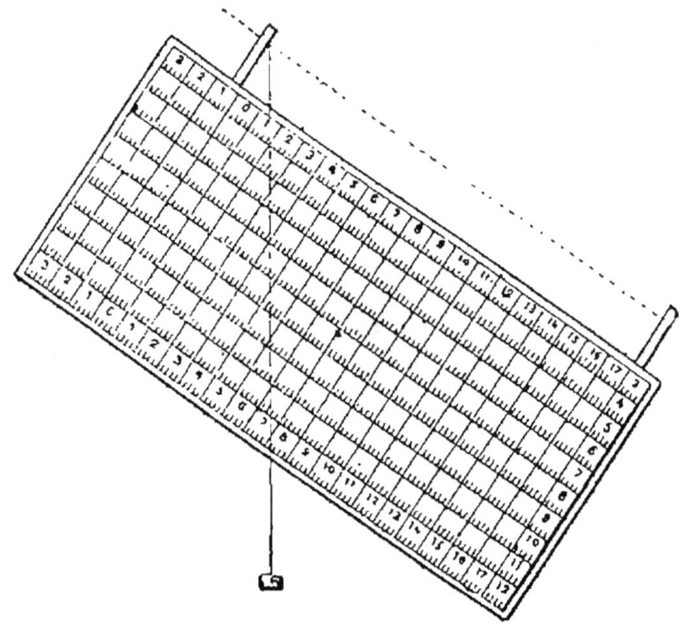

Fig. 16.

on pourra avoir directement la hauteur à une distance de 9 mètres ou 8 mètres, etc., de l'arbre, en lisant sur la parallèle 9 ou 8, etc., l'écart du fil à plomb. C'est d'après ce principe que sont construites les planchettes à carreaux. La fig. 16 représente une planchette réduite au quart de sa grandeur.

Les hauteurs obtenues par les procédés précédents sont les distances verticales des sommets observés au-dessus du pied de l'arbre. Mais il peut arriver que certains arbres soient assez inclinés pour que les hauteurs ainsi obtenues soient entachées d'erreurs non négligeables. Dans ce cas, il faut faire subir une correction à la hauteur verticale trouvée par la méthode ordinaire comme nous allons l'expliquer. Soit $L N = H$ cette hauteur verticale; en appliquant sur le corps de l'arbre (fig. 17) le côté $A B$ du dendromètre, le fil à plomb déterminera un triangle $K O I$ semblable au triangle $L M N$; en effet, $O K$ est l'homologue de $L N$ qui est la longueur cherchée, on aura donc :

$$\frac{L M}{H} = \frac{K I}{K O} \quad \text{d'où} \quad L M = H \times \frac{K I}{K O}.$$

KO est connu et égal généralement à $0^m,10$, on pourra déterminer $K I$ à l'aide d'un double décimètre de poche; par conséquent, le rapport par lequel il faut multiplier H pour avoir $L M$ étant connu, $L M$ sera déterminé.

Soient, comme exemple, $H =$ 12 mètres, $K O = 0^m,10$, $K I = 0^m,11$, on aura :

$$L M = 12 \times 1,10 = 13^m,20.$$

Il pourrait arriver que le pied de l'arbre fût inaccessible, la dis-

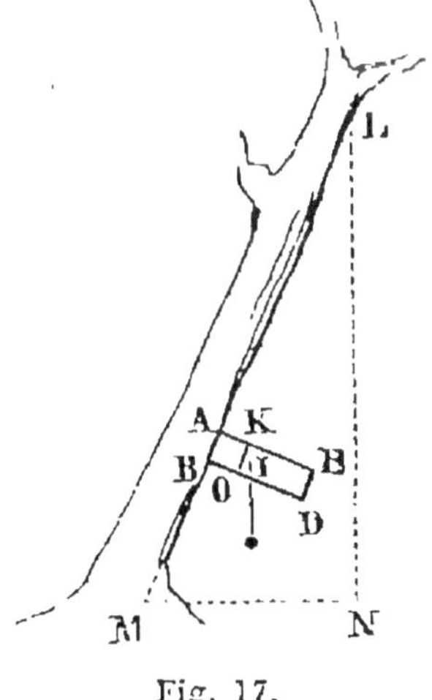

Fig. 17.

tance de l'arbre au point d'observation ne pouvant être déterminée directement, dans ce cas on opère de la manière suivante :

On fait une première observation à une distance indéterminée $M\,B = d$ (fig. 15), on lit sur la planchette, comme si cette distance était de 10 mètres, l'écart du fil à plomb, soit i cet écart ; on fait une deuxième observation à une distance $M\,B'$, telle que $M\,B' - M\,B$ ou $d' - d = m$ une longueur connue, on note l'écart i' du fil à plomb comme dans la première observation, c'est-à-dire en supposant toujours l'observation faite à 10 mètres. Nous avons démontré précédemment que l'on a :

$$i \, : \, i'' \, : \, : \, d' \, : \, d$$

or :

$$i'' \, : \, i - i'' \, : \, : \, d \, : \, d' - d$$

d'où :

$$d = \frac{i''\,(d' - d)}{i - i''}.$$

Soient, comme exemple, $i = 0^m,07$ $i'' = 0^m,04$ et $d' - d = 6$ mètres, on aura :

$$d = \frac{0,04 \times 6}{0,03} = 8 \text{ mètres.}$$

Remarquons que si la différence $d' - d$ était égale à la moitié de d, l'écart i'' serait moitié de l'écart i ; il résulte de là qu'on éviterait de calculer la proportion précédente en cherchant pour la deuxième observation le point de station où l'écart serait la moitié de celui de la première observation ; généralement on y arrivera après quelques tâtonnements rapides.

La planchette dont la figure 16 représente le dessin n'est applicable qu'aux arbres dont la hauteur ne dépasse pas 17 mètres, du moins quand on désire l'approximation que comporte cet instrument pour les arbres de moins de 17 mètres. Toutefois, en se contentant d'une approximation moins grande, on peut obtenir les hauteurs de 17 à 34 mètres, mais alors il faut doubler les distances. Ainsi, en se plaçant à 20 mèt., un arbre de 30 mètres donnera, sur l'échelle cotée 10 de la planchette, 0,15 ; il faudra donc doubler l'écart accusé par le fil à plomb dans ce cas pour déduire, suivant la règle ordinaire, la hauteur.

Dendromètre de Regnault. — Ce dendromètre, plus portatif et pouvant servir à toutes les distances et à la mesure de très grandes hauteurs, n'est qu'une extension de la planchette ; sa théorie est exactement la même. La règle C D, engagée de toute son épaisseur dans la règle A C, peut glisser perpendiculairement à cette dernière et être fixée à un point quelconque de sa longueur au moyen d'une vis de pression V (fig. 18) ; cette disposition permet de régler l'instrument suivant la distance à laquelle on se trouve de l'arbre. Une des difficultés pratiques de l'emploi de la planchette est de maintenir, quand on opère seul, le fil à plomb sur la division qu'il traverse jusqu'au moment où on fait la lecture. Avec le dendromètre Regnault, on échappe à cet inconvénient d'une manière très simple : le fil, à son point de suspension, est engagé dans un petit trou et repassé dans une rainure C ; il se prolonge suffisamment pour pouvoir être maintenu par une légère pression du doigt sur la face B B′ de l'instrument ; dans le voisinage du poids P, le fil présente un nœud qu'on amène, en le tirant légèrement pendant l'opération, à raser le bord A'B' de la règle, lorsque l'instrument est dans la position voulue ; puis, maintenant par

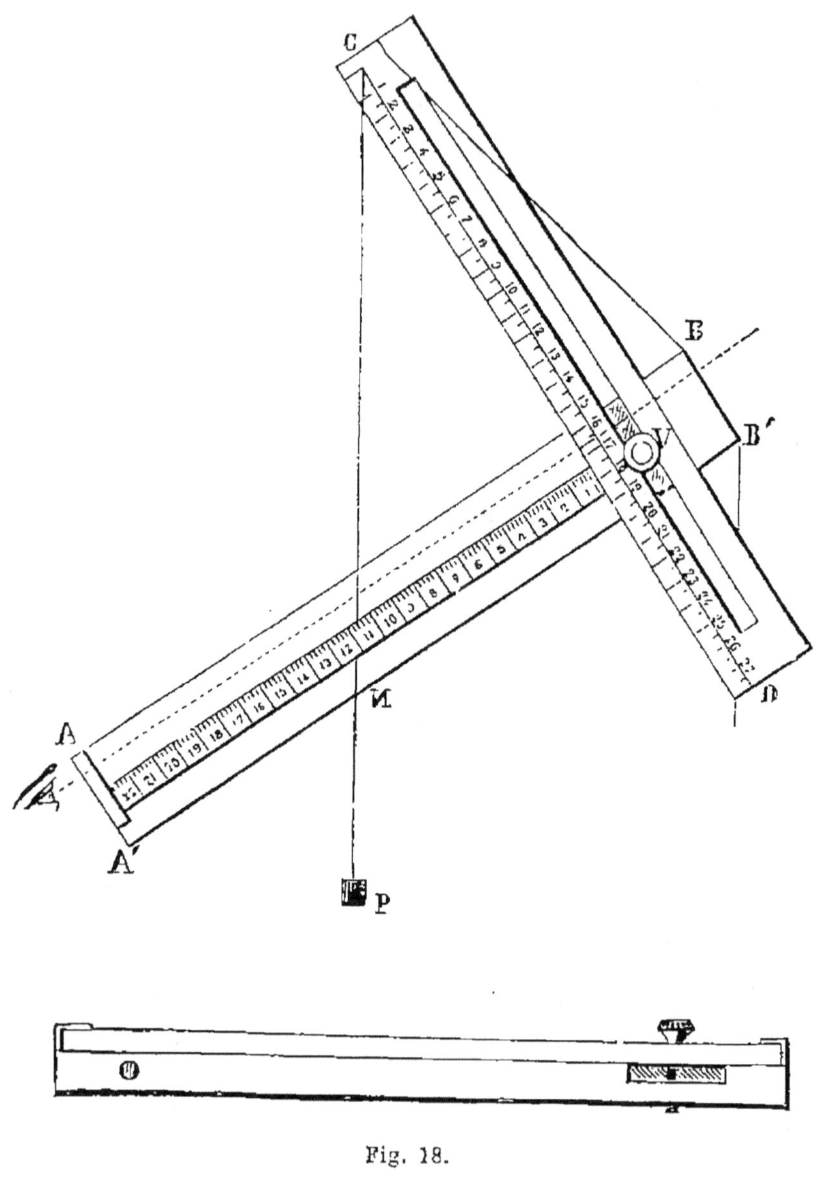

Fig. 18.

une pression du doigt en BB' le fil, on abaisse et l'on retourne l'instrument en ramenant le nœud au bord de la règle A'B'; ce qui permet de lire avec toute facilité la division interceptée. Les plongées se font en retournant l'instrument qui est muni d'un oculaire en B'.

La règle CD dégagée de la rainure et replacée sur la règle A B est un objet très portatif, de 25 à 30 centimètres de longueur sur 4 à 5 centimètres de largeur.

Quels que soient les instruments employés pour mesurer les hauteurs, ils ont toujours pour objet la résolution d'un triangle rectangle, dont on détermine, par l'observation, l'angle A C B, et, au moyen d'un chaînage, le côté A C

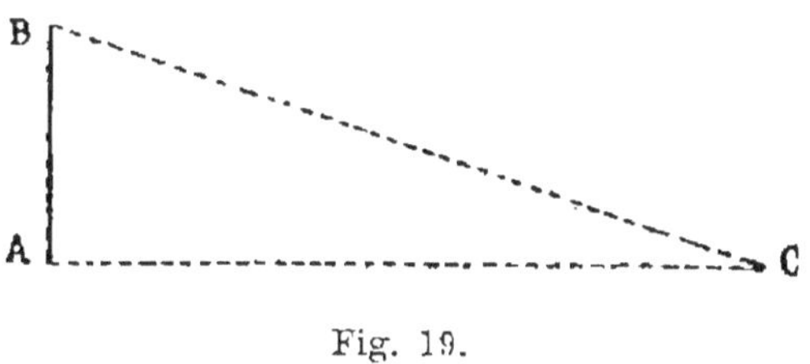

Fig. 19.

(fig. 19); données suffisantes pour déterminer A B qui est la hauteur cherchée.

Le principal avantage des dendromètres de l'ordre de ceux que nous venons de décrire est leur simplicité et la facilité avec laquelle on peut les construire en toute circonstance. Cet instrument donne l'angle ACB, mais dispense de le mesurer, puisqu'il reproduit un triangle semblable au triangle ABC, et que le rapport de similitude est facile à établir, au moyen de la distance AC. Il faut reconnaître toutefois que quand on opère seul, la mobilité du fil à plomb rend souvent l'observation incertaine, et que cet inconvénient dans le dendromètre Regnault n'est qu'atténué. Aussi, tous les perfectionnements apportés dans les dendromètres consistent-ils plutôt dans certains détails de construction que dans l'application d'une méthode différente.

Dendromètre Bouvard. — Ce dendromètre est le premier en date qui ait fourni une solution satisfaisante ; on y a substitué au fil à plomb une tige métallique pouvant tourner librement dans un plan vertical, autour d'un axe, et qu'on rend fixe ou mobile à volonté au moyen d'un ressort sur lequel on agit par une simple pression du bouton B, fig. 20. Cette tige, appelée *perpendicule*, est munie à son extrémité inférieure d'un arc, en forme d'ancre, divisé symétriquement de part et d'autre de la ligne de foi Aa du perpendicule. Le point de suspension est fixé à la paroi d'une boîte plate contenant le perpendicule ; la paroi opposée est percée d'une ouverture munie d'un repère fixe a, déterminant avec le point de suspension une droite perpendiculaire au bord cc' de la boîte, lequel est pourvu de pinnules aux deux extrémités et sert à diriger les rayons visuels dans la direction des points dont on veut mesurer les hauteurs.

Quand le bord supérieur cc' est placé horizontalement, le perpendicule est vertical et le zéro des divisions de l'arc coïncide exactement avec le repère a ; à mesure qu'on incline l'instrument, le perpendicule se maintenant dans la verticale, le repère s'écarte à droite ou à gauche du zéro, suivant le sens de l'inclinaison, d'une quantité égale à l'angle ACB, puisque cet angle a ses côtés CA et CB (fig. 19), perpendiculaires chacun à chacun au perpendicule et au bord cc' de l'instrument ; or, si l'arc est gradué de telle sorte que les divisions correspondent aux angles ayant pour tangentes 0,1 ; 0,2 ; 0,3... et pour rayon $Ac = 10$, il suffira de multiplier le nombre lu vis-à-vis du repère par la distance où l'on se trouvera de la hauteur à mesurer, pour obtenir le nombre donnant à un décimètre près cette hauteur.

Le maniement de cet instrument est donc fort simple ; après avoir mesuré la distance de l'arbre au point qu'on jugera le plus convenable pour observer le pied et la

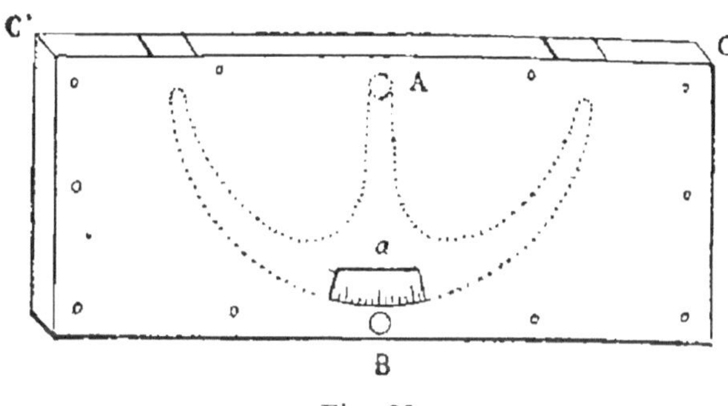

Fig. 20.

cime de l'arbre à estimer, on visera ces deux extrémités en rendant libre, à chaque observation, le perpendicule, qui ne tardera pas à prendre la position qu'il doit avoir et qu'on fixera alors en lâchant le ressort ; on notera chaque fois les cotes obtenues, qu'on additionnera ou qu'on retranchera, suivant que le pied de l'arbre se trouvera au-dessous ou au-dessus du point d'observation ; le produit de cette somme ou de cette différence par la distance, sera égal à la hauteur cherchée. Comme on a le choix du point d'observation, il faut éviter, quand c'est possible, de se placer en contre-bas du pied de l'arbre.

Quant à la distance, on devra préférer celle de 10, ou de 15, ou de 20 mètres, suivant la hauteur des arbres; la multiplication pourra se faire dès lors mentalement.

Il existe encore une très grande variété de dendromètres; mais les plus pratiques et les plus commodes se rapprochent tous, plus ou moins, de ceux que nous avons examinés : notamment, le *clésimètre* du colonel Goulier, lequel, théoriquement, ne diffère du précédent qu'en ce que l'arc gradué est fixé à la boîte et se déplace par conséquent d'une quantité égale à l'angle d'inclinaison; le perpendicule, muni d'un index à son extrémité, marque le nombre à lire sur la graduation. Cet instrument est construit avec soin, est presque aussi portatif qu'une montre (0^{m},08 de côté et 0^{m},013 d'épaisseur) et présente sous ce rapport un avantage appréciable.

Mesure des hauteurs à vue d'œil.

Quelque rapide que soit le maniement du dendromètre, il serait impossible, dans la plupart des opérations forestières, de mesurer tous les arbres avec cet instrument, parce qu'il faudrait y consacrer un temps trop considérable. Aussi doit-on s'habituer à estimer à simple vue les hauteurs. Les hauteurs mesurées au dendromètre servent de terme de comparaison; en outre, on vérifie de temps en temps avec l'instrument les appréciations à vue. D'ailleurs, à défaut d'instrument précis, on peut arriver à évaluer les hauteurs, avec une approximation suffisante, quand

on se contente d'une exactitude à moins d'un mètre, par
le procédé suivant : on marque sur la tige une hauteur
de 2, 3 ou 4 mètres à l'aide d'une perche (fig. 21) ; puis on
se poste à une certaine distance de l'arbre, on place devant ses yeux et verticalement un crayon, par exemple,

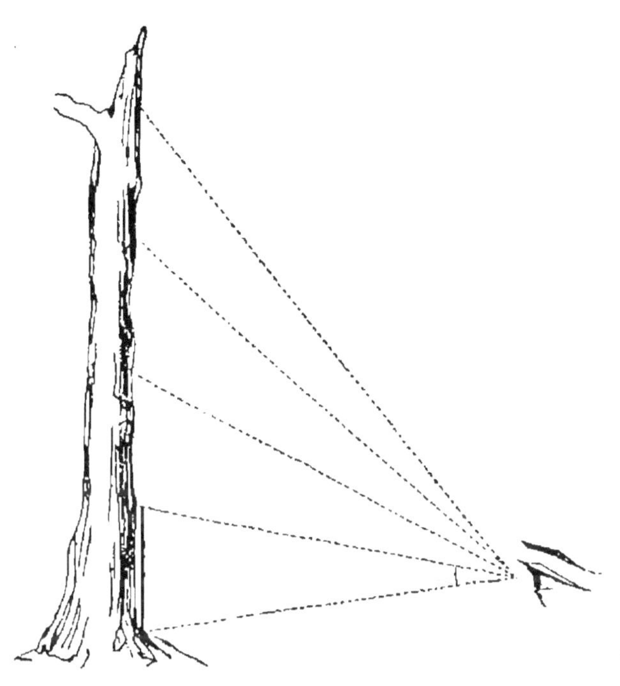

Fig. 21.

qu'on éloigne ou qu'on rapproche jusqu'à ce que les rayons
visuels passant au-dessus et au-dessous du crayon abou-
tissent exactement aux deux extrémités de la partie du
tronc dont la hauteur est marquée ; on élève ensuite le
crayon dans la même verticale, de façon à lui faire inter-
cepter une hauteur égale à la première et immédiatement
au-dessus, et ainsi de suite, jusqu'au sommet ; le nombre
de portées multiplié par la hauteur de la perche appliquée

contre l'arbre, donne la hauteur totale de la tige. Lorsque les arbres sont très hauts, il y a à tenir compte dans une certaine mesure de ce que les angles visuels diminuent pour une même longueur de tige, à mesure que les portées s'élèvent ; dans ce cas, on amoindrira l'erreur en s'éloignant le plus possible de l'arbre.

§ II. — *Mesures des diamètres à $1^{m},50$ du sol.*

On détermine la grosseur des arbres, soit en en mesurant le tour, soit en en prenant le diamètre. Nous avons indiqué dans le chapitre précédent les motifs pour lesquels nous accordons la préférence aux diamètres.

On peut avoir la prétention d'estimer le volume réel de tout un matériel sur pied, comme on peut simplement se contenter de rechercher, par le cubage cylindrique, le volume d'arbres dont on désire estimer la valeur en argent. Dans le premier cas, les procédés qu'on emploie peuvent servir à résoudre le second ; mais la réciproque n'est pas vraie. Toutefois, il faut toujours commencer par mesurer la grosseur de l'arbre à hauteur d'homme : à l'aide d'un ruban divisé, s'il s'agit de la circonférence ; à l'aide d'un compas forestier, s'il s'agit du diamètre.

Le compas forestier se compose d'une grande règle AA' (fig. 22) d'un mètre environ de longueur et divisée en centimètres ; d'une règle B plus petite, longue de 50 à 60 centimètres, fixée perpendiculairement à l'extrémité de la première, enfin d'une troisième règle B égale et parallèle à la seconde, mais glissant à frottement doux sur la grande règle. On s'en sert de la manière suivante : on élève la règle AA′ horizontalement, on engage le tronc de l'arbre à mesurer dans l'intervalle compris entre les deux règles BB′, suffisamment écartées, de façon que l'instrument soit dans un plan perpendiculaire à l'axe de l'arbre, on rapproche la règle B′ jusqu'à ce qu'il y ait contact du

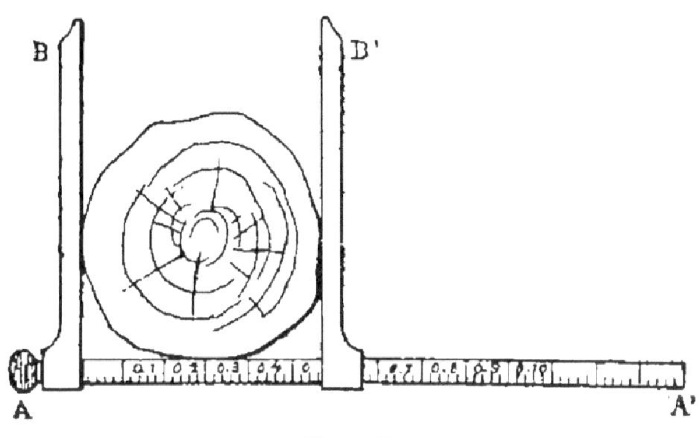

Fig. 22.

tronc avec les trois règles : alors la division où la règle B′ s'est arrêtée sur la grande règle indique le diamètre de l'arbre. Toutefois, pour avoir la grosseur exacte de la tige par cette méthode il faut mesurer deux diamètres, l'un dans le sens de la plus forte épaisseur, l'autre de la plus faible, et prendre la moyenne des deux lectures. La hauteur au-dessus du sol à laquelle la mesure du diamètre doit être prise avec le compas, varie de $1^m,30$ à $1^m,50$; il faut avoir soin de placer le compas au-dessus des renflements que présentent toujours les arbres dans la partie de la tige voisine des racines.

La règle AA' doit être divisée suivant l'approximation avec laquelle on veut mesurer les diamètres. Si cette approximation doit être d'un centimètre, la graduation devra être la même que celle d'un mètre ordinaire divisé en centimètres.

Généralement, dans les estimations sur pied, on opère par groupes de grosseurs, en rangeant dans le même groupe tous les arbres dont les diamètres ne diffèrent pas de plus de cinq centimètres.

On facilite alors beaucoup les opérations en graduant les règles des compas de la manière suivante :

Soit (fig. 23), une règle divisée de 5 en 5 centimètres; on grave des traits au milieu de chaque intervalle de

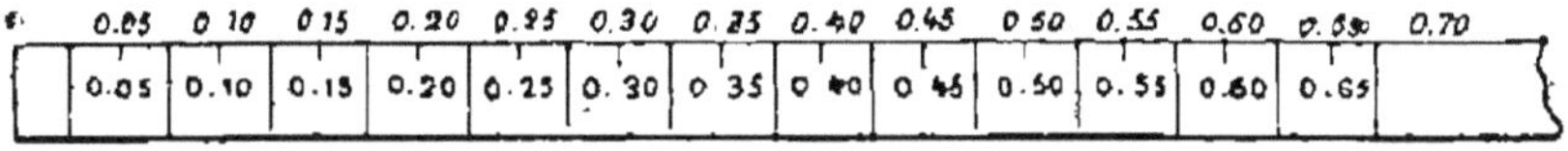

Fig. 23.

5 centimètres, et l'on inscrit dans chacune des cases ainsi formées les nombres 0,05 ; 0,10 ; 0,15, etc. ; en sorte que tout arbre pour lequel on amènera la règle B' dans l'intérieur de la case cotée 0,50, par exemple, aura son diamètre compris entre $0^m,475$ et $0^m,525$ et devra être compté dans le groupe de $0^m,50$ comme l'indique le nombre de la case.

Par ce procédé, il est à peu près impossible de faire des erreurs, et les arbres se trouvent groupés exactement par catégories de grosseurs.

Le parallélisme des petites règles B et B' doit être par-

fait. Or, il arrive toujours que la mortaise de la règle B′
dont dépend ce parallélisme, perd sa justesse en peu de
temps. On a cherché à parer à cet inconvénient, qui n'est
pas sans gravité, de différentes manières ; notamment par
un ressort buttant contre le bord intérieur de la règle.
C'est là encore un moyen assez imparfait.

M. Poulet, brigadier forestier, a proposé une disposition
beaucoup plus simple et qui paraît plus efficace. Elle con-

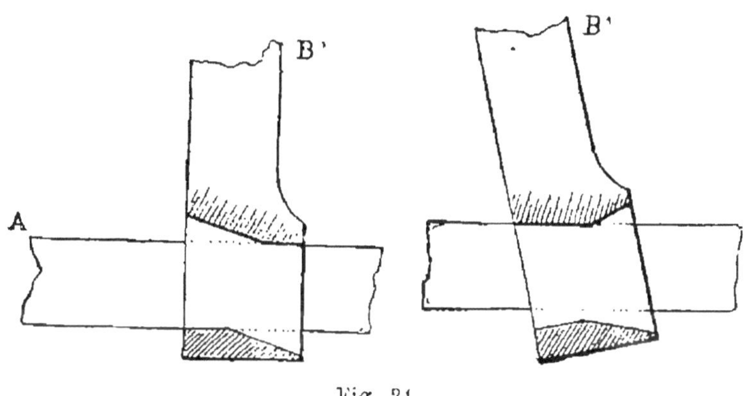

Fig. 24.

siste à donner à la mortaise la forme représentée en coupe
dans la figure 24 ; quand la branche B′ est serrée contre
le tronc de l'arbre, elle se maintient perpendiculaire à la
grande règle et parallèle à la règle B ; mais dès qu'on veut
la faire avancer ou reculer, elle quitte cette position et
glisse sans frottement.

§ III. — *Détermination des volumes types.*

Les données qu'on peut avoir sur un arbre debout se réduisent donc, si l'on ne veut pas s'écarter des procédés
réellement pratiques, à deux : la *hauteur* mesurée au den-

dromètre ou à vue, et *le diamètre* à 1^m,50 environ du sol, mesuré au compas forestier. Ces données sont insuffisantes, à la vérité, pour calculer directement le volume de l'arbre, mais elles permettent de classer les arbres en catégories de grosseur et de hauteur; et l'on conçoit que si, pour chacune de ces catégories, on connaissait le volume moyen des arbres qui en font partie, il suffirait de relever ces catégories et de leur appliquer à chacune le volume moyen correspondant; en sorte que le volume total des arbres de chaque catégorie serait donné par une simple multiplication du volume moyen par le nombre des arbres.

Tels sont, en effet, les procédés généraux du cubage des bois sur pied; toute la difficulté consiste dans la détermination de ces volumes types pour chaque classe d'arbres.

On voit déjà, par ce que nous venons de dire, que ce cubage ne permet d'obtenir de résultats exacts, c'est-à-dire sensiblement approchés, que quand on opère sur un nombre d'arbres assez considérable, mais qu'on ne saurait attribuer à chaque arbre, considéré isolément, le volume moyen de la catégorie à laquelle il appartient; ce volume serait nécessairement tantôt trop fort, tantôt trop faible, mais rarement exact. Ce n'est là, en réalité, qu'un fort léger inconvénient, attendu qu'on n'opère jamais sur les arbres sur pied qu'en bloc, soit qu'il s'agisse de les vendre, soit qu'il s'agisse d'estimer la valeur du matériel d'une forêt.

Les catégories ou *classes* d'arbres comprennent chacune

tous les arbres de *même essence*, ne différant entre eux que de moins de 5 centimètres de diamètre, ou de 10 centimètres de circonférence, et dont les hauteurs diffèrent de moins d'un mètre ou de deux mètres ; dans bien des cas, même, on n'admet qu'une hauteur moyenne pour les arbres d'une même classe de diamètres, ce qui réduit les classes d'arbres au nombre des classes de diamètres.

Pour calculer le volume type de chaque classe d'arbres, il y a diverses méthodes ; nous en décrirons trois principales :

1° Celle consistant dans la recherche des coefficients d'expérience servant à passer du *volume conique* au *volume réel* ;

2° Méthode dite des *diamètres réduits* ;

3° Méthode des *diamètres moyens* par la décroissance des tiges.

Nous considérons la première de ces méthodes comme plus spécialement applicable aux futaies de bois résineux ; la seconde, aux futaies de bois feuillus ; la troisième, enfin, aux arbres de réserve des taillis.

1° *Méthode des volumes coniques.*

On convient de désigner par volume conique le volume géométrique du cône ayant pour diamètre de base le diamètre de l'arbre mesuré à hauteur d'appui, et pour hauteur la hauteur totale de la tige ; nous savons que le volume réel, d'autre part, ne peut s'obtenir que sur

des arbres abattus en leur appliquant la formule simplifiée :

$$V_r = \frac{1}{4}\,\pi\,h\,(d^2 + d'^2 + d''^2 + \dots).$$

Il faut donc, sur une dizaine au moins d'arbres de chaque
catégorie, abattus dans les exploitations, ou que l'on fait
abattre (1) comme arbres d'expérience, déterminer le volume réel, ainsi que nous venons de le dire. Chaque expérience permettra d'établir entre le volume réel $= Vr$ et le
volume conique $= Vc$ un rapport numérique :

$$\frac{V_r}{V_c} = f \qquad \text{d'où} \qquad V_r = f\,V_c;$$

en prenant la moyenne arithmétique des différents
rapports obtenus sur les arbres d'une même classe, on
aura le coefficient f par lequel il suffira de multiplier le
volume conique de la classe correspondante pour en avoir
le volume réel moyen ou *volume type*. Rien ne sera plus
facile alors que de déterminer les volumes types de chaque
classe pour en construire un tarif de la forme de celui
que nous donnons ci-après et qui est extrait d'un travail
de M. l'inspecteur des forêts Vivier, fait à la suite d'un
nombre considérable d'expériences dans les forêts de l'Al-
sace.

(1) Cette mesure, de faire abattre des arbres pour arriver à des
coefficients d'expérience, ne peut être adoptée, on le conçoit, que dans
les grandes forêts et lorsqu'il s'agit d'une vaste opération de cubage
de matériel, comme, par exemple, en nécessitent presque toujours les
aménagements de forêts de futaie.

Ce premier coefficient f ne donne que le volume de la tige ; quant au volume du houppier et de l'ensemble des branches, rameaux et ramilles qui composent la cime de l'arbre, on le détermine par d'autres coefficients d'expérience spéciaux, qu'on obtient en comptant le nombre de stères que produisent ces branches façonnées comme bois de feu, ainsi que le nombre des fagots qui proviennent du bois impropre à l'empilage, et cela pour chaque classe d'arbres ; ainsi, en appelant f le rapport du volume réel de la tige à son volume conique, pour la classe des arbres de $0^m,60$ de diamètre et 20 mètres de hauteur totale ; par n, le nombre moyen de stères de bois de feu par arbre de cette classe, et n' le nombre moyen de fagots ; le volume total de l'arbre type serait de :

$V_{co} \times f$ mètres cubes en grume ;

n stères de chauffage ;

n' fagots ou bourrées.

On désire quelquefois exprimer par une unité de même nature le volume total des arbres, tiges et branches ; dans ce cas, il faut chercher le rapport du stère et du cent de fagots au mètre cube plein. Nous avons indiqué précédemment les procédés par lesquels on y arrive : soient m et m' ces deux nouveaux rapports, le volume total de l'arbre type pris pour exemple, serait, en mètres cubes pleins, égal à :

$$V_{co}\, f + n\, m + n'\, m'.$$

Spécimen de cubage d'un arbre d'expérience.
(Sapin de 120 ans.)

Type de la classe de $0^m,55$ de diamètre et 26 mètres de hauteur, diamètre réel à $1^m,50 = 0^m,55$, hauteur totale de la tige $= 26^m,30$.

Cubage de la tige par la formule $\dfrac{\pi}{4} h (d^2 + d'^2 + ...)$;

Dans laquelle $h = 2$;

$$
\begin{array}{ll}
d = 0,55 & V = 0,476 \\
0,51 & 0,408 \\
0,48 & 0,362 \\
0,47 & 0,346 \\
0,46 & 0,332 \\
0,40 & 0,252 \\
0,38 & 0,226 \\
0,34 & 0,182 \\
0,33 & 0,172 \\
0,24 & 0,090
\end{array}
\left.\phantom{\begin{array}{c}1\\1\\1\\1\\1\\1\\1\\1\end{array}}\right\} = 2^{mc},940.
$$

Cône terminal :

$d = 0,24 ; h = 6,30 = 0,094$

Volume conique . . . . $= 2,083$

Volume réel. . . . . $= 2,940$

$$\frac{2,940}{2,083} = f \quad \ldots \ldots \ldots \ldots = 1,411$$

Le houppier fournit :

Bois empilé . . . . $0^{st},14 = n$

Fagots . . . . $3 \quad\quad = n'$

Le volume réel de la tige comprend, dans le calcul ci-dessus, outre le bois d'œuvre, une certaine quantité de bois n'ayant pas les dimensions suffisantes pour être classé dans cette catégorie de produits et dont on ne peut faire que du bois de feu. Si l'on suppose, par exemple, qu'au-dessous de 40 centimètres de grosseur la tige doit être convertie en bois de chauffage, on aura d'une part, pour volume du bois d'œuvre, $2^{\text{mc}},176$, et pour bois de feu $0^{\text{mc}},764$, et le rapport $\dfrac{0,764}{2,940} = f = 0,26$ exprimera la proportion du bois de feu compris dans la tige, de même que le rapport $\dfrac{2,176}{2,940} = f'' = 0,74$ exprimera la proportion du bois d'œuvre compris dans la tige.

En somme, l'arbre se décomposera à l'aide de ses facteurs ainsi qu'il suit :

Volume conique $\times 1,411 = 2,940$, dont les 0,74 en bois d'œuvre. . . . . $2^{\text{mc}},176$

Le surplus 0,764, empilé en bois de feu, donne $0,764 \times 1,40$ (1) $= \ldots \ldots 1^{\text{st}},07$ $\Big\}$

Le houppier donnait. . . . . $0,14$ $\Big)$ $= 1^{\text{st}},21$

Fagots. 3

Cet exemple suffit pour faire voir comment on arrivera à déterminer les différents facteurs f, f', f'', n, n'... pour chacune des classes d'arbres.

Ces résultats sont utiles à connaître pour fixer, par

(1) On admet ici qu'on a constaté après expérience, que le coefficient d'empilage à adopter était 1,40.

exemple, la possibilité d'une futaie, c'est-à-dire la quantité dont la forêt s'accroît moyennement chaque année, ou bien pour faire des études comparatives de la puissance de végétation dans différentes forêts et selon les diverses essences, etc.

En général les résineux, notamment les sapins et les épicéas, ont, relativement au volume de la tige, un houppier de très faible importance, et dans tous les cas, de fort peu de valeur vénale; d'un autre côté, la tige de ces espèces d'arbres se rapproche plus du cône que du cylindre, en sorte que les coefficients de conversion se trouvent presque toujours compris entre 1 et 1,50.

2° *Méthode des diamètres réduits.*

Nous désignons par *diamètre réduit* le diamètre du cylindre de même hauteur que l'arbre type de chaque classe et ayant même volume que l'ensemble de la tige et des branches principales propres au bois d'œuvre.

Pour mieux faire comprendre cette méthode, prenons par exemple 10 arbres d'expérience, choisis convenablement et dans la classe des chênes de $0^m,55$ de diamètre à $1^m,50$ du sol; ces arbres ont par conséquent leur diamètre à cette hauteur de $1^m,50$, mesuré exactement au compas, compris entre $0,525$ et $0^m,575$. Abattus et cubés au volume réel suivant la formule $\frac{\pi}{4}\, h\, (d^2 + d'^2 + \dots)$ ils ont donné les résultats consignés dans le tableau de la page suivante.

Considérons maintenant un arbre de la classe de $0^m,55$ de diamètre, ayant pour hauteur la moyenne des hauteurs de la colonne 2 ou $19^m,53$, son volume étant également la moyenne des volumes des 10 arbres d'expérience, on aura :

$$0^{mc},15694 \times 19,53 = 3^{mc},065 ;$$

le diamètre réduit sera donné par l'expression :

$$d = \sqrt{\frac{4 \times 3,965}{\pi \times 19,53}} = 0^m,447.$$

NUMÉROS des ARBRES.	HAUTEURS TOTALES.	VOLUME RÉEL.	VOLUME pour 1 mètre de hauteur.	OBSERVATIONS.
(1)	(2)	(3)	(4)	
	m.	m. c.	m. c.	
1	22	3,277	0,14895	(3) Le volume réel comprend celui de la tige et celui des branches propres à la charpente et à l'industrie.
2	18	3,012	0,16733	
3	22	2,984	0,13564	
4	19,5	2,831	0,14518	(4) Les résultats de cette colonne s'obtiennent en divisant ceux de la 3e par ceux de la 2e.
5	22	3,894	0,17700	
6	18	2,965	0,16472	
7	18	2,589	0,14383	
8	19,8	2,986	0,15081	
9	16	2,549	0,15931	
10	20	3,532	0,17660	
	195,3		1,56937	

D'ailleurs, nous savons par expérience que les arbres de même diamètre à la base, mais de longueurs inégales, ont des diamètres moyens différents. Sans doute, la loi naturelle suivant laquelle décroît ce diamètre moyen n'est pas mathématique ; toutefois, on ne commet pas une très grande erreur en admettant qu'elle le soit. Si donc, pour une hauteur égale à $19^m,53$ le diamètre réduit est égal au diamètre de la classe $0^m,55$ diminué de 0,105, tout arbre de la même classe aura un diamètre réduit égal à 0,55 diminué d'une quantité proportionnelle à la hauteur.

Soient, d'une manière générale, D le diamètre de la classe, d le diamètre réduit de l'arbre type de la classe ayant pour hauteur L ; pour une hauteur égale à L' on aura, en appelant d' le diamètre réduit correspondant à la hauteur de L' :

$$\frac{D - d'}{D - d} = \frac{L'}{L} \quad \text{d'où} \quad d' = D - \frac{L'\,(D - d)}{L}.$$

On obtiendrait donc, dans l'exemple précédent, en faisant L' = 14 mètres :

$$d' = 0^m,550 - 14\,\frac{0,105}{19,53} = 0,476$$

ce qui donne pour volume correspondant. . $2^{mc},491$
on trouverait de même pour des hauteurs de :

16 . . . . 2 ,721
18 . . . . 2 ,927
20 . . . . 3 ,105
22 . . . . 3 ,254
24 . . . . 3 ,389.

En opérant sur les autres classes de diamètres comme

nous venons de le faire pour la classe de 0,55, on obtiendrait dans chacune de ces classes des volumes types pour chaque classe de hauteur, ce qui fournirait tous les éléments nécessaires à la construction d'un tarif établi d'une manière analogue à celui de la page 148.

En ce qui concerne le bois des branches secondaires et du houppier (bois de feu et fagots), les explications que nous avons données en décrivant la méthode des volumes coniques s'appliquent de tous points dans la deuxième méthode dite des *diamètres réduits*.

Le succès des deux premières méthodes et de celle qu'il nous reste à exposer dépend du choix judicieux des arbres d'expérience. Pour chaque classe de diamètres, il faut que les hauteurs qui y sont représentées s'y trouvent dans la même proportion que dans la forêt où l'on opère. Avant de se livrer à des expériences, il faut donc faire des comptages d'arbres assez considérables en les classant par catégorie de diamètres et de hauteurs.

Si pour la classe de diamètre D on avait trouvé :

n arbres de 14 mètres de hauteur;

n' — de 16 — —

n'' — de 18 — —

Les arbres d'expérience devraient être choisis dans les conditions suivantes, en admettant qu'on en prenne 20 :

1° Pour les arbres de 14 mètres, $x = \dfrac{n \times 20}{n + n' + n''}$;

2° Pour les arbres de 16 mètres, $x' = \dfrac{n' \times 20}{n + n' + n''}$;

3° Pour les arbres de 18 mètres $x'' = \dfrac{n'' \times 20}{n + n' + n''}$;

En supposant $n = 200$, $n' = 150$, $n'' = 90$, on aurait :

$$x = 9 \text{ arbres de } 14 \text{ mètres};$$
$$x' = 7 \quad — \quad \text{de } 16 \quad —$$
$$x'' = 4 \quad — \quad \text{de } 18 \quad —$$

La même observation s'applique aux diamètres réels des arbres. Comme on compte les diamètres mesurés à hauteur d'homme, de 5 en 5 centimètres, la même classe de diamètres comprendra des arbres dont le diamètre différera en plus ou en moins du diamètre type de 0 à $0^\text{m},025$; pour la catégorie $D = 0,55$, les arbres qui y seront compris pourront se répartir ainsi qu'il suit :

$$m \text{ arbres de } 0,53$$
$$m' \quad — \quad \text{de } 0,54$$
$$m'' \quad — \quad \text{de } 0,55$$
$$m''' \quad — \quad \text{de } 0,56$$
$$m'''' \quad — \quad \text{de } 0,57.$$

Il faudra donc que dans les 20 arbres d'expérience à choisir on observe autant que possible cette proportion qu'on obtiendra au moyen des formules :

$$y = \dfrac{m \times 20}{m + m' + m'' + \dots} ;$$
$$y' = \dfrac{m' \times 20}{m + m' + m'' + \dots} .$$

3° *Méthode des diamètres moyens.*

Les deux premières méthodes donnent le volume réel des arbres en bloc. Elles conviennent, par conséquent, plus spécialement à la détermination de la possibilité par volume, celle qui consiste à préciser l'importance des coupes annuelles, sous la condition d'un revenu toujours à peu près le même, en fixant le matériel à exploiter chaque année.

Mais le volume réel, c'est-à-dire celui qu'on obtient par l'application dè la formule $V = \dfrac{\pi}{4} h \, (d^2 + d'^2 + \ldots)$ diffère sensiblement de celui qu'on obtient par les modes de cubage employés dans le commerce.

Pour évaluer le volume d'un arbre, d'après le cubage en grume, au quart sans déduction, au cinquième ou au sixième déduit, il faut connaître, indépendamment de sa hauteur, la grosseur moyenne de la tige.

La marche générale, pour arriver à connaître le diamètre moyen des arbres sur pied, consiste à mesurer, sur un grand nombre d'arbres abattus, le diamètre au milieu de la tige et à en déduire un rapport moyen entre le diamètre à $1^m,50$ du gros bout et le diamètre au milieu.

On peut admettre, sans commettre d'erreurs trop grossières, principalement pour les arbres de futaie sur taillis qui ne diffèrent pas beaucoup de hauteur entre eux, que tous les arbres d'une même classe de diamètres ont même diamètre moyen, lequel doit être déterminé, conséquemment, par un même coefficient. On peut même généraliser davantage et appliquer à tous les diamètres mesurés à 1^m,50 du sol la même réduction proportionnelle, pour obtenir le diamètre moyen correspondant. Ainsi, il arrive souvent qu'on se contente de diminuer d'un dixième le diamètre ou la circonférence, mesurés à 1^m,50 du sol, pour avoir la grosseur moyenne correspondante; cette réduction, en réalité, est trop faible pour les arbres d'un fort diamètre et d'une grande hauteur, trop forte au contraire, pour les arbres de petites dimensions.

Aussi l'administration des constructions navales pense-t-elle, guidée en cela par les résultats de très nombreuses expériences, que cette proportion doit varier en raison directe des hauteurs; ainsi, d'après l'instruction publiée par le ministère sur les bois de marine, on admet que la diminution à faire subir à la grosseur de l'arbre mesurée à 1^m,50 du sol, pour obtenir la grosseur au milieu, est de :

$\dfrac{1}{15}$ pour les hauteurs au-dessous de 6 mètres;

$\dfrac{1}{12}$ pour les hauteurs comprises entre 6 et 8 mètres;

$\dfrac{1}{10}$ pour les hauteurs comprises entre 9 et 10 mètres;

$\dfrac{1}{8}$ pour les hauteurs comprises entre 11 et 13 mètres;

$\dfrac{1}{6}$ pour les hauteurs comprises entre 14 et 16 mètres.

La table VII donne le volume cylindrique des arbres sur pied en appliquant au diamètre mesuré à 1ᵐ,50 du sol les réductions proportionnelles aux chiffres précédents, en sorte que les arbres ayant moins de 6 mètres de hauteur ont leur diamètre moyen égal aux 0,9333 du diamètre au pied.

De même, le coefficient de réduction est pour les arbres

de 6 à 8ᵐ de hauteur, de 0.9167
de 9 à 10ᵐ   —   de 0.9000
de 11 à 13ᵐ   —   de 0.8750
de 14 à 16ᵐ   —   de 0.8332.

Quant au volume des branches et du houppier, il s'obtient par les mêmes procédés que ceux décrits dans la méthode des volumes coniques.

Des expériences nombreuses faites à ce sujet, on peut déduire certains coefficients et les adopter comme expressions du rapport du volume de la tige cubée comme bois d'œuvre à celui du houppier cubé comme bois de chauffage empilé. Ces coefficients varient de 1,60 à 1, suivant que les arbres sont plus ou moins branchus. Un arbre dont la tige cuberait 3 mètres cubes fournirait donc, par sa cime et ses branches de, 3 à 5 stères de chauffage.

Les tables que nous donnons à la suite de ce chapitre permettront de calculer assez approximativement, dans tous les cas qui peuvent se présenter, le volume des arbres sur pied.

TABLE V.

TARIF DE CUBAGE DONNANT LE VOLUME RÉEL DES TIGES DE SA-
PINS DONT ON CONNAIT LE DIAMÈTRE MESURÉ A 1^m,50 AU-DESSUS
DU SOL ET LA HAUTEUR TOTALE.

HAUTEURS totales.	DIAMÈTRES A 1^m,50 AU-DESSUS DU SOL.							
	0,20	0,25	0,30	0,35	0,40	0,45	0,50	0,55
	m. c. d. c.	m. c. d. c.	m. c. d. c.	m. c. d. c.	m. c. d. c.	m. c. d. c.	m. c. d. c.	m. c. d. c.
15	0,257	0,395	0,560	0,751	0,962	»	»	»
16	0,270	0,414	0,588	0,779	1,006	»	»	»
17	0,285	0,440	0,622	0,820	1,053	1,308	1,586	»
18	0,308	0,470	0,659	0,874	1,123	1,381	1,669	»
19	0,329	0,501	0,704	0,933	1,193	1,453	1,772	»
20	0,349	0,531	0,743	0,986	1,254	1,547	1,865	2,199
21	0,367	0,556	0,782	1,033	1,323	1,626	1,965	2,299
22	»	0,583	0,816	1,078	1,380	1,700	2,055	2,415
23	»	0,613	0,863	1,138	1,452	1,785	2,148	2,541
24	»	0,643	0,909	1,192	1,522	1,870	2,254	2,664
25	»	0,668	0,942	1,246	1,588	1,956	2,358	2,791
26	»	»	0,981	1,297	1,650	2,046	2,470	2,898
27	»	»	1,015	1,344	1,722	2,126	2,575	3,033
28	»	»	1,045	1,391	1,786	2,204	2,673	3,157
29	»	»	1,081	1,440	1,856	2,284	2,772	3,273
30	»	»	1,113	1,486	1,909	2,372	2,867	3,385
31	»	»	»	1,530	1,962	2,437	2,958	3,496
32	»	»	»	1,578	2,030	2,512	3,052	3,611
33	»	»	»	1,635	2,104	2,599	3,155	3,729
34	»	»	»	1,685	2,161	2,681	3,246	3,847
35	»	»	»	1,745	2,238	2,765	3,347	3,957

TABLE V. (*Suite.*)

HAUTEURS totales.	DIAMÈTRES À 1m,50 AU-DESSUS DU SOL.					OBSERVATIONS.
	0,60	0,65	0,70	0,75	0,80	
	m. c. d. c.	m. c. d. c.	m. c. d. c.	m. c. d. c.	m. c. d. c.	
15	»	»	»	»	»	Les volumes donnés
16	»	»	»	»	»	dans ce tarif sont ceux
17	»	»	»	»	»	de la tige entière; pour
18	»	»	»	»	»	avoir le volume de la
19	»	»	»	»	»	partie propre à la char-
20	2,558	»	»	»	»	pente ou à l'industrie, il faudra multiplier le
21	2,679	»	»	»	»	volume total par un
22	2,800	»	»	»	»	coefficient d'expérience
23	2,947	»	»	»	»	qu'on déterminera di-
24	3,089	»	»	»	»	rectement et dont l'importance dépendra
25	3,237	3,710	4,195	»	»	naturellement de la grosseur minima qu'on
26	3,374	3,875	4,384	»	»	attribuera au bois
27	3,545	4,050	4,612	»	»	d'œuvre.
28	3,685	4,199	4,806	»	»	
29	3,823	4,380	4,992	»	»	
30	3,958	4,517	5,188	5,805	6,484	
31	4,101	4,691	5,344	5,997	6,691	
32	4,238	4,869	5,541	6,226	6,946	
33	4,351	4,998	5,692	6,397	7,128	
34	4,487	5,159	5,869	6,578	7,362	
35	4,636	5,304	6,017	6,776	7,539	

TABLE VI.

TARIF DE CUBAGE DONNANT LE VOLUME RÉEL DES TIGES DE **chêne et hêtre de futaie** DONT ON CONNAIT LE DIAMÈTRE A 1^m,50 AU-DESSUS DU SOL ET LA HAUTEUR PROPRE AUX BOIS D'ŒUVRE.

| DIAMÈTRE. | 0,20 | 0,25 | 0,30 | 0,35 | 0,40 | 0,45 | 0,50 | 0,55 |
| CIRCONF. | 0,63 | 0,78 | 0,94 | 1,10 | 1,26 | 1,41 | 1,57 | 1,73 |
Hauteurs.								
	m. c. d. c.	m. c. d. c.	m. c. d. c.	m. c. d. c.	m. c. d. c.	m. c. d. c.	m. c. d. c.	m. c. d. c.
7	0,194	0,306	0,443	0,613	0,802	0,998	1,246	1,509
8	0,215	0,341	0,493	0,684	0,893	1,108	1,388	1,679
9	0,234	0,371	0,538	0,751	0,983	1,211	1,522	1,846
10	0,252	0,398	0,581	0,814	1,064	1,307	1.647	1,995
11	0,268	0,426	0,620	0,874	1.145	1,396	1,765	2,142
12	0,282	0.448	0.657	0,929	1,215	1,478	1,875	2,272
13	0,295	0,472	0,690	0,981	1,287	1,553	1.977	2,402
14	0,307	0,489	0,721	1,030	1,347	1,621	2.071	2,512
15	0,317	0,510	0,748	1,074	1,410	1,683	2,158	2,625
16	0,326	0,523	0,773	1,116	1,461	1,739	2,238	2,717
17	0,333	0.559	0.795	1,154	1,516	1,799	2,311	2,813
18	0,340	0,549	0.814	1,189	1,558	1.832	2.376	2,888
19	0,345	0,562	0.831	1,221	1,605	1,870	2,436	2,968
20	0,349	0,567	0,845	1,249	1,639	1.902	2,488	3,027
21	»	»	»	1,275	1,678	1,929	2,534	3,092
22	»	»	»	1,297	1,704	1,951	2,574	3,136
23	»	»	»	1,317	1,736	1,967	2,608	3,186
24	»	»	»	1,334	1,753	1,979	2,637	3,215
25	»	»	»	1,348	1,779	1,985	2,659	3,252

TABLE VI. (*Suite.*)

TARIF DE CUBAGE DONNANT LE VOLUME RÉEL DES TIGES DE **chêne et hêtre de futaie** DONT ON CONNAIT LA GROSSEUR A 1^m,50 AU-DESSUS DU SOL ET LA HAUTEUR PROPRE AUX BOIS D'ŒUVRE.

DIAMÈTRE. CIRCONF. Hauteurs.	0,60 1,88	0,65 2,04	0,70 2,20	0,75 2,36	0,80 2,51	0,85 2,67	0,90 2,83	0,95 2,98	1,00 3,14	1,10 3,46
	m. c. d. c.	m. c. d. c.	m. c. d. c.	m. c. d. c.	m. c. d. c.	m. c. d. c.	m. c. d. c.	m. c. d. c.	m. c. d. c.	m. c. d. c.
7	1,811	2,100	2,453	2,803	3,142	3,571	3,991	4,473	4.940	5,999
8	2,020	2,338	2,737	3,123	3,487	3,971	4,433	4.977	5,493	6,666
9	2.225	2,562	3,005	3,424	3.808	4.345	4,846	5.449	6,009	7,297
10	2,410	2,771	3.257	3,707	4.105	4,693	5,230	5,890	6,490	7,885
11	2,594	2,967	3,495	3,971	4.380	5,016	5,585	6,301	6,936	8,605
12	2,758	3,149	3,717	4,218	4,631	5,315	5,912	6,682	7,348	8,941
13	2,922	3,317	3,925	4,448	4,861	5.591	6,212	7,034	7,728	9,410
14	3,065	3,473	4,118	4,660	5.069	5,842	6.485	7,357	8,076	9,840
15	3,210	3,616	4.298	4,856	5,257	6.073	6.733	7,653	8,392	10,223
16	3,333	3,746	4,484	5,035	5,424	6,281	6,956	7,922	8,678	10,590
17	3,459	3,865	4,616	5,199	5,572	6.468	7.154	8,165	8,934	10,911
18	3,563	3,971	4,756	5,347	5,700	6.633	7,339	8,382	9,161	11,198
19	3,671	4.066	4,882	5,480	5,810	6,779	7,480	8 574	9 360	11 461
20	3,756	4.150	4,997	5,598	5,903	6.905	7,609	8,742	9,532	11,672
21	3,848	4,223	5,099	5,702	5.977	7,011	7,716	8,686	9,678	11,860
22	3,915	4,285	5,189	5,793	6.035	7,099	7.803	9,007	9,797	12.018
23	3,990	4,337	5.268	5,869	6,077	7,170	7.869	9,106	9,892	12,146
24	4,041	4,379	5,335	5,932	6,103	7.222	7,015	9,184	9,963	12,245
25	4,101	4,411	5,391	5,987	6,113	7.258	7,942	9,240	10.010	12,316

TABLE VII.

TARIF DE CUBAGE DONNANT LE VOLUME RÉEL DES TIGES
DES ARBRES DE **futaie sur taillis** DONT ON CONNAIT LE DIAMÈTRE A 1^m,50 AU-DESSUS DU SOL
ET LA HAUTEUR DE LA PARTIE PROPRE A LA CHARPENTE OU A L'INDUSTRIE.

| DIAMÈTRE | 0,10 | 0,15 | 0,20 | 0,25 | 0,30 | 0,35 | 0,40 | 0,45 | 0,50 | 0,55 |
| CIRCONF. | 0,31 | 0,47 | 0,63 | 0,78 | 0,94 | 1,10 | 1,26 | 1,41 | 1,57 | 1,73 |
Hauteurs.										
	m. d.	m. d.	m. d.	m. d.	m. d.	m. d.	m. d.	m. d.	m. d.	m. d.
4	0,027	0,062	0,110	0,170	0,246	0,336	0,487	0,554	0,685	0,827
5	0,034	0,077	0,137	0,213	0,308	0,420	0,546	0,693	0,856	1,033
6	0,040	0,088	0,158	0,247	0,356	0,486	0,635	0,800	0,988	1,197
7	0,046	0,103	0,184	0,288	0,416	0,556	0,740	0,933	1,153	1,396
8	0,051	0,114	0,204	0,318	0,458	0,628	0,814	1,031	1,272	1,539
9	0,057	0,129	0,229	0,358	0,515	0,701	0,916	1,159	1,431	1,732
10	»	»	0,240	0,377	0,539	0,735	0,962	1,219	1,500	1,817
11	»	»	0,265	0,414	0,593	0,809	1,058	1,341	1,650	1,999
12	»	»	0,289	0,452	0,622	0,848	1,154	1,463	1,800	2,180
13	»	»	»	»	0,674	0,919	1,201	1,521	1,870	2,265
14	»	»	»	»	0,726	1,000	1,294	1,638	2,014	2,439
15	»	»	»	»	0,778	1,070	1,386	1,755	2,158	2,613
16	»	»	»	»	»	»	1,393	1,767	2,186	2,636
17	»	»	»	»	»	»	1,481	1,878	2,322	2,801
18	»	»	»	»	»	»	1,568	1,988	2,459	2,965

TABLE VII. (*Suite.*)

DIAMÈTRE. CIRCONF.	0,60 1,80	0,65 2,04	0,70 2,20	0,75 2,26	0,80 2.51	0,85 2.67	0,90 2.83	0,95 2,98	1,00 3,14	1,10 3,46
Hauteurs	m. d.	m. d.	m. d.	m. d.	m. d.	m. d.	m. d.	m. d.	m. d.	m. d.
4	0,985	1,157	1,340	1,543	1,753	1,976	2.217	2,472	2,735	3,315
5	1,231	1,447	1,674	1,929	2,191	2,460	2,771	3,090	3,418	4,142
6	1,425	1,674	1,948	2,224	2,532	2.860	3,207	3,575	3,962	4,788
7	1,663	1,953	2,273	2,595	2,954	3.343	3,742	4,171	4,623	5,586
8	1,832	2,150	2,494	2,779	3,257	3,677	4,122	4,593	5,089	6,158
9	2,061	2,419	2,805	3,126	3,664	4,137	4.638	5,167	5,725	6,928
10	2,165	2,543	2,942	3,380	3,848	4,347	4,864	5,424	6,013	7,278
11	2,381	2,797	3,236	3,718	4,233	4,782	5,351	5,966	6,614	8,006
12	2,598	3,051	3,530	4,056	4,618	5,217	5,837	6,508	6,922	8,734
13	2,697	3,168	3,676	4,221	4,805	5,411	6,069	6,765	7,499	9,079
14	2,905	3,411	3,958	4,546	5,174	5,827	6,536	7,286	8,076	9,778
15	3,112	3,655	4,241	4,871	5,544	6,244	7,003	7,806	8,652	10,476
16	3,142	3,691	4,271	4,912	5,590	6,299	7,069	7,882	8,722	10,567
17	3,338	3,922	4,538	5,219	5,940	6,698	7,510	8,375	9,267	11,227
18	3,534	4,153	4,805	5,526	6,289	7,087	7,952	8,868	9,812	11,888

TABLE VIII.

TARIF DONNANT LE PRODUIT DES BRANCHES ET DU HOUPPIER
DES ARBRES SUR PIED DE TAILLIS SOUS FUTAIE.

DIAMÈTRE à 1ᵐ,50 au-dessus du sol.	CIRCON-FÉRENCE à 1ᵐ,50 au-dessus du sol.	NOMBRE DE STÈRES POUR LES ARBRES.				NOMBRE de fagots.	OBSERVATIONS (1).
		Très bran-chus. 1	Moyen-nement bran-chus. 2	Médio-crement bran-chus. 3	Peu bran-chus. 4	g	
		st. c.	st. c.	st. c.	st. c.		
0,10	0,31	0,08	0,06	0,05	0,04	¹/₂	
0,15	0,47	0,16	0,12	0,10	0,07	1	
0,20	0,63	0,32	0,26	0,20	0,15	1 à 2	
0,25	0,78	0,51	0,42	0,32	0,24	2 à 3	
0,30	0,94	0,80	0,65	0,50	0,37	3 à 4	
0,35	1,10	1,12	0,91	0,70	0,52	4 à 5	
0,40	1,26	1,60	1,30	1,00	0,75	5 à 6	
0,45	1,41	1,92	1,56	1,20	0,90	6 à 7	
0,50	1,57	2,40	1,95	1,50	1,12	7 à 8	
0,55	1,73	3,04	2,47	1,90	1,42	8 à 9	
0,60	1,88	3,81	3,09	2,38	1,78	10 à 12	
0,65	2,04	4,48	3,64	2,80	2,10	12 à 15	
0,70	2,20	5,18	4,21	3,24	2,40	15 à 18	
0,75	2,36	5,92	4,81	3,70	2,77	18 à 20	
0,80	2,51	6,72	5,46	4,20	3,36	20 à 22	
0,85	2,67	7,65	6,28	4,78	3,82	22 à 25	
0,90	2,83	8,56	6,95	5,35	4,28	25 à 28	
0,95	2,96	9,52	7,73	5,95	4,76	28 à 30	
1,00	3,14	10,56	8,58	6,60	5,28	30 à 35	

(1) Pour les arbres de futaie pleine et d'essences feuillues, on comptera
par mètre cube de la tige en grume (partie propre à la charpente ou à
l'industrie) :

Pour les arbres très branchus............ 1st,50 à 1st,75

Pour les arbres moyennement branchus... 1 ,25 à 1 ,50

Pour les arbres peu branchus............ 1   à 1 ,25

CHAPITRE III.

Estimation des bois sur pied.

Les estimations forestières ont généralement pour objet de déterminer la valeur vénale d'un massif de bois sur pied, d'une étendue plus ou moins grande ; soit qu'il s'agisse de fixer la valeur d'une coupe à vendre, soit qu'on se propose d'estimer la valeur superficielle d'une forêt.

Le cas le plus général, le plus fréquent, et qui comprend tous les autres est celui d'une coupe à vendre sur pied. Une coupe à vendre ne renferme jamais que des bois exploitables, mais comme l'âge auquel un bois peut être exploité varie beaucoup, une même coupe peut présenter des arbres d'âges très différents ; c'est ce qui a lieu particulièrement pour les coupes de taillis sous futaie ; le taillis est composé de brins venus sur souchés ou produits de graines et ayant même âge à peu près, sinon mêmes dimensions ; et la futaie, au contraire, d'arbres âgés de 50 à 180 ans. Il faudra donc en premier lieu distinguer le taillis de la futaie, parce que le premier donne des produits différents de ceux fournis par les arbres de futaie, et que, d'ailleurs, on procède différemment à leur estimation. Pour estimer en argent ces deux éléments d'une coupe, il faut nécessairement évaluer le matériel qu'ils renferment, puis répartir ce matériel dans les diverses catégories de marchandises ayant cours dans la localité.

L'estimation en argent d'une coupe comprend donc :

1° L'estimation en matière du taillis et de la futaie séparément ;

2° La répartition du volume trouvé entre les diverses catégories de marchandises ;

3° L'application des prix.

§ Ier. — *Estimation en matière.*

1° *Futaie.* — L'estimation en matière de la futaie consiste à mesurer ou à faire mesurer la grosseur de chaque arbre à 1^{m},50 environ au-dessus du sol, à en évaluer la hauteur comme nous l'avons dit au chapitre précédent, et à indiquer ces dimensions par classes d'essence, de diamètre et de hauteur, dans un carnet auquel on donne la disposition spéciale suivante (page 155), en vue de faciliter et de rendre plus rapide le dénombrement par classe d'arbres.

On prend note des dimensions de chaque arbre par un point sur la ligne et dans la colonne correspondant au diamètre et à la hauteur de l'arbre ; afin d'éviter toute confusion, ce qui est très important attendu que chaque point représente une certaine valeur, on donne toujours aux points la disposition qu'ils ont dans le spécimen du carnet que nous reproduisons dans la page qui suit, en sorte que :

signifie 1 2 3 4 5 6 7 8 9 10.

DÉNOMBREMENT DES ARBRES A VENDRE.

DIAMÈTRES moyens à 1m,50 du sol.	CHÊNES. MÈTRES DE HAUTEUR.											HÊTRES. MÈTRES DE HAUTEUR.					
	6	7	8	9	10	11	12	13	14	15	16	6	7	8	9	10	11
0m,20	:	: .											⋈				
0m,25		:											: :				
0m,30			: :	⁄	:	:	.		:	.			:	: :			
0m,35		: :	⋈	: :	: .		ǀ						.	:			
0m,40		:	: :	: :	:		. :		.		.						

Les huit points et les deux barres en croix forment une dizaine; dès lors il est très facile de compter le nombre d'arbres compris dans chaque colonne, sans en omettre.

On relève ensuite les données du carnet et l'on calcule le volume des arbres au moyen d'une table analogue à l'une de celles du chapitre précédent; ayant supposé que nous opérions dans un taillis sous futaie, nous pourrons utiliser la table VII.

Ayant reconnu, en outre, que les arbres étaient moyennement branchus, nous déterminerons le volume des houppiers et des branches à l'aide des résultats de la colonne (2) de la table VIII, laquelle donnera également le nombre de fagots ou bourrées à provenir de ces arbres. On pourra disposer les calculs comme on l'a fait dans le tableau de la page 157.

On opérera de même pour les hêtres et autres essences, s'il y en a.

2° *Taillis.* — Les taillis se composent de brins de toutes grosseurs, depuis 2 ou 3 centimètres de diamètre au pied, jusqu'à 20 ou 25 centimètres, et quelquefois plus quand le taillis est vieux et a végété avec vigueur. Le nombre des brins est généralement en raison inverse de leur grosseur, et en les supposant distants en moyenne de 2 mètres les uns des autres, on n'en devrait pas compter moins de 2,500 par hectare; les cuber chacun d'après les procédés employés pour les arbres de futaie, serait une opération impraticable par sa longueur. On doit donc estimer les taillis *à vue d'œil.* L'expérience seule peut en-

CHÊNES.							
CLASSES.		NOMBRE D'ARBRES		VOLUME RÉEL en grume.		VOLUME du houppier.	
de diamètre.	de hauteur.	par classe de hauteur.	par classe de diamètre.	partiels.	par classe de diamètre.	Stères.	Fagots.
m. c. 0,20	m. 6	2	7	m. d. 0,316	1,236	1,82	10
	7	5		0,920			
0,25	7	4	4	2,016	2,016	1,62	10
0,30	8	8	27	3,664	14,493	17,55	94
	9	9		4,635			
	10	4		2,156			
	11	2		1,186			
	12	1		0,622			
	14	2		1,452			
	15	1		0,778			
0,55	7	6	31	3,396	20,155	28,21	160
	8	12		7,476			
	9	8		5,608			
	10	5		3,675			
0,40	7	2	20	1,480	18,347	26	110
	8	7		5,698			
	9	5		4,580			
	10	3		2,886			
	12	2		2,308			
	16	1		1,395			
Totaux. . .		89	89	56,247	56,247	75,20	384

scigner à estimer le matériel d'un taillis sur pied ; on y
arrive en faisant, par exemple, vérifier chaque année,
après l'exploitation, la quantité de stères et de fagots ou
bourrées fournie par la coupe qu'on a estimée sur pied
l'année précédente ; en se rappelant la consistance des

peuplements vérifiés, en la comparant à celle des peuplements à estimer. C'est ainsi qu'on parvient à acquérir une certaine habileté dans ces estimations.

Voici comment on opère : On divise la coupe en bandes de 15 à 20 mètres de largeur, par de minces filets parallèles au côté le plus long de la coupe ; en même temps que l'on parcourt chaque bande dans toute sa largeur et toute sa longueur pour opérer le dénombrement des arbres de futaie s'il s'en trouve, on examine attentivement le taillis, sa composition, les essences qui y dominent, la grosseur et la hauteur des brins, la quantité qu'on en peut compter en moyenne sur un are, l'état de la végétation, la quantité de cépées, etc. Les bandes ainsi ménagées dans la coupe, en vue de son estimation, s'appellent des *virées*. A la fin de chaque virée, on inscrit sur le carnet les résultats de l'examen détaillé du taillis et l'on y indique le nombre de stères et de bourrées qu'il pourra fournir. On procède de la même manière pour la virée suivante et ainsi de suite jusqu'à la dernière.

Généralement on évalue le taillis à raison du nombre de stères et de bourrées ou fagots qu'il peut produire par hectare. On disposera les virées de manière qu'on en puisse apprécier facilement l'étendue approximativement, on cherchera à les établir autant que possible d'égales contenances. L'estimation de chaque virée étant faite à l'hectare, il suffira de multiplier les chiffres adoptés par la contenance de la virée pour connaître le matériel qui s'y trouve compris ; puis d'ajouter les produits partiels de chaque virée pour avoir le produit total de la coupe.

Il faut avoir soin de défalquer de la surface totale de la coupe, pour en avoir seulement la surface productive, les routes, chemins, clairières et places vides.

A défaut d'une suffisante habitude des estimations de taillis à vue d'œil, on peut s'aider, pour l'évaluation du matériel, des chiffres d'expérience inscrits dans le tableau suivant, déduits de coefficients proposés par M. Noirot-Bonnet, et pour l'emploi desquels il suffira de se rendre compte aussi approximativement que possible du nombre

CIRCONFÉ-RENCES moyennes des tiges.	NOMBRE DE TIGES NÉCESSAIRES POUR FAIRE UN STÈRE, la hauteur moyenne étant de :							
	4	5	6	7	8	9	10	11
0,20	50	40	34	29	25	23	»	»
0,21	47	38	31	27	24	21	»	»
0,22	43	35	29	25	22	19	»	»
0,23	40	32	27	23	20	18	»	»
0,24	37	30	25	21	19	17	»	»
0,25	34	28	23	20	17	16	»	»
0,26	32	26	22	19	16	15	13	11
0,27	30	24	20	17	15	14	12	11
0,28	28	23	19	16	14	13	12	10
0,29	26	21	18	15	13	12	11	10
0,30	25	20	17	14	13	11	10	9

des tiges, de leur grosseur et de leur hauteur moyennes par hectare.

Quant aux fagots, on peut en déterminer le nombre d'après la quantité de stères et admettre qu'il y en aura de 8 à 15 par stère, suivant que le taillis sera plus ou moins jeune et plus ou moins fourré.

§ II. — *Des diverses catégories de marchandises que peut fournir une coupe de bois.*

Pour évaluer les produits d'une coupe, il faut savoir se rendre compte de la destination la plus avantageuse qui pourra leur être donnée. Cette destination dépend de beaucoup de circonstances, qui mettent souvent l'exploitant en face de questions fort complexes à résoudre ; ces questions se rattachent notamment à la situation générale du marché des bois, qui fixe les catégories les plus demandées, le prix de ces diverses catégories, et la rémunération à espérer de leur prix de revient. Mais, indépendamment de ces questions, sur lesquelles influe la situation économique de la région et dont les éléments sont essentiellement variables, il en est d'autres qui sont inhérentes aux produits mêmes de la coupe, aux essences, aux qualités, aux dimensions des bois qu'elle renferme et que tout estimateur doit être en état de résoudre avant de songer à formuler une appréciation.

Suivant les points de vue où l'on se place, on peut, à la vérité, attribuer des valeurs différentes à une coupe; mais le problème consiste à déterminer celle de ces valeurs qui correspond au prix le plus élevé *en même temps que le plus probable.*

Pour être à même d'établir ces calculs, il faut donc connaître les diverses catégories de marchandises ayant cours, les dimensions et les qualités que doivent avoir les arbres pouvant les fournir, la quantité de bois correspondant à chaque unité de marchandise, les frais de façon et ceux de transport jusqu'aux lieux où s'établissent les cours commerciaux.

Il importe, par conséquent, d'examiner toutes ces questions en détail, et particulièrement celles qui ont un caractère plus technique. Parmi ces dernières vient en première ligne l'étude des diverses catégories de marchandises ayant cours, et des conditions que doivent présenter les bois pour permettre de les réaliser.

Les bois ouvrés ou non se répartissent en trois grandes classes de produits qui se subdivisent elles-mêmes en plusieurs catégories dont voici la nomenclature :

Bois de service. .	Bois de marine de guerre et marchande. Bois de charpente de toute espèce. Étais de mines, poteaux télégraphiques. Traverses de chemins de fer.
Bois d'industrie .	Sciages. Bois de fente. Écorces.
Bois de feu. . . .	Bois de chauffage. Charbonnette.

I. — BOIS DE MARINE.

Pour être propres aux constructions navales, les bois doivent être de qualité supérieure, résistants, élastiques et parfaitement sains ; le chêne est l'essence à peu près unique en France qui réunisse toutes ces qualités. Ces bois doivent en outre présenter, indépendamment de certaines dimensions, des formes particulières répondant aux nécessités de la construction.

En ce qui ce concerne la forme, les pièces de marine se répartissent en *bois droits, bois courbants* et *bois courbes* ; chacune de ces catégories comprenant un certain nombre de formes spéciales dont le nom particulier est ce qu'on appelle le *signal* de la pièce.

Les bois droits se définissent d'eux-mêmes.

Les bois courbants se subdivisent en bois à une courbure, à deux courbures dans le même plan, et à deux courbures dans deux plans différents.

Les bois courbes sont formés par l'intersection sous certains angles d'une maîtresse branche et du corps de l'arbre.

Les divers signaux se répartissent entre ces trois catégories de la manière suivante :

1° Bois droits : — *La quille, l'étambot, la mèche de gouvernail, la bitte, le plançon, le demi-bau, le bau* et *le barrot de gaillard* (fig. 25).

2° Bois courbants, à une courbure : *Le jas d'ancre, la demi-varangue, le bout d'allonge, la varangue plate, la préceinte de tour, l'allonge, l'étrave, la varangue acculée, la pièce de tour, la guirlande* et *le genou* (fig. 26).

A deux courbures dans le même plan : *Le genou de revers* et *l'allonge de revers* (fig. 26).

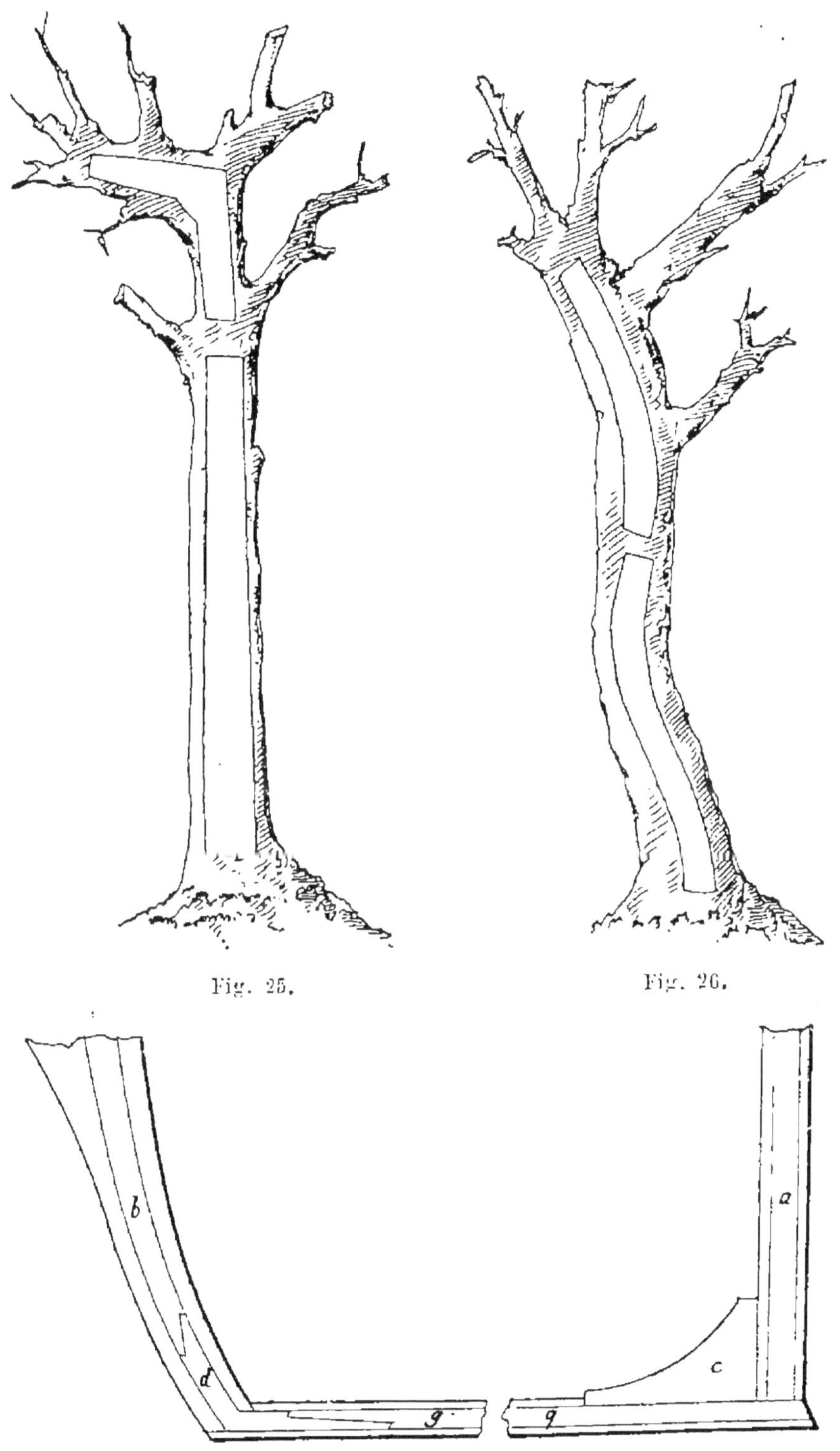

Fig. 25.

Fig. 26.

Fig. 27.

A deux courbures dans deux plans différents : *les bois à deux bouges.*

3° Bois courbes : — *La courbe d'étambot,* la *courbe de jottereau,* la *courbe de brion* et la *courbe de pont* (fig. 30).

Il ne sera pas inutile, afin de rendre cette nomenclature moins abstraite, d'indiquer, très brièvement d'ailleurs, la destination de ces différentes pièces, en suivant l'ordre de leur emploi dans la construction du navire.

La coque d'un navire est formée d'une solide charpente appelée *membrure,* recouverte de *bordages* ou fortes planches pour le revêtement extérieur et de *vaigres* pour le revêtement intérieur.

La *quille* forme l'arête longitudinale de la membrure, et lui sert de base (fig. 27, *q*).

L'*étambot* est la pièce élevée à l'arrière du navire à l'extrémité de la quille (fig. 27, *a*) qui sert de support au gouvernail.

L'*étrave* est une pièce à une courbure formant l'avant du navire (fig. 27, *b*).

Ces deux dernières pièces sont reliées à la quille par *la courbe d'étambot, c* et par la *courbe de brion, d.*

La *varangue plate* à une courbure est placée en son milieu sur la quille dans un plan perpendiculaire à cette dernière (fig. 28, *a*). Le *genou,* pièce à plus grande courbure que la précédente, est placé à sa suite, pour former le ceintre du navire *b b.*

Les *allonges* sont placées à la suite des genoux pour terminer le *couple* formé par la varangue plate, le genou et la demi-varangue juxtaposée à la varangue plate, mais sans dépasser la quille, *a b c d.*

Les *varangues acculées, genoux de revers* et *allonges de revers,* à courbures plus fortes que les précédentes, sont

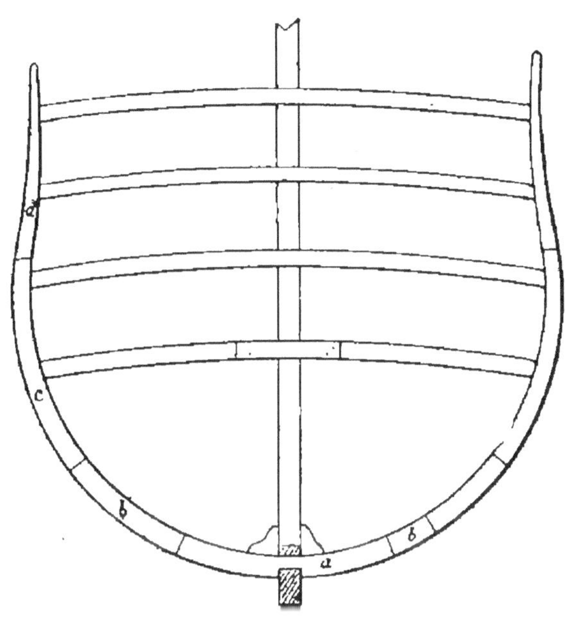

Fig. 28.

utilisés dans les parties voisines de l'avant et de l'arrière du navire.

Les baux, demi-baux font office de poutres pour soutenir les ponts du navire ; ces pièces prennent le nom de *barrots de gaillards,* pour le pont supérieur. Les *courbes de pont,* placées aux angles des baux et de la muraille et solidement chevillées, consolident le pont et l'unissent fortement à la muraille.

La *guirlande,* pièce placée horizontalement à l'intérieur, à l'avant et à l'arrière, sert à relier les membrures.

La *courbe de jottereau* sert à soutenir l'éperon à l'avant du navire.

Les *plançons* sont des pièces droites dans lesquelles sont débités les *bordages* et les *vaigres*.

Les *préceintes* sont des bordages de fortes dimensions employés à la hauteur des ponts ; les *préceintes de tour* sont employées à l'avant et à l'arrière et présentent pour cette raison une plus forte courbure.

Les *billes* sont des pièces droites plantées près des mâts et servant aux manœuvres.

Pour les fournitures des chantiers maritimes de l'État les différents signaux sont classés, d'après leurs dimensions, en *espèces* et de telle sorte qu'on puisse appliquer le même prix par mètre cube à tous les signaux compris dans la même espèce. (Voir page 168 le tarif des recettes et de classement.)

Les dimensions des pièces équarries s'expriment toujours, ainsi que nous l'avons dit page 37, en nombre pair de décimètres pour la longueur, et de centimètres pour les équarrissages (tour et droit) soit par défaut, soit par excès.

Pour les bois courbants, le degré de courbure s'exprime en millimètres par mètre de longueur de la pièce, en mesurant la flèche de l'arc extérieur de la pièce, comme le montre la figure 29.

Pour mesurer les bois courbes, on commence par déterminer l'angle formé par les deux lignes droites A O, B O (fig. 30), tracées par les milieux des largeurs sur une des faces latérales de la courbe. Les longueurs des deux parties de la courbe se mesurent à partir du sommet de l'an-

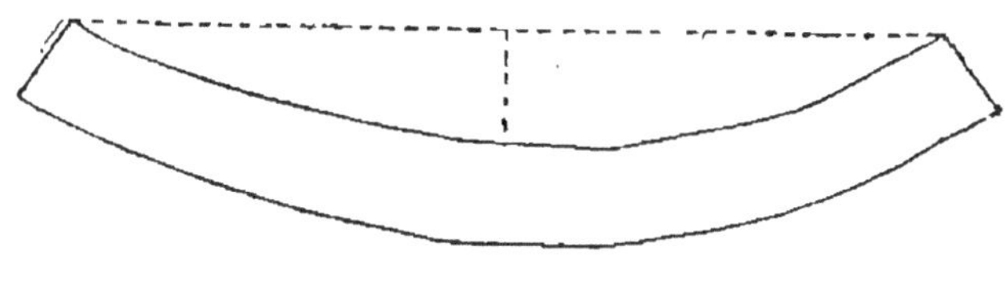

Fig. 29.

gle O sur O A et sur O B et les équarrissages, au milieu de ces deux droites. L'ouverture de la courbe s'obtient en mesurant en centimètres la ligne $m\,n$ joignant deux points distants d'un mètre chacun du sommet O.

Les signaux et espèces de marine se désignent par les

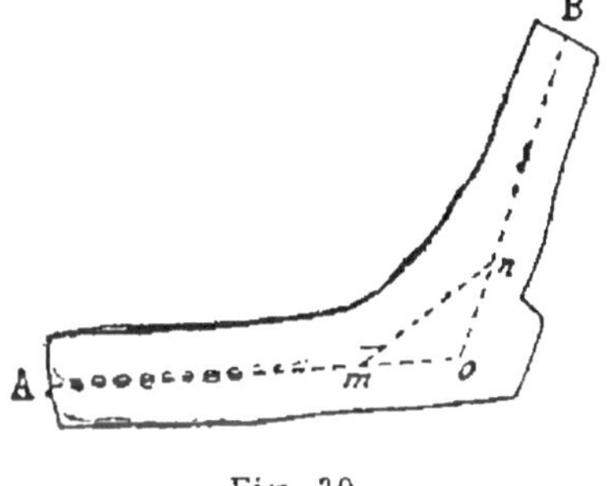

Fig. 30.

initiales du signal précédées d'un coefficient déterminant l'espèce, ainsi

$$2\ \mathrm{B}\ 100 - \frac{40}{40}$$

Signifie bau de 2ᵉ espèce ayant 100 décimètres de longueur et 40 sur 40 centimètres d'équarrissage au milieu et au petit bout.

Les équarrissages doivent être à vive arête sur franc bois pour l'étrave et pour tous les bois droits moins le plançon, et ils sont cubés d'après ces équarrissages.

On admet une tolérance de 15 % de flaches, défournis

TARIF DE RECETTE ET DE CLASSEMENT

DES BOIS DE CHÊNE ÉQUARRIS EN SIGNAUX ET ESPÈCES DE SIGNAUX MARINE.

NOMS DES SIGNAUX.	DÉSIGNATION des signaux et espèces.	Longueur. (décim.)	ÉQUARRISSAGE. MILIEU tour. (cent.)	droit. (cent.)	PETIT bout. (centimèt.)	Flèche de l'arc en millimètre par mètre de longueur.	Diam. à 1 m. 50 du sol de l'arbre pouvant fournir la pièce.	OBSERVATIONS.
					Bois droits.			
Quille 1re variété	1 Q¹	110	44	44	44-44		0.88	La pièce doit être tout à fait droite et sans défournis. Le minimum au petit bout est susceptible de tolérance sur le tour, si le défourni n'existe que sur une des faces, et seulement sur une longueur égale au 1/6 de la longueur totale. — Ce signal exclut tous les bois affectés de défauts qui seraient de nature à occasionner des voies d'eau. tels sont dans une certaine mesure les gerçures, gélivures cadranures fibres torses, etc.
	2 Q¹	100	40	40	40-40	»	0.80	
	3 Q¹	90	36	36	36-36		0.72	
	4 Q¹	80	32	32	32-32	»	0.64	
Quille 2e variété	2 Q²	90	44	44	44-44		0.88	
	3 Q²	80	40	40	40-40	»	0.80	
	4 Q²	70	36	36	36-36		0.72	
Étambot	1 ET	108	50	44	50-44		1.00	Signal assujetti aux mêmes conditions que la quille, sauf qu'il n'est pas toléré de défourni au petit bout.
	2 ET	86	46	40	46-40		0.92	
	3 ET	80	44	36	44-36	»	0.88	
	4 ET	70	40	32	40-32		0.80	
Mèche de gouvernail	1 MG	100	72	66	40-44		1.11	La pièce doit être tout à fait droite et sans défournis. — Les équarrissages (tour et droit) sont pris à 2m du pied. — Ce signal exclut particulièrement les bois à fibres torses.
	2 MG	96	64	62	36-40		1.00	
	3 MG	90	56	54	32-36	»	0.92	
	4 MG	80	46	44	28-32		0.75	
Bitte	5 BI	46	46	42	38-38		0.76	La pièce doit être tout à fait droite et sans défournis.
	6 BI	40	40	36	30-30		0.64	
Plançon	2 P	110	40	40	36-36		0.65	Le plançon peut être courbe sur les 2 faces. — Les courbures doivent être bien suivies et dans le même sens. — Il exclut les bois affectés de défauts qui ne permettent pas le débit en bordages. La limite d'arc déterminée dans la colonne ci-contre ne s'applique qu'à l'une des faces, il suffit pour l'autre que la courbure soit régulière.
	3 P	110	34	34	30-30		0.58	
			36	32	32-28		0.57	
	4 P	90	30	30	26-26	0 à 12	0.52	
			32	28	28-24		0.50	
	5 P	70	26	26	22-22			
			28	24	24-20		0.43	
	6 P	50	22	22	20-20		0.40	
	7 P	26	16	16	14-14			
Demi-bau	2 DB	90	44	44	44-44		0.88	La courbure doit être régulière et symétrique à droite et à gauche du milieu de la longueur. — Toutes ces pièces doivent être sans défournis sauf, pour le demi-bau, une tolérance sur le droit du 1/3 de la longueur totale, lorsque cette longueur atteindra le minimum exigé pour les baux de même équarrissage. Ces 3 signaux excluent particulièrement les bois à fibres torses.
	3 DB	86	40	40	40-40	8 à 12	0.80	
	4 DB	80	36	36	36-36		0.72	
Bau	1 B	120	44	44	44-44		0.88	
	2 B	100	40	40	40-40	10 à 12	0.80	
	3 B	90	36	36	36-36		0.64	
	4 B	80	32	32	32-32			
Barrot de gaillard	2 BG	110	36	36	36-36		0.72	
	3 BG	94	32	32	32-32	12 à 18	0.64	
	4 BG	80	30	30	30-30		0.61	
	5 BG	70	24	24	24-24		0.48	
					Bois à une courbure.			
Jas d'ancre	3 J	60	54	64	»		0.95	
	4 J	50	50	56	»	25 à 35	0.84	
	5 J	40	40	46	»		0.71	
	6 J	36	32	36	»		0.58	

TARIF DE RECETTE ET DE CLASSEMENT. (*Suite.*)

NOMS DES SIGNAUX.	DÉSIGNATION des signaux et espèces.	Longueur.	ÉQUARRISSAGE. MILIEU		PETIT bout.	Flèche de l'arc en millimètres par mètre de longueur.	Diam. à 1 m. 50 du sol de l'arbre pouvant fournir la pièce.	OBSERVATIONS.
			tour.	droit.				
		décim.	cent.	cent.	centimèt.			
Demi-varangue	3 DV	60	50	40	40	35 et au-dessus	0.76	
	4 DV	50	48	38	38		0.74	
	5 DV	40	40	36	36		0.65	
Bout d'allonge.	6 BA	36	32	28	28	35 et au-dessus	0.52	
	7 BA	26	22	22	22			
Varangue-plate	2 V	80	48	40	40		0.74	
	3 V	70	44	36	36	35 et au-dessus	0.69	
	4 V	60	40	32	32		0·63	
	5 V	50	36	28	28		0.58	
	6 V	46	32	24	24		0.52	
Précinte de tour	1 PR	100	40	40	40-40	0 à 5 dans un sens, 35 et au-dessus dans l'autre.	0.71	Ce signal exclut les bois affectés de défauts qui ne permettraient pas le débit en bordages.
	2 PR	90	38	38	38-38		0.67	
	3 PR	80	36	36	36-36		0.65	
	4 PR	70	32	32	32-32		0.58	
Allonge	3 A	48	40	40	40	50 et au-dessus	0.74	
		44	48	40	40		0.71	
	4 A	44	36	36	36			
		40	44	36	36		0.65	
	5 A	40	32	32	32		0.58	
	6 A	36	28	26	26		0.50	

NOMS DES SIGNAUX.	DÉSIGNATION	Longueur.	MILIEU tour.	MILIEU droit.	PETIT bout.	Flèche de l'arc.	Diam.	OBSERVATIONS.
Étrave	1 E	90	50	44	44	60 et au-dessus	0.89	Courbure régulière, sans être nécessairement symétrique à droite et à gauche du milieu de la longueur, pièce sans défournis sauf une tolérance comme pour la quille, pas de défauts pouvant occasionner des voies d'eau.
	2 E	70	44	40	40		0.80	
	3 E	60	40	36	36		0.72	
	4 E	50	36	32	32		0.64	
Varangue acculée	2 VA	44	48	40	40	75 et au-dessus	0.74	
	3 VA	40	44	36	36		0.69	
	4 VA	40	40	32	32		0.63	
	5 VA	36	36	28	28		0.58	
	6 VA	30	32	24	24		0.52	
Pièce de tour	1 PT	56	40	40	»	80 et au-dessus dans un sens, 0 à 12 dans l'autre	0.60	Ce signal exclut les défauts qui ne permettraient pas le débit en bordages.
	2 PT	52	38	36	»		0.57	
	3 PT	48	34	32	»		0.50	
	4 PT	40	30	28	»			
Guirlande	1 GU	48	54	44	44	100 et au-dessus	0.82	
	2 GU	40	46	38	38		0.71	
Genou	1 G	50	42	40	40		0.71	
	2 G	46	38	36	36		0.65	
	3 G	40	34	32	32	100 et au-dessus	0.58	
	4 G	36	30	28	28		0.52	
	5 G	32	26	24	24		0.46	
	6 G	26	22	22	22		0.43	

Bois à deux courbures dans le même plan.

NOMS DES SIGNAUX.	DÉSIGNATION	Longueur.	MILIEU tour.	MILIEU droit.	PETIT bout.	Flèche de l'arc.	Diam.
Genou de revers	4 GR	48	40	40	40	30 à 60 chaque 1/2 long	0.71
	5 GR	40	32	28	28		0.52
Allonge de revers	4 AR	48	40	40	40	60 à 120 1/2 pied. 20 à 40 1/2 tête.	0.71
	5 AR	40	32	28	28		0.52

TARIF DE RECETTE ET DE CLASSEMENT. (*Suite.*)

NOMS DES SIGNAUX.	DÉSIGNATION des signaux et espèces.	Longueur.	ÉQUARRISSAGE.		PETIT bout.	Flèche de l'arc en millimètres par mètre de longueur.	Diam. à 1 m 50 du sol de l'arbre pouvant fournir sa pièce.	OBSERVATIONS.
			MILIEU					
			tour.	droit.				
		décim.	cent.	cent.	centimèt.			
Bois à deux courbures dans deux plans différents.								
Bois à deux bouges.....	3 B²	100	40	40	36-36	10 à 20 dans un sens 10 et au-dessus dans l'autre.	0.65	
	4 B²	90	36	36	32-32		0.58	
	5 B²	70	32	32	28-28		0.52	
	6 B²	60	26	26	24-24		0.46	
Petit bois....	7 BB	20	16	16		80 et au-dessus		Bois de barque.
	7 BC	10	6	6		140 à 180		Bois de chaloupe.

SUITE DU TARIF DE RECETTE ET DE CLASSEMENT

DES PIÈCES DE MARINE.

Bois courbes.

NOMS DES SIGNAUX.	DÉSIGNATION des signaux et espèces.	LONGUEUR				TOUR				DROIT				Ouverture en ligne droite entre les deux parties de la courbe, à une distance de 1ᵐ mesurée sur le pied et sur la branche a partir du sommet.
		PIED		BRANCHE		PIED		BRANCHE		PIED		BRANCHE		
		minᵐ.	maxᵐ.	minᵐ.	maxᵐ.	minᵐ.	maxᵐ.	minᵐ.	maxᵐ.	minᵐ.	maxᵐ.	minᵐ.	maxᵐ.	
		déc.	déc.	déc.	déc.	cent.	cent.	cent.	cent.	cent.	cent.	cent.	cent.	centimètres.
Courbe d'étambot ..	1 CE	30	40	20	30	40	»	36	»	38	44	32	»	140 à 160
Courbe de jottereau.	1 CJ	20	32	16	26	38	50	36	»	32	44	30	»	140 à 180
Brion	1 BR	60	»	20	30	48	»	48	»	44	50	44	50	170 à 190
	2 BR	50	»	20	30	44	»	44	»	40	50	40	50	170 à 190
Courbe de pont	1 C	16	24	14	20	32	44	32	»	32	42	28	»	90 à 150
	2 C	14	24	12	20	24	30	20	»	20	30	16	»	120 à 170
	3 C	12	14	10	12	14	20	12	»	14	20	12	»	120 à 130

et aubier sur chaque angle pour le plançon et tous les bois courbants sauf l'étrave.

Les grosseurs sur écorce, à 1^m,30 du sol, des arbres pouvant fournir chaque signal, données dans le tarif de classement, ont été calculées en tenant compte de ces conditions sur les équarrissages.

On se rendra compte de la valeur relative de chaque espèce de marine, par les prix suivants payés il y a quelques années, pour le mètre cube de chêne rendu au port de Toulon, d'après des documents publiés en 1878 par l'administration des Forêts :

1re espèce	....	195 f. le m. c.
2^e	id.	....	185 —
3^e	id.	....	175 —
4^e	id.	....	160 —
5^e	id.	....	155 —
6^e	id.	....	135 —

Bois de mâture.

Les bois de mâture sont généralement en pin du nord ; c'est-à-dire à couches ligneuses, minces et égales, renfermant une quantité assez abondante de résine, ayant le grain fin et serré et les fibres bien adhérentes. Les forêts des Pyrénées, aux grandes altitudes, pourraient fournir des pins réunissant ces qualités.

Les mâts se classent et se payent d'après leurs dimensions et leurs qualités.

On dit qu'un mât est *régulier* quand sa grosseur et

sa longueur sont dans des proportions déterminées et fixées dans le tableau suivant, page 176.

Le mât régulier comprend trois dimensions réglementaires : le grand diamètre, le petit diamètre et la longueur minima. Le point où l'on mesure le grand diamètre s'appelle le *proportionné du gros bout* et se trouve à une distance du pied égale au sixième de la longueur ; celui où se mesure le petit diamètre est le *proportionné du mât,* c'est celui où finit la longueur minima.

L'unité de mesure adoptée pour le grand diamètre est de 3 centimètres, pour le petit diamètre de 2 centimètres et d'un mètre pour la longueur.

Chacune de ces dimensions doit présenter le même nombre d'unités.

Ainsi, pour un mât régulier de 78 centimètres, on doit avoir :

$$
\begin{array}{llll}
\text{Grand diamètre} & 0{,}78 & \text{ou} & 0^{m}{,}03 \times 26 \\
\text{Petit diamètre} & 0{,}52 & - & 0^{m}{,}02 \times 26 \\
\text{Longueur minima} & 26 & - & 1^{m}{,}00 \times 26
\end{array}
$$

Si, dans cet exemple, le petit diamètre mesuré à 26 mètres de longueur, ne donnait que $0^{m}{,}51$, ce ne serait plus qu'un mât régulier de 0,75 et on ne le payerait qu'au prix de cette catégorie, en tenant compte bien entendu des excédants de mesure.

II. — BOIS DE CHARPENTE.

On comprend communément sous ce nom les bois employés dans les constructions de toute sorte pour char-

PROPORTION ET CLASSEMENT DE LA MATURE.

DÉSIGNATION.	Grand diamètre.	Petit diamètre.	Long. minima.	OBSERVATIONS.
	centim.	centim.	mètres.	
1re classe. Mâts de hune et vergues.	78	52	26	Bois droits sans nœuds, sains et vigoureux.
	75	50	25	
	72	48	24	
	69	46	23	
	66	44	22	
	63	42	21	
	60	40	20	
	57	38	19	
	54	36	18	
	51	34	17	
2e et 3e classe. Mèches et jumelles supérieures et inférieures (pour mâts d'assemblage).	84	56	28	Bois pouvant présenter quelque courbure légère, quelques nœuds, des roulures, gerçures ou frottures peu considérables.
	81	54	27	
	78	52	26	
	75	50	25	
	72	48	24	
	69	46	23	
	66	44	22	
	63	42	21	
	60	40	20	
	57	38	19	
	54	36	18	
	51	34	17	

DÉSIGNATION.	Grand diamètre.	Petit diamètre.	Long. minima.	OBSERVATIONS.
	centim.	centim.	mètres.	
Mâts tronçonnés........	81	54	18	Mâts coupés par des nœuds réunis ou par des vices au-dessous de la longueur régulière et capable de former des beauprés d'une seule pièce.
	78	52	17.4	
	75	50	16.8	
	72	48	16.2	
	69	46	15.6	
	66	44	15	
	63	42	14.4	
	60	40	13.8	
	57	38	13.2	
	54	36	12.6	
	51	34	12	
Mâtereaux...	48	32	16.8	Bois droits et sans défauts.
	45	30	16.5	
	42	28	16.2	
	39	26	15.9	
	36	24	15.6	
Menus mâtereaux	33	22	15	Idem.
	30	20	14	
	27	18	13	
	24	16	12	

pentes, échafaudages, pieux, pilotis, cuvelages des puits de mines, etc.

Les bois de charpente sont généralement fournis par le chêne et les résineux (sapin, épicéa et pin). Ils varient de prix suivant leurs dimensions et leurs qualités.

A Paris, on classe les charpentes de chêne comme il suit :

Chêne ordinaire, équarrissages de 0,10 $\times$ 0,10 à 0,30 $\times$ 0,30
Petit arrimage   —   0,30 $\times$ 0,33 à 0,36 $\times$ 0,36
Moyen   —   —   0,36 $\times$ 0,39 à 0,48 $\times$ 0,51
Gros   —   —   0,51 $\times$ 0,51 et au-dessus.

En province, on se contente souvent de deux catégories, savoir :

Grosse charpente de 1^m,30 de tour au milieu et au-dessus.
Petite   —   au-dessous.

Les charpentes de sapin et d'épicéa se classent de la manière suivante, à Paris :

Sapin ordinaire, équarrissages . . . . 0,18 à 0,27
Poutrelles   —   . . . . 0,27 à 0,36
Gros bois   —   . . . . 0,36 à 0,60

Dans les Vosges :

Chevrons : 5 mètres de longueur sur 0^m,20 à 0^m,25 de diamètre à la base.
Petite charpente ou pannes simples : 12 mètres de longueur sur 0^m,30 à 0^m,35 de diamètre à la base.
Moyenne charpente ou pannes doubles : 12 mètres de longueur sur 0^m,40.
Grosses charpentes : équarrissages, 0^m,30 à 0^m,34 et au dessus.

Dans le Jura :

Petits bois......... 0^m.50 à 0,20 de diamètre à la base.
Bois moyen........ 0^m,35 à 0,65   —   —
Gros bois.......... 0^m,70 et au-dessus. —   —

On trouvera dans le tableau suivant les dimensions des
arbres pouvant donner les charpentes des diverses catégories qui précèdent.

GROSSEUR DE L'ARBRE A 1ᵐ,50 DU SOL.		DÉNOMINATION des pièces de charpente.	DIMENSIONS MINIMA au milieu des pièces.	OBSERVATIONS.
Diamètre.	Circonférence.			
Charpente chêne. — Place de Paris.				
0,15 à 0,40	0,50 à 1,40	Chênes ordinaires. ...	0,10×0,10 à 0,30×0,30	Les longueurs sont comprises
0,45 et 0,50	1,50 à 1,60	Petit arrimage........	0,30×0,33 à 0,36×0,36	entre 2 et 10 mètres, et 4 et
0,55 à 0,70	1,70 à 2,20	Moyen —	0,36×0,39 à 0,48×0,51	12 mètres.
0,75 et au-dessus.	2,30 et au-dessus.	Gros —	0,5. et au-dessus,	
Charpente chêne. — Places diverses.				
0,15 à 0,45	0,50 à 1,50	Petite charpente......		
0,50 et au-dessus.	1,60 et au-dessus.	Grosse —	0,33×0,33	Plus de 6 mètres de longueur.
Charpente sapin. — Place de Paris.				
0,25 à 0,45	0,90 à 1,35	Sapins ordinaires	0,18×0,18 à 0,27×0,27	15 à 20 mètres.
0,45 à 0,60	1,40 à 1,80	Poutrelles............	0,27×0,30 à 0,36×0,36	15 à 28 —
0,60 et au-dessus.	1,90 et au-dessus.	Gros bois	0,36×0,39 à 0,60×0,60	15 à 30 —
Charpente sapin. — Des Vosges.				
0,20 à 0,25	0,60 à 0,80	Chevrons.............		Au moins 5 mètres de longueur.
0,30 à 0,35	0,95 à 1,10	Petite charpente......		— 12 — —
0,40	1,30	Moyenne —		— 12 — —
0,50 et au-dessus.	1,60 et au-dessus.	Grosse —	Éq. : 0,30 à 0,34	Toutes longueurs depuis 2 mètres.
Charpente sapin. — Du Jura.				
0,20 à 0,50	0,60 à 1,60	Petits bois		De toutes longueurs.
0,55 à 0,65	1,70 à 2,10	Bois moyens.........		— —
0,70 et au-dessus.	2,20 et au-dessus.	Gros bois		— —

III. — ÉTAIS DE MINES. — POTEAUX TÉLÉGRAPHIQUES.

Les bois de mines sont destinés au *boisage* des galeries pour en soutenir les parois et les voûtes et parer à tout danger d'éboulement et d'effondrement.

Le boisage se compose généralement : 1º de *cadres* établis perpendiculairement à l'axe de la galerie, formés chacun de quatre étançons et espacés entre eux plus ou moins selon la consistance des terrains; 2º de *garnissages* confectionnés avec des menus bois placés longitudinalement entre les parois et les cadres et de longueur suffisante pour s'appuyer au moins sur deux cadres.

Ces bois sont livrés aux compagnies houillères sous formes de perches ou d'étançons suivant les conventions, et généralement doivent être écorcés.

Pour l'établissement des prix d'unité, chacune de ces catégories est divisée en un certain nombre de classes d'après la grosseur et la longueur des bois, mais sans distinction d'essences. Toutefois, à ce dernier point de vue, les compagnies font certaines restrictions desquelles il résulte que le *hêtre*, le *charme*, le *bouleau*, le *peuplier* et le *tilleul* sont totalement ou partiellement exclus des fournitures, à raison de leur trop prompte décomposition dans l'atmosphère humide et chaude des galeries souterraines, ou à raison des accidents de rupture soudaine que produit souvent l'emploi du hêtre et du bouleau comme étançons. Voici des tarifs de classement pour les perches et les étançons qui se rapprochent assez de ceux généralement adoptés en France :

1° *Perches.*

CLASSES.	DIMENSIONS.			
	longueurs.	circonférence au petit bout.	circonférence à 1 m. 60 du pied.	
			non écorcées.	sans écorce.
	m.	m.	m.	m.
6 coups*........	10	0.30	0.60 à 0.72	0.55 à 0.67
5 —	9 à 10	0.25	0.48 à 0.60	0.46 à 0.54
4 —	9 à 10	0.20	0.40 à 0.48	0.37 à 0.45
3 —	9 à 10	0.17	0.32 à 0.40	0.29 à 0.37
2 —	8 à 9	0.12	0.26 à 0.32	0.21 à 0.29
1 —	7 à 8	0.10	0.20 à 0.26	0.18 à 0.24
S —	6 à 7	0.08	0.16 à 0.20	0.15 à 0.18

* Cette désignation s'explique par l'usage des compagnies de distinguer les classes de perches par le nombre de coups de marteaux qu'elles y font appliquer par leurs agents réceptionnaires.

L'unité la plus généralement adoptée pour la vente des étais est le *cent* de perches ou d'étançons, on applique à chaque catégorie un prix différent, et les bois par conséquent doivent être classés conformément aux indications des tarifs précédents ou de tarifs analogues.

Ce mode de vente est presque exclusivement adopté pour les perches, assez souvent aussi pour les étançons. Pour ces derniers produits, on vend encore assez fréquemment au stère empilé, plus rarement au volume plein.

2° *Étançons.*

CLASSES.	Longueur.	Circonférence au milieu, bois écorcés.	OBSERVATIONS.
1re classe.....	3. »	0.38 à 0.45	Les rallonges qui servent à soutenir les plafonds des galeries de taille doivent être aussi droites que possible, de façon à s'appliquer exactement sur une surface plane.
	2.50	0.35 à 0.40	
	2. »	0.40 à 0.45	
	1.80	0.35 à 0.40	
	1.60	0.35 à 0.40	
	1.50	0.35 à 0.40	
2e classe.....	1.40	0.30 à 0.34	
	1.30	0.30 à 0.34	
	1.20	0.25 à 0.30	
	1. »	0.24 à 0.27	
Rallonges....	3. »	0.18 à 0.24	
Queues.......	1.20	0.12 à 0.17	

On peut se rendre compte des relations existant entre ces diverses unités de mesure, au moyen des chiffres compris dans les tableaux suivants résultant d'expériences nombreuses recueillies par l'administration des forêts (1).

(1) *Notice sur les étais des mines*, par M. Thelu, sous-inspecteur des forêts. — Imp. nat. 1878.

Rendement des perches et étançons en stères.

DÉSIGNATION DES PIÈCES		Volume plein en grume.	Volume en stère (bois empilé).	Nombre de pièces nécessaire pour former un stère	
Perches.	Étançons (long.).			perches.	étançons.
	m.	mc.	stère.		
6 coups	»	0.195	0.220	3.5	»
5 —	»	0.130	0.170	5.8	»
4 —	»	0.085	0.139	7	»
3 —	»	0.055	0.075	13	»
2 —	»	0.033	0.050	20	»
1 —	»	0.017	0.031	33	»
5 —	»	0.009	0.021	50	»
»	3. »	0.042	0.062	»	16
»	2.50	0.029	0.043	»	25
»	2. »	0.028	0.045	»	22
»	1.80	0.020	0.030	»	33
»	1.60	0.018	0.025	»	40
»	1.50	0.017	0.024	»	45
»	1.40	0.011	0.018	»	58
»	1.30	0.010	0.015	»	67
»	1.20	0.007	0.011	»	90
»	1. »	0.006	0.009	»	117
»	0.80	0.003	0.005	»	200
»	rallonges	0.010	0.016	»	62
»	queues	0.002	0.004	»	250

A l'aide des chiffres de ce tableau, on peut trouver ce que donne en moyenne un cent de perches ou d'étançons en mètres cubes pleins ou en stères pour chaque catégorie.

On pourra, d'autre part, être très approximativement fixé sur la valeur relative de ces différents produits, à l'aide des tableaux suivants dressés d'après des mercuriales de 1876 et extraits de la notice précédemment citée.

DÉSIGNATION DES PIÈCES.	NATURE de l'unité.	PRIX de l'unité.	PRIX au stère.
1° Perches.		fr.	fr.
Perches 6 coups..............	le cent.	450	20.45
— 5 coups..............	—	340	20. »
— 4 coups..............	—	250	18. »
— 3 coups..............	—	140	18.66
— 2 coups..............	—	82	16.40
— 1 coup...............		49	15.80
2° Étançons.			
Étançons de 1re classe	stère.	»	20. »
— de chêne............	—	»	22. »
— de 2e classe.........	—	»	17. »
Rallonges	—	»	18. »
Queues.......................	—	»	13. »

3° Étançons rendus à la pièce.

	mèt.		fr.		fr.
Bois de	3.00	en chêne écorcé	1.37	les autres essences	1.25
—	2.50	—	0.89	—	0.80
—	2. »	—	1. »	—	0.90
—	1.80	—	0.66	—	0.60
—	1.60	—	0.55	—	0.50
—	1.50	—	0.49	—	0.44
—	1.40	—	»	—	0.31
—	1.30	—	»	—	0.24
—	1.20	—	»	—	0.19
—	1. »	—	»	—	0.13
—	0.80	—	»	—	»
Rallonges.		—	»	—	0.34
Queues.		—	»	—	0.05

Tous ces prix s'entendent des bois rendus à la mine.

Poteaux télégraphiques. — Les bois qui servent communément à alimenter les lignes télégraphiques sont le pin et le sapin, à l'exclusion des pins Laricio et Weymouth. Le pin maritime ou pin des Landes est l'essence qui en fournit le plus, non seulement en France, mais encore en Espagne, en Algérie, en Angleterre et en Belgique.

Avant tout emploi on fait injecter ces bois au sulfate de cuivre, par le procédé du docteur Boucherie ; dans ces conditions, ils peuvent avoir une durée de près de vingt ans.

On emploie en France des poteaux télégraphiques de grandeurs et de grosseurs différentes, voici les dimensions arrêtées par l'administration :

Longueur.	Diamètre à 1 m. de la base sans écorce.	Diamètre au petit bout sans écorce.	OBSERVATIONS.
m.	m.	m.	
12. »	0.26	0.10	Les poteaux se payent
10. »	0.22	0.10	à la pièce et par caté-
8. »	0.18	0.10	gorie, suivant les condi-
6.50 {	0.14	0.09	tions particulières du
	0.17	0.12	marché consenti.

Les bois à fournir doivent être sans nœuds, ni défauts, droits ou ne présentant que de faibles courbures ne dépassant pas 0$^\mathrm{m}$,10 de flèche.

IV. — TRAVERSES DE CHEMINS DE FER.

La consommation considérable en traverses, que font les compagnies de chemins de fer pour la construction et l'entretien de leurs lignes, est un débouché très précieux pour les forêts de chêne, de hêtre ou de pin ; les exploitants utilisent de cette manière une grande quantité de produits impropres à la charpente ordinaire, et qu'ils ne pourraient, sans ce débouché des traverses, qu'écouler sous forme de bois de chauffage et dans tous les cas à des prix moins avantageux.

Le chêne sans aubier est le bois qui par sa double qualité de résistance et de durée convient le mieux à cet emploi. Mais son prix élevé fait admettre le hêtre et le pin maritime, dont le bois est suffisamment résistant et se conserve assez bien, après avoir été soumis à une préparation de sulfate de cuivre, ou de tout autre antiseptique ayant la propriété de neutraliser les principes de décomposition contenus dans le bois.

On distingue deux espèces de traverses ; les grandes ou traverses de joint, et les petites ou traverses intermédiaires. Les premières, étant utilisées aux points de jonction des rails ou dans les parties de la voie les plus fatiguées, sont généralement en chêne.

Au point de vue de la forme, les traverses doivent être droites ou ne présenter qu'une faible courbure dans le sens de la largeur. Elles peuvent être demi-rondes, comme le montre la section transversale fig. 31 *a*, ou équarries. Ces dernières sont équarries sur quatre faces fig. 31 *b*, ou bien sur trois faces fig. 31 *c*, ou bien encore sur deux faces seulement fig. 31 *d*.

La face inférieure et la face supérieure doivent toujours être équarries à la scie, à vive arête sans aubier pour la face

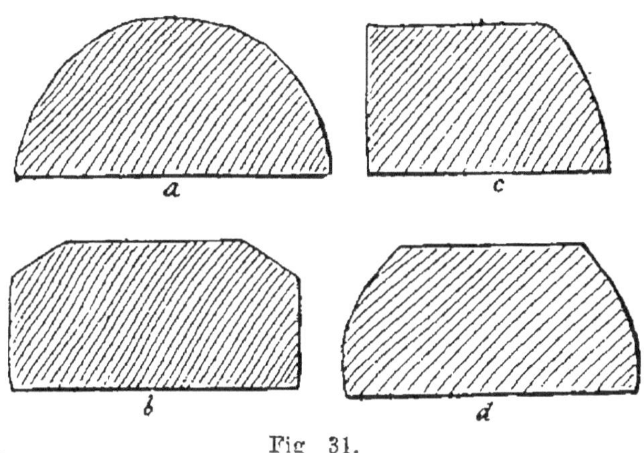

Fig 31.

inférieure et avec une tolérance maxima de 5 centimètres de flaches ou d'aubier sur chaque angle de la face supérieure.

Les traverses de chêne renfermant de l'aubier, doivent, comme celles de hêtre et de pin, être préparées au sulfate de cuivre.

Les dimensions des traverses sont comprises entre 2^m,50 et 2^m,75 de longueur, 0^m,20 et 0^m,36 de largeur et 0^m,12 à 0^m,18 d'épaisseur; elles varient dans ces limites selon la nature des traverses et les conditions imposées par chaque compagnie pour leurs fournitures. On trouvera à cet égard des indications complètes dans le tableau suivant :

DIMENSIONS DES TRAVERSES

EMPLOYÉES PAR LES GRANDES COMPAGNIES DE CHEMIN DE FER.

DÉSIGNATION DES COMPAGNIES.	NATURE DES TRAVERSES.	Longueur.	Largeur.	Épaisseur.	OBSERVATIONS.
		m.	m.	m.	
Est	de joint	2.50 à 2.60	0.27 à 0.31	0.13 à 0.16	Les courbures tolé-
	intermédiaire	2.50 à 2.60	0.21 à 0.26	0.13 à 0.16	rées ne doivent pas
Nord	1er type	2.50 à 2.60	0.24 à 0.30	0.12 à 0.14	avoir une flèche dé-
	2e type	2.50 à 2.60	0.22 à 0.23	0.12 à 0.14	passant le vingtième
Ouest	grande	2.70	0.20	0.14	de la longueur de la
	petite	2.50	0.20	0.13	traverse.
	demi-ronde	2.70	0.20	0.14	
Paris-Lyon-Méditerranée.	de joint	2.75	0.30	0.15	
	intermédiaire	2.75	0.20	0.15	
	1 2 ronde de joint.	2.75	0.30	0.18	
	— intermédiaire.	2.75	0.20	0.16	
Orléans	de joint	2.60 à 2.70	0.30 à 0.34	0.14 à 0.16	
	intermédiaire	2.60 à 2.70	0.20 à 0.24	0.14 à 0.16	
Midi	1er type	2.65 à 2.75	0.24 à 0.28	0.12 à 0.14	
	2e type	2.65 à 2.75	0.22 à 0.23	0.12 à 0.14	
Orléans et Midi	pin équar-{ joint..	2.60 à 2.75	0.29 à 0.33	0.13 à 0.15	
	ri . . . . . . { interm.	—	0.29 à 0.28	0.13 à 0.15	
	pin 1 2 { joint...	—	0.32 à 0.36	0.16 à 0.18	
	rondes. { interm.	—	0.26 à 0.32	0.13 à 0.16	

D'après ces dimensions, les billes susceptibles de fournir des traverses doivent mesurer au moins $0^m,75$ de tour pour les demi-rondes ou celles équarries sur deux faces seulement; et au moins $1^m,20$ pour celles équarries sur quatre faces. Le déchet résultant de la fabrication varie de 10 à 30 % du volume en grume des billes débitées.

Les traverses se vendent à la pièce; elles doivent satisfaire aux conditions particulières imposées; les longueurs se comptent de 5 en 5 centimètres, les largeurs de centimètre en centimètre et les épaisseurs de 5 millimètres en 5 millimètres. Toutes ces mesures sont prises par *défaut*.

Chaque traverse intermédiaire cube de $0^m,07$ à $0^m,08$ et chaque traverse de joint $0^m,11$ environ; 1234 traverses assorties font à peu près un volume de 100 mètres cubes.

V. — SCIAGES.

Les essences dont on fait généralement des sciages sont le chêne, le hêtre, le sapin, l'épicéa, les pins et les peupliers, puis toutes les essences dures telles que le charme, l'orme, les fruitiers, etc.

Les sciages étant destinés le plus ordinairement aux ouvrages de menuiserie et d'ébénisterie, doivent être débités de façon à répondre aux besoins variés à satisfaire. Les sciages de chêne ayant cours à Paris offrent à cet égard une suffisante variété; on en trouvera la nomenclature dans le tableau suivant. Les dimensions de ces sciages sont le plus souvent énoncées dans le commerce en anciennes mesures; nous nous sommes conformé à cet usage, mais en indiquant toutefois les dimensions correspondantes en nouvelles mesures.

DÉSIGNATION des SCIAGES.	Dimensions en anciennes mesures.		Dimensions en nouvelles mesures.		OBSERVATIONS.
	Épaiss.	Larg.	Épaiss.	Largeur.	
	pouces.	pouc.	m.		
Entrevoux......	1	9	0.027	0.244	Les longueurs sont variables, mais rarement inférieures, à 2^m, excepté pour les frises ou bois à parquets.
Échantillons....	1 1/2	9	0.041	0.244	
Doublettes.....	2 1,4	12	0.061	0.324	
Grands battants.	4	12	0.108	0.324	
Petits battants.	3	9	0.081	0.244	Les dimensions ci-contre sont celles des sciages types, mais en pratique elles varient de quelques millimètres en plus ou en moins, de telle sorte que la moyenne représente sensiblement les dimensions types.
Membrures.....	3	6	0.081	0.162	
Membrettes.....	2 1,2	6	0.068	0.162	
Chevrons	3	3	0.081	0.081	
Frises	»	»	0.03	0.10 à 0.13	

Les sciages qui précèdent sont dits à deux dimensions fixes (l'épaisseur et la largeur). Ils se vendent au cent de toises de longueur; en observant que d'après l'usage les cent toises équivalent, non pas à 195 mètres d'après la valeur de la toise ancienne, mais à une longueur variant suivant les localités entre 200 et 220 mètres.

Pour la vente des lots assortis on prend souvent comme base de prix le cent de toises d'entrevoux ou d'échantillons, en convenant que 2 échantillons valent 3 entrevoux; dès lors la doublette vaut 2 échantillons ou 3 entrevoux.

le grand battant — 4 échantillons ou 6 entrevoux
le petit battant — 2 — ou 3 —
la membrure — 1 — «
la membrette — « — 1 —
le chevron — « — 1 —

Il faut remarquer que ces rapports ne sont pas exactement proportionnels aux volumes respectifs ; ainsi le volume du grand battant pour 2 mètres de longueur serait $0^{mc},072$, celui de 6 entrevoux serait de $0^{mc},091$ et celui de 4 échantillons de $0^{m},080$; mais le grand battant exige une qualité de bois supérieure, d'un autre côté la membrure donne $0^{mc},026$ et l'échantillon n'a que $0^{mc},020$; aussi la membrure est-elle toujours cotée plus cher que l'échantillon, et dans un lot où le prix est réglé d'après celui de l'échantillon, exige-t-on au moins 10 à 15 % de membrures et de doublettes.

Les sciages de chêne à deux dimensions fixes doivent être à vive arète et ne présenter aucune partie d'aubier.

Les quantités fournies, après débit, varient suivant les qualités et surtout suivant les dimensions des arbres ; le débit est généralement plus avantageux dans les gros arbres.

Cent mètres courants d'échantillons valent un mètre cube, si l'on admet qu'un mètre cube de chêne sans aubier correspond à deux mètres cubes en grume (voir page 28), on conclut qu'il faudrait théoriquement quatre mètres cubes en grume environ pour débiter cent toises linéaires d'échantillons. Pratiquement, cette conclusion n'est exacte qu'à la condition de comprendre dans le rendement un tiers ou un quart de *rebuts*, c'est-à-dire de pièces n'ayant pas les dimensions normales, présentant des nœuds, des fentes et quelques autres défectuosités.

Ce rendement est celui qu'on obtient en forêt par scieurs de long. Par le procédé des scies mécaniques on peut utiliser une partie du bois en débitant des planches de qualité inférieure ou des lattes et élever ainsi le rendement à 70 ou 75 % du volume en grume.

La largeur des sciages étant en moyenne de $0^m,25$, on ne peut débiter les pièces composant un lot assorti que dans des billes en grume d'au moins $0^m,35$ de diamètre; mais à partir de $0^m,60$ de diamètre on abandonne généralement ce genre de débit et l'on scie sur quartier en divisant la bille en quatre parties par deux traits de scie passant par le centre et perpendiculaires l'un sur l'autre, on débite ensuite chaque quartier en planches de largeurs inégales.

On peut, dans ce procédé de sciage, ne rechercher, comme dans le débit à deux dimensions fixes (fig. 32), que le plus grand rendement en volume (fig. 33 *a* et *b*); ou bien ne se préoccuper que de la qualité des marchandises à fabriquer, abstraction faite de la forme et du rendement, en sciant *sur mailles*, c'est-à-dire en dirigeant les traits de scie dans le sens des rayons médullaires (fig. 33 *c*). Les bois débités sur mailles sont en effet très appréciés, parce qu'ils se conservent beaucoup mieux, prennent moins de retrait et sont susceptibles d'un plus beau poli, que les bois débités perpendiculairement aux rayons médullaires. Mais ce procédé est peu suivi en pratique à cause de l'inégalité d'épaisseur des pièces et du déchet considérable qui en résulte. On préfère la méthode dite *hollandaise* (fig. 33 *d*), qui donne des sciages d'épaisseur uniforme tout en se rapprochant beaucoup du débit sur mailles proprement dit.

Il existe enfin un autre procédé de sciage adopté un peu partout en France, qui consiste simplement à débiter les billes par traits de scie perpendiculaires à un même diamètre et par conséquent tous parallèles entre eux; les planches obtenues ainsi peuvent être

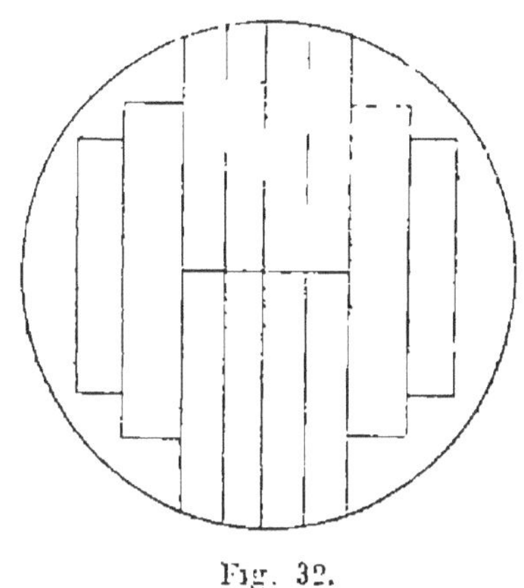

Fig. 32.

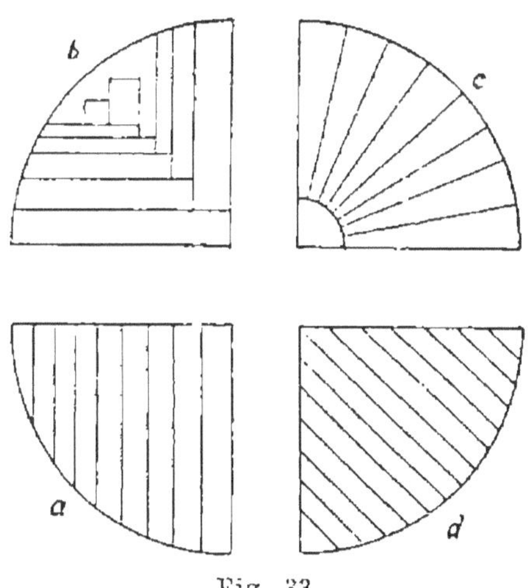

Fig. 33.

d'égale épaisseur, mais elles sont de largeur inégale; et l'on est obligé d'équarrir les bords après le sciage. Par ce procédé le déchet se réduit aux parties d'aubier dont on purge chaque pièce et à l'épaisseur du trait de scie.

Les sciages sur quartier, dits *du nord* sont :

Les *feuillets* de 0^m,01 à 0^m,02 d'épaisseur et au moins 0^m,18 de largeur ;

Les *planches* de 0^m,025 sur 0,25 ;

Les *madriers* de 0^m,040 à 0^m,050 sur 0,15 à 0,30 ;

Les *chevrons* de 0^m,07 sur chaque face à 0,^m12.

Les sciages de toute la largeur des billes sont souvent désignés de la manière suivante :

Les *lambris* de 0^m,014 à 0^m,020 d'épaisseur et au moins 0^m,250 largeur.

Les *planches* de 0^m,027 à 0^m,035 sur 0^m,30.

Les *plateaux* de 0^m,040 d'épaisseur et au-dessus.

Tous les sciages à une seule dimension fixe se vendent au mètre superficiel et quelquefois au mètre cube. Les chevrons ou bois carrés et les frises ou bois à parquets se vendent au mètre courant.

Les sciages de hêtre sont très variés. Les bois de cette essence sont presque tous débités en sciages, quand les forêts ne sont pas trop éloignées de centres de consommation offrant des débouchés suffisamment larges et rémunérateurs, pour la menuiserie, la layetterie, l'ébénisterie et la carrosserie.

Dans la forêt de Villers-Cotteret, on fait un grand commerce de ce genre de produits, dont les principaux types sont les suivants, auxquels on peut rapporter tous les autres et qui ont été fixés dans une convention approuvée par une décision ministérielle de mai 1835.

Sciages de hêtre.

DÉSIGNATION des pièces.	Épaisseur.	Largeur.	Section transversale.	OBSERVATIONS.
	m.	m.	mq.	
Entrevoux ou feuillet....	0.033 à 0.031	0.216 à 0.243	0.0073	Les longueurs sont variables et généralement de 2 à 3 m.
Quartelot. ...	0.056	0.236	0.0123 à 0.0139	Les deux autres dimensions ne doivent varier que dans des limites telles que la section transversale ne soit pas inférieure aux surfaces ci-contre.
Doublette ou trappe.....	0.075 à 0.081	0.330	0.0254 à 0.0277	
Membrure ...	0.080	0.200	0.0154 à 0.0175	
	0.100	0.180		
	0.110	0.165		

Dans la composition des lots la membrure et le quartelot comptent chacun pour 1, la doublette pour 2, l'entrevoux pour 2/3.

Ces planches se vendent, comme celles de chêne, à l'unité linéaire, au cent de toises ou 204 mètres; souvent aussi et particulièrement les feuillets et entrevoux au mètre superficiel.

En dehors de ces quatre principaux types de sciages, on en débite d'épaisseur beaucoup plus faible, depuis $0^m,005$ sous le nom de *panneau, feuillet d'emballage, petits sciages* se vendant exclusivement au mètre carré; et aussi d'épaisseur plus forte jusqu'à $0^m,20$ désignés sous le nom de *plateaux*, se vendant au mètre cube, employés pour établis, tables de cuisine, étaux de bouchers, etc. Enfin on débite sous forme de petits parallélépipèdes de $0^m,07$ à $0^m,10$ d'épaisseur et de largeur et de $0^m,14$ à $0^m,17$ de longueur des pavés que l'on emploie, après les avoir créozotés, aux pavages intérieurs.

Tous ces sciages se font généralement sur *quartiers*. Le déchet est très variable ; il est plus considérable pour les échantillons de faible épaisseur, les traits de scie étant plus nombreux ; en combinant les divers échantillons qu'on peut débiter le plus avantageusement dans une même bille, on arrive à diminuer le déchet qui peut varier de 10 à 30 %.

La plus grande partie des bois de sapin et d'épicéa sont convertis en sciages dans des scieries mécaniques avoisinant les forêts.

Dans les Vosges, on donne généralement aux planches une même épaisseur de $0^m,027$ ou un pouce (ancienne mesure). Les deux autres dimensions sont également fixes et ne varient que suivant les différents échantillons de marchandises dont voici les principaux.

La *planche ordinaire* de 9 pouces de largeur ou $0^m,244$, et de 12 pieds de longueur ou $3^m,90$; on la désigne par l'expression 9/12 qui rappelle ses dimensions dans l'ancien système de mesures. Toutefois on adopte généralement maintenant pour ses dimensions $0^m,25$ et 4 mètres.

La *planche réduite* ou 8/12, de 8 pouces de largeur sur 12 pieds de longueur comme la précédente, ou $0^m,22$ sur 4 mètres. Cet échantillon ne diffère du précédent comme volume que d'un douzième.

La *planche large* ou 12/12, de 12 pouces de largeur sur 12 pieds de longueur, ou $0^m,33$ sur 4 mètres. On fait aussi des *planches larges* ayant 0^m,34 de largeur et 0^m,040 d'épaisseur (15 et 18 lignes).

Ces divers échantillons doivent pour la vente être triés en : 1° *planches de choix* de dimensions régulières et sans défauts ; 2° *rebuts ordinaires* comprenant les planches défectueuses présentant quelques irrégularités, des fentes, des nœuds noirs se détachant ordinairement très facilement : 3° *rebuts à plâtre* présentant des vices plus graves, des taches de pourriture par exemple.

On appelle *chons* les premières planches sciées sur la tronce et dont les côtés présentent de larges flaches ; la largeur des chons étant inégale sur chaque face, leur largeur moyenne doit être de 0^m,18.

L'unité de vente est généralement le *cent* de planches ordinaires de 9 √ 12. L'on admet que le cent de *planches réduites* vaut en moyenne 20 fr. de moins que celui de *planches ordinaires* ; et que le cent de *planches larges* vaut moitié en sus du cent de *planches réduites*. D'après ces conventions, on établit tous les marchés sur le pied du prix des *planches ordinaires* 1er choix.

Les dimensions de cet échantillon type facilitent beaucoup les calculs, ayant pour objet la détermination du nombre de planches que peuvent fournir des billes de grosseur donnée et même des arbres abattus ou sur pied ; et M. Puton, directeur de l'École forestière de Nancy, en a tiré très habilement parti pour établir des procédés et formules d'une utilité très pratique, que nous devons à ce titre faire connaître ici.

La planche ordinaire des Vosges de 4 mètres de longueur, $0^m,25$ de largeur et $0^m,03$ d'épaisseur, trait de scie compris, a un volume de

$$v = 4 \text{ m.} \times 0,25 \times 0,03 = 0^{mc},030.$$

Une bille de sapin de 4 mètres de longueur, ayant au gros bout un diamètre égal à D et au milieu un diamètre égal à d, peut être considérée comme équivalant à un cylindre de même hauteur et ayant d pour diamètre de base ; on aura dès lors

$$V = \frac{\pi}{4}\, d^2 \times 4 = \pi\, d^2.$$

Le nombre π figure ordinairement dans les calculs avec deux décimales au moins ; si l'on supprime ces deux décimales, il reste le nombre 3 ; pour compenser cette diminution, on peut substituer D à d on a ainsi

$$V = 3\, D^2.$$

Recherchons, d'après la méthode que nous avons employée au chap. I, page 48, l'erreur qui peut en résulter.

Désignons par π' la quantité décimale $\pi - 3$, et par d' la différence $D - d$, on aura

$$E = 2\,\pi\, d\, d' - \pi'\, d^2$$

$$= 2 \times 3,14\, d\, d' - 0,14\, d^2$$

pour qu'il y ait compensation, il faut que l'erreur soit nulle, ce qui implique l'égalité

$$2 \times 3,14\, d\, d' = 0,14\, d^2$$

d'où $\qquad d' = \dfrac{0,14\, d^2}{2 \times 3,14\, d} = \dfrac{0,14}{6,28}\, d = 0,022 \,.\, d$

Si l'on fait $d = 0^m,60$ on a $d' = 0^m,022 \times 0^m,60 = 0^m,013$.

Il suffit donc qu'il y ait entre D et d une différence de $0^m,013$, pour que la compensation ait lieu ; généralement cette différence d' ne dépassera pas deux centimètres, et l'erreur qui en résultera sera inférieure à 3%.

On peut donc accepter la formule $V = 3\,D^2$ comme expression suffisamment exacte de la bille de 4 mètres de longueur. Or il est clair que ce volume doit contenir autant de planches types qu'il y a d'unités dans le quotient $\dfrac{V}{v}$; on aura ainsi

$$x = \frac{V}{v} = \frac{3\,D^2}{0,03} = \frac{D^2}{0,01} = 100\,D^2$$

Il résulte de ce qui précède :

1° Qu'une bille de sapin de 4 mètres de longueur a un volume très sensiblement égal au carré de son plus gros diamètre multiplié par 3 ;

2° Que le nombre de planches types des Vosges que peut fournir une bille de 4 mètres de longueur est égal à cent fois le carré de son plus gros diamètre.

A l'aide de ces deux formules, on peut, sans difficulté déterminer le volume d'un arbre abattu et le nombre de planches qu'il peut fournir.

Si l'arbre est abattu, on le décompose en billes de 4 mètres de longueur et l'on mesure le diamètre de chacune d'elles au gros bout ; on additionne les carrés de chacun de ces diamètres et l'on multiplie la somme par

3, pour avoir le volume, ou par 100 pour avoir le nombre de planches.

Soit un sapin pouvant donner 5 billes de 4 mètres susceptibles de fournir des sciages

la 1re mesurant au gros bout $0^m,55$ dont le carré est 0,3025
la 2e   —   —   0, 48   —   0,2304
la 3e   —   —   0, 46   —   0,2116
la 4e   —   —   0, 38   —   0,1444
la 5e   —   —   0, 33   —   0,1089
                                              Total   0.9978

On aura :

Volume de l'arbre $0,998 \times 3 = 2^{mc},994.$

Nombre de planches $= 99.$

Quand l'arbre est sur pied, il est assez facile de déterminer à vue d'œil le nombre de billes de 4 mètres qu'il pourra donner ; mais on ne peut pas mesurer le diamètre de chacune de ces billes ; il faut donc opérer différemment.

Nous savons qu'on peut considérer le volume d'une tige comme équivalant à celui d'un cylindre de même hauteur et ayant pour base la base de la tige, réduite dans une certaine proportion. Cette proportion varie dans des limites assez étroites, quand les arbres, comme les sapins, fournissent des accroissements réguliers.

Supposons donc connue cette proportion, et soit d le diamètre qui en résulte. On peut dès lors considérer la tige comme un cylindre ayant d pour diamètre ; ou comme composée d'un certain nombre de billes de 4^m, ayant toutes pour diamètre au milieu d, et en appelant n le nombre de billes on aura :

$$V = 3\ (d + d')^2\ n$$

d' étant la différence très petite dont il faut augmenter d pour tenir compte de la suppression des décimales de π.

Exprimons maintenant d en fonction de D, sachant que la proportion, dans laquelle D doit être réduit pour être égal à d, varie, pour les sapins, de 0,65 à 0,75 et est en moyenne de 0,70 ; on aura :

$$d = 0{,}7\ \mathrm{D}$$
$$\text{d'où } V = 3\ (0{,}7\ \mathrm{D} + d')^2\ n$$
$$V = 3\ (0{,}49\ \mathrm{D}^2 + d'^2 + 1{,}40\ \mathrm{D}\ d')\ n\ldots\ (1)$$

Par exemple pour D $= 0{,}60$, on a $d = 0{,}60 \times 0{,}70 = 0{,}42$
$$d' = 0{,}42 \times 0{,}022 = 0{,}0092$$

d'où $d'^2 + 1{,}40\ \mathrm{D}\ d' = 0{,}000085 + 0{,}007728 = 0{,}0078$.

Si donc on supprime dans la formule (1) cette quantité et qu'on augmente le nombre 0,49 d'un centième, et par conséquent le produit 0,49 D^2 d'un centième de D^2 en écrivant l'expression du volume sous la forme simplifiée

$$V = 3 \times 0{,}50\ \mathrm{D}^2\ n = 1{,}50\ \mathrm{D}^2\ n\ldots$$

on commettra une erreur moindre de n fois 1,5 %.

Pour obtenir le nombre de planches il suffit de diviser le volume précédent par 0,03 et l'on a

$$x = \frac{1{,}50}{0{,}03}\ \mathrm{D}^2\ n = 50\ \mathrm{D}^2\ n.$$

Pour un arbre, de $0^m,45$ de diamètre, à $1^m,33$ du sol, on aurait donc en faisant $n = 4$

$$V = 1,50 \times 0,2025 \times 4 = 1^{mc},215$$

$$x = 50 \times 0,2025 \times 4 = 40 \text{ planches.}$$

On peut appliquer ces divers procédés aux sciages de bois blancs dont le peuplier fournit une grande quantité. Les sciages de cette espèce qui alimentent le marché de Paris sont :

Le feuillet	épaisseur : $0^m,013$	largeur	$0^m,19$ à 0,25
La volige de Champagne	—	0 ,018	—	0 ,16 à 0,25
— de Bourgogne	—	0 ,023	—	0 ,22 à 0,25
La planche ordinaire	—	0 ,030	—	0 ,22 à 0,25
Le quartelot	—	0 ,060	—	0 ,22 à 0,25

Ces divers échantillons doivent avoir de 2 à 3 mètres de longueur, les marchés s'établissent sur le pied des 104 mètres linéaires.

VI. — BOIS DE FENTE.

Tous les bois qui présentent des dimensions suffisantes sont propres à fournir des pièces de sciage ; il n'en est pas de même pour les fabrications de fente ; les arbres offrant une *fente* facile peuvent seuls être, avec avantage, débités de cette manière. Les bois qui remplissent le mieux ces conditions sont le chêne et le sapin ; puis le hêtre, quand il est vert ; et parmi les arbres de ces essences, ce sont ceux qui ont crû en massif serré, ont la tige droite, cylindrique et sans branches à une grande hauteur, qu'on doit préférer.

On obtient par la fente diverses espèces de marchandises : des merrains, des lattes, des échalas, des cercles à tamis, etc. Mais ce sont surtout les merrains qui ont une grande importance dans l'industrie des bois; ils sont destinés à la fabrication des tonneaux. Le commerce du merrain a sa plus grande extension dans les forêts du centre de la France, où presque tous les chênes sont livrés aux fendeurs; sa prospérité est liée intimement à celle de l'industrie vinicole.

On fait également, dans les forêts du Nord et de l'Est, des merrains pour la fabrication des tonneaux à bière, et dans l'Ouest pour celle des tonneaux à cidre.

On consomme dans le Midi beaucoup de merrains, mais la plupart de provenance étrangère, merrains de Bosnie et merrains de Dantzig, qui sont de prix moins élevé que ceux de France, mais n'en ont pas toutes les qualités et ne peuvent pas toujours les remplacer, notamment pour les fûts à eau-de-vie dont le bois doit être d'une très grande densité, et renfermer certains principes de nature à bonifier les eaux-de-vie.

Les *douves*, désignées encore sous les noms de *douelles*, *longailles* ou *dos*, sont les pièces de merrains servant à construire la partie convexe des tonneaux; les *fonds, fonçailles, enfonçures* ou *traversins*, sont celles qui servent à faire les fonds des tonneaux. On appelle *chanteaux*, dans certains pays, des pièces de fond moins longues que les autres et utilisées de la même manière, mais sur les bords du fond.

Dans la fabrication du merrain, il serait impossible, sans subir un déchet considérable, de donner à toutes les pièces d'une même nature une largeur uniforme; on appelle *rebuts* les pièces moins larges que la pièce type; les expressions *ganivelle, tricage*, ont le même sens dans certaines régions.

La pièce type prise pour unité a généralement une largeur de $0^{m},15$, les rebuts comptent alors pour $\frac{1}{2}$, $\frac{1}{3}$, etc., selon leur largeur.

Généralement les merrains se vendent par lots composés de douelles, de fonds et de rebuts en proportion nécessaire pour la fabrication.

Les dimensions des merrains varient suivant les usages locaux; de même que la composition des lots, ou *milliers* de merrains. Le millier est ordinairement composé de deux tiers de douelles et un tiers de fonds en pièces réduites à l'unité type; mais le nombre de ces pièces varie suivant les centres de fabrication; il ne faut par conséquent attacher à cette expression de *millier* une valeur précise, quant au nombre de pièces, qui varie de 1800 à 2800, qu'à la condition de spécifier son lieu d'origine. On distingue notamment les milliers de Bourgogne, de Blois, du Cher, de l'Allier, etc.

On vend encore le merrain, dans certaines régions, en Lorraine et en Champagne notamment, au *last* composé d'un certain nombre de *poignées* comprenant chacune quatre pièces réduites.

Nous donnons dans le tableau suivant les divers renseignements utiles à connaître sur quelques-unes de ces diverses unités de marchandises.

DÉSIGNATION des lieux.	UNITÉ de vente.	DÉSIGNATION des pièces.	Longueur.	Largeur.	Épaisseur.	NOMBRE des pièces.	NOMBRE des pièces réduites.	Volume réel du millier.	Volume nécessaire à la fabrication.	Déchet à tant %.	OBSERVATIONS.
Amboise...	Le millier de 1,800 pièces réduites.	Douelles............	0.83	0.110	0.015	500	500	4mc. »	6 à 10me en grume suivant qualité.	45 à 55 %.	Les déchets sont utilisés pour bois de senn, lattes, bois de chauffage et copeaux.
		Rebuts........	0.83	0.055		1.200	600				
		Rebuts poullevés....	0.83	0.077		400	100				
	Fonds marchands.	Fonds marchands....	0.67	0.140		300	300				
	Fonds rebuts.	Fonds rebuts........	0.67	0 070		600	800				
Blois......	Le millier de 2,100 pièces réduites.	Douelles passe-rebuts.	0.83	0.110	0.014 à 0.018	450	800	1mc.700	7 à 10me en grume.	50 %.	
		Grands rebuts.......	0.83	0.055		2.200	1.100				
		Petits rebuts........	0.83	0.027		300	100				
		Fonds marchands....	0.67	0.140	0.016 à 0.020	200	200				
		Ganivelles	0.67	0.055		900	800				
		Chanteaux..........	0.50	0.090		300	100				
Nantes....	Le millier de 1,800 pièces.	Douelles longères....	0.85	0.120	0.018	1.224	1.200	3mc. »	6 à 8me en grume.	50 à 60 %.	
		Fonds marchands....	0.67	0.140		765	765				
Allier	Le millier de 2,300 pièces réduites.	Grandes douelles....	0.83	0.110	0.015	900	900	5mc.500	11 à 14me en grume.	55 %.	
		Grands fonds.......	0.67	0.140		600	600				
		Grandes ganivelles...	0.83	0.055		1.500	500				
		Petites ganivelles....	0.66	0.070		600	200				
		Petits fonds	0.50	0.090		300	100				
Cher......	Le millier de 1,800 pièces réduites.	Douelles marchandes.	0.83	0.110	0.020	600	600	2mc.800	5 à 8me en grume.	50 à 60 %.	
		Rebuts........	0.83	0.055		1.200	600				
		Fonds marchands ...	0.67	0.140		300	300				
		Ganivelles..........	0.67	0.070		600	200				
		Chanteaux,.........	0.50	0.090		450	100				
La Charité.	Le millier de 2,200 pièces.	Douelles marchandes.	0.83	0.110	0.020	1.200	1.200	4mc. »	7 à 9me en grume.	50 %.	
		Fonds..............	0.67	0.140		400	400				
		Ganivelles..........	0.60	0.055		800	400				
		Petits fonds........	0.53	0.090		200	70				
		Rebuts.............	0.57	0.070		400	130				

On fabrique, pour les Charentes, des merrains spéciaux pour fûts à eau-de-vie, mais on n'y emploie que des bois de chêne de choix. On distingue dans ce genre trois sortes de fabrications.

1° *Le tierçon* : douelle de 1^m,30 de longueur, 0^m,08 à 0^m,13 de largeur, 0^m,035 d'épaisseur.

2° *Grand barricage* : douelle 1^m,30 à 1^m,35 de longueur, 0^m,08 à 0^m,13 de largeur et 0^m,026 d'épaisseur;

3° *Petit barricage* : douelle de 0^m,85 de longueur 0^m,08 à 0^m,15 de largeur et 0^m,03 d'épaisseur.

Les fonds ont des longueurs proportionnées à celles des douelles comprises entre 0^m,70 et 0^m,50.

Ces merrains se vendent au *quart*, comprenant 300 douelles et 200 fonds, pièces réduites.

Il faut en moyenne, pour la façon du tierçon, 4 mètres cubes en grume; pour celle du grand barricage 3 mètres cubes et pour celle du petit barricage 2 mètres cubes. Le déchet est de 60 à 70 %.

La plupart des merrains d'importation nous viennent de Bosnie et de Dantzig; les premiers ont une épaisseur double, les seconds triple de celle à donner dans la fabrication des tonneaux; on ne peut donc les employer que refendus à la scie. Les douelles ou *longuailles* se vendent au *grand* ou au *petit millier* composés le premier de 1616 pièces, le second de 1010 pièces. Les fonds ou *fonçailles* se vendent au *cent* de 101 pièces.

Les lattes et les échalas permettent d'employer à la fente des bois de qualité inférieure.

Les dimensions des lattes n'ont rien de fixe ; elles varient de 1ᵐ,10 de longueur à 2 mètres, de 0ᵐ,02 à 0ᵐ,04 de largeur et de 0ᵐ,004 à 0ᵐ,010 d'épaisseur. Le déchet est très variable suivant la qualité du bois employé et ses dimensions ; ainsi, pour les lattes de 1ᵐ,33 de longueur et de 0ᵐ,04 sur 0ᵐ,008, un mètre cube en grume peut en fournir de 1500 à 4000. L'unité de vente est, suivant les localités, la botte de 50, les 104 bottes, le cent, le millier.

La longueur ordinaire des échalas est de 4 pieds ou 1ᵐ,33 ; ils peuvent être de cœur c'est-à-dire sans aubier, ou avec aubier. On leur donne de 0ᵐ,03 à 0ᵐ,04 de côté. Le mode de vente le plus usité est le *millier*, ou la *botte* de 50. Le rendement est d'environ 800 à 1200 échalas par mètre cube en grume.

VII. — BOIS DE FEU.

Il y a plusieurs catégories de bois de feu ; on les distingue d'abord par les qualités des essences : on a ainsi les *bois durs*, les *bois blancs* et les *bois résineux*; ensuite on les divise d'après la grosseur ; les *bois de taillis* doivent avoir de 16 à 46 centimètres de circonférence ; les *bois de quartier* au moins 49 centimètres de circonférence. Diverses particularités d'exploitation, enfin, ont pour conséquence de déprécier le bois de feu et d'amener à les subdiviser en *bois neufs*, *bois de flot* et *bois pelards*. Les *bois neufs* sont ceux qui sont transportés au lieu de consommation par voiture, bateau ou chemins de fer, et qui sont pourvus de leur écorce. Les *bois de flot* sont ceux qui ont été transportés en trains de flottage et qui dans le trajet ont perdu leur écorce et leur sève; les *bois pelard* ceux qui ont été écorcés en forêt pendant l'exploitation, pour en utiliser l'écorce; cette opération ne leur fait perdre aucune qualité réelle, cependant on les confond avec les *bois de flot* et ils participent de la dépréciation qu'on fait subir à ceux-ci.

Le bois que nous avons désigné sous le nom de *charbonnette,* composé généralement de brins trop minces pour entrer dans le bois de feu, est converti en *charbon* dans la coupe.

Le seul mode de carbonisation employé en forêt est celui par *meule*, car les procédés en vase clos, que plusieurs ingénieurs ont expérimentés en forêt, n'ont pas été adoptés dans la pratique, bien qu'ils présentent de sérieux avantages aux points de vue de la régularité de la carbonisation et du rendement.

On obtient par le procédé des meules soit du charbon de forge qui est roux, soit du charbon de cuisine qui est noir et dont la carbonisation est plus complète.

Le rendement, d'après des relevés faits par les soins de l'Administration des forêts, est en moyenne :

par stère empilé de chêne de 82 kilog. de charbon,
    —   hêtre — 76   —
  — essences mélangées — 73   —

par stère empilé de bois blancs de 55 kil. de charbon,
—   pin et mélèze — 58   —
—   sapin et épicéa — 53   —

Ces chiffres correspondent à environ 18 % du poids du bois employé. Ce taux est une moyenne que les ouvriers habiles peuvent dépasser et pousser jusqu'à 22 %. En vase clos, d'après le système de M. Dromart, on pourrait atteindre jusqu'à 27 ou 28 % ; il semble que ce résultat est exceptionnel ; car le rendement théorique ne dépasse guère 25 %.

VIII. — ÉCORCES DE CHÊNE.

Les écorces les plus recherchées pour les tanneries sont celles de chêne, et parmi celles-ci celles produites par les jeunes sujets de 12 à 20 ans ont le plus de qualité et le plus de valeur. Les conditions de végétation ont aussi à ce dernier point de vue une grande influence ; ainsi l'on constate que dans les terrains secs, sur les versants exposés au soleil, les écorces sont plus riches en tanin que dans les terrains humides.

L'écorce est enlevée de la tige dans les coupes mêmes, au moment où la sève en montant rend cet enlèvement le plus facile ; ce travail ne peut guère s'entreprendre qu'à la fin d'avril et se poursuivre que jusqu'au milieu de juin ; un simple refroidissement de la température peut suffire pour l'interrompre. On doit ensuite prendre soin de faire sécher complètement les écorces au soleil et de ne les réunir en bottes de 18 à 20 kilogrammes qu'à l'état aussi sec que possible ; toute humidité étant une cause d'altération et de dépréciation.

D'après M. Bouvart, pour obtenir 1000 kilogrammes d'écorce sèche, il faut écorcer :

21 stères de taillis de 15 ans, soit 47^k,60 par stère
19   —   20   —   52 ,60   —
18   —   25   —   55 ,55   —
17   —   30   —   58 ,80   —

Ces chiffres sont des moyennes et ne s'appliquent que dans les régions du Nord ; dans le Midi le rendement serait plus élevé, notamment pour les taillis de tauzin où l'on peut extraire jusqu'à 120 à 125 kilogrammes d'écorce par stère du poids de 500 kilogrammes.

On vend généralement les écorces au poids, soit par 1000 kilogrammes, soit par 100 bottes de 20 kilogrammes.

On estime qu'en moyenne l'écorcement réduit le bois de 8 %.

§ III. — *Des frais de transport, d'exploitation et de façonnage.*

Les prix des marchandises s'établissent, comme on le sait, d'après les cours des places commerciales. Ces prix comprennent nécessairement, indépendamment des bénéfices légitimes de l'exploitant, toutes les dépenses que celui-ci a avancées. Pour calculer le prix des bois sur pied en forêt, il faudra donc défalquer des prix des mercuriales tous ces frais. Ceux de transport sont généralement les plus importants; en outre, ils affectent de manières différentes les divers produits d'une même forêt, parce que ceux-ci peuvent être transportés en des lieux plus ou moins éloignés et suivant un mode de transport plus ou moins dispendieux. On doit donc, avant toute chose, déduire des prix courants des mercuriales les frais de transports.

Les bois peuvent être transportés sur essieux par voie de terre, par voie de chemin de fer ou par eau.

L'opération la plus pénible est d'abord le transport des bois hors de la coupe et de la forêt; c'est ce qu'on appelle le *débardage* ou *débuchage;* on y arrive au moyen de bœufs, de chevaux, de treuils et autres engins assez primitifs, mais que les voituriers emploient généralement avec beaucoup d'habileté ; puis on effectue les transports par les chemins d'exploitation jusqu'aux voies principales : rivières, canaux, routes ou chemins de fer.

Voici une indication générale des prix de transport par kilomètre et pour 1,000 kilogrammes, en admettant que les voituriers ne subiront pas de perte de temps dans leurs voyages.

Route forestière en mauvais état, chargement
   et déchargement compris.................... 0ʳ,50
Route forestière en bon état, non empierrée. 0 ,40
Route ordinaire........................... 0 ,25

Sur rivière, total des frais................... 0f,02

Sur canaux,   —   .... 0 ,025

Chemins de fer, suivant tarifs spéciaux, en
moyenne de..................... 0 ,05

En ce qui concerne les frais d'exploitation proprement dits, c'est-à-dire l'abattage des bois et leur première découpe, il n'est pas possible de donner des indications précises ; on doit se renseigner sur place, les prix variant souvent d'un village au voisin, d'une année à l'autre.

Les frais nécessaires pour donner aux produits la forme sous laquelle ils doivent être vendus se rapportent à ce qu'on appelle le *façonnage* des produits. Ainsi la découpe des brins de taillis et des branches en longueurs de bois de feu et l'empilage des bûches, constituent la façon du bois de chauffage et du bois à charbon. Ce travail est payé au stère, à raison de 0,75 à 1 franc.

On appelle plus particulièrement *débit* la transformation, dans les conditions les plus avantageuses, des arbres en charpentes et en bois d'industrie. Ce travail s'opère généralement en forêt, ou dans les scieries mécaniques voisines des forêts.

On n'emploie d'ailleurs à ces ouvrages que des ouvriers spéciaux qu'on peut ranger dans deux catégories principales : les scieurs et les fendeurs.

Les ouvrages de sciage comprennent la découpe des pièces, le tracé et le sciage proprement dit ; comme chacune de ces opérations varie suivant la destination spéciale de chaque pièce, l'importance du travail qui en résulte varie de même, soit qu'on compte au mètre cube (pour les charpentes), au mètre superficiel (pour les planches), à la pièce (pour les traverses de chemin de fer).

Voici quelques prix comme exemple :

Le mètre cube de bois dur converti en charpente et madrier se paye de 10 à 25 fr.; pour le sapin le prix est de 6 à 10 fr.

Le mètre carré est payé de $0^f,50$ à 1 fr. pour le bois dur, et de $0^f,40$ à $0^f,75$ pour le sapin et le bois blanc.

La façon d'une traverse se paye environ $0^f,60$.

La façon des merrains pour tonneaux se paye d'ordinaire au millier. Les prix varient proportionnellement à la matière à employer pour le millier marchand et par conséquent avec les dimensions et la qualité du merrain à livrer.

Dans le Centre ces prix ressortent entre 7 et 10 francs du mètre cube en grume employé.

Dans l'Allier on paye souvent au cent ; les prix sont alors fixés comme suit :

Soit environ de 50 à 60 francs pour le millier de 2300 pièces réduites.

§ IV. — *Estimation en argent.*

Quand on a déterminé la nature et la quantité de marchandises que les produits ligneux d'une coupe pourront donner, et qu'on a établi le prix de l'unité de chacune de ces marchandises à l'aide des mercuriales, déduction faite des prix de transport, il est facile, avec les divers renseignements que nous avons recueillis dans les pages qui précèdent, d'établir les prix du mètre cube en grume sur pied ; il ne s'agit plus que d'une application de prix et que d'une déduction de frais divers, comme nous allons rapidement le montrer :

1.° Le mètre cube équarri au quart valant, d'après une mercuriale, 70 fr., en supposant connus les frais de transports depuis la forêt (soit 10 fr.) ; le prix du mètre cube équarri en forêt sera de 60 fr., et le prix du mètre cube en grume, frais de façon (abattage et équarrissage) compris, de $60 \times 0,785$ ou 47^f,10.

2° On sait d'après une mercuriale que 200 mètres linéaires *d'échantillons* de chêne valent 230 francs ; les frais de transport de l'usine au lieu du marché étant de 20 fr. et les frais de sciage étant de 25 fr., il reste pour le prix du bois à l'usine 185 fr. Or, 200 m. linéaires d'échantillons représentent à peu près 4 m. cubes en grume, mais de la coupe à l'usine les frais de débardage et de transport sont d'environ 7 fr. ; d'un autre côté les 4 m. cubes en grume ont pu fournir comme déchet utilisable la valeur d'environ un stère à 4 fr., il reste donc pour valeur des 4 mètres cubes $185 - 7$ $\times 4 = 188$, soit par mètre cube sur le parterre de la coupe $\dfrac{188}{4} = 47^f$ dont il ne restera à déduire que les frais d'exploitation pour avoir la valeur du bois sur pied.

3° Le millier de merrain du Cher se vend au port 500 fr. y compris 80 fr. de transport depuis la forêt; on sait que le prix de façon de ce millier est de 45 fr., le prix du bois en forêt est donc de 375 fr. On sait qu'il faut en moyenne 2 mètres cubes de chêne en grume pour fabriquer un mètre cube de merrain; or le millier de merrain du Cher représente $2^{mc},80$, le bois en grume nécessaire à la fabrication de ce millier est donc de $5^{mc},60$, par conséquent le prix en forêt du mètre cube en grume est de $\dfrac{375}{5,6} = 66^f,95$ environ.

Ces exemples suffisent pour indiquer la marche à suivre dans la détermination du prix du mètre cube en grume, en forêt, d'après les prix fournis par les mercuriales, pour les diverses marchandises.

Il reste, après ces calculs, à établir l'estimation du matériel total de la coupe, en prenant pour base des prix ceux déterminés comme ci-dessus, et à en défalquer tous les frais de quelque nature qu'ils soient, de façon à n'avoir plus qu'un chiffre qui représente la *valeur nette* de la coupe; c'est-à-dire le prix qu'on pourra offrir pour s'en rendre acquéreur, ou qui pourra servir de mise à prix, si l'on est vendeur. Il ne s'agit plus que d'un devis détaillé dont on a tous les éléments et qu'on peut dresser comme il suit :

1º — Estimation du matériel brut sur le parterre de la coupe.

							fr.	c.		fr.	c.
Bois de charpente.	»	mètres cubes	à	»	»	l'un, ci.				»	»
	»	—	à	»	»	l'un, ci.				»	»
	»	—	à	»	»	l'un, ci.				»	»
Bois d'industrie..	»	—	à	»	»	l'un, ci.				»	»
	»	·	à	»	»	l'un, ci.				»	»
	»	—	à	»	»	l'un, ci.				»	»
Bois de chauffage.	»	stères	à	»	»	l'un, ci......				»	»
	»	—	à	»	»	l'un, ci......				»	»
Charbonnette.....	»	—	à	»	»	l'un, ci......				»	»
Fagots..........	»	—	à	»	»	le cent, ci....				»	»
Bottes d'écorces...	»	—	à	»	»	le cent, ci....				»	»

Total de l'estimation brute ....   » »

2º — A déduire.

1º Bénéfice de l'exploitant à raison de » % de
   l'estimation ci-dessus.....................   » »

2º Frais de surveillance de l'exploitation, frais de
   déplacement, etc.........................   » »

3º Frais d'exploitation proprement dite :
   Ébranchement des arbres à » fr. » l'un, ci....   » »
   Abattage des arbres de futaie à » fr. » l'un, ci.   » »
   Abattage et façon du bois de chauffage à
   » fr. » le stère, ci.........................   » »
   Abattage et façon du bois à charbon à » », ci.   » »
   Façon des fagots à » fr. » le cent, ci.......   » »
   — écorces à » fr. » les cent bottes, ci.   » »

4º Travaux divers à la charge de l'exploitant,
   amélioration et entretien de chemins, etc., ci.   » »

          » »

Reste...............   » »

5º 5 % de ce reste à déduire pour frais d'enregistrement et
   d'adjudication, ci.................................   » »

Reste net............   » »

CHAPITRE IV.

Estimation des forêts en fonds et superficie.

§ Ier. — *Exposé de la méthode.*

Une propriété boisée n'a généralement de valeur qu'en raison du revenu qu'elle procure. Comme toutes les propriétés productives de revenus, les sols boisés représentent une accumulation de valeurs engagées directement ou indirectement; les unes peuvent être considérées comme des capitaux immobilisés, qui constituent à proprement parler la *propriété immobilière;* on n'est point maître d'en changer la destination; les autres, au contraire, sont engagées temporairement et en vue d'une production déterminée.

Dans les forêts, les valeurs radicalement immobilisées constituent la valeur du *fonds.* Les autres représentées par les bois maintenus sur pied pour entretenir le revenu annuel d'une manière permanente, ne sont immobilisées que temporairement, c'est-à-dire aussi longtemps que le propriétaire le désire pour percevoir un revenu déterminé; c'est ce que nous convenons d'appeler la *superficie* ou matériel superficiel. La valeur de cette superficie est une chose de sa nature fort variable; elle dépend des variations des prix courants des marchandises, qui servent à la fixer, elle en subit par conséquent toutes les fluctuations ; mais surtout elle augmente ou elle diminue d'importance, suivant que les arbres qui la constituent sont plus ou moins vieux.

Quand une forêt est exploitée régulièrement, le fonds et la superficie concourent, chacun dans sa mesure propre, au même résultat, qui est la production du revenu. Il s'ensuit qu'une forêt aménagée, c'est-à-dire susceptible de rapporter annuellement la même somme d'argent ou à peu près la même, a une valeur équivalant à celle d'un capital qui rapporterait, au taux ordinaire des placements en terre, le même revenu en argent. Toutefois, avant de conclure la valeur réelle d'une forêt en fonds et superficie, de son revenu net antérieur et actuel, il faut être assuré que ce revenu est aussi avantageux que possible. Cette constatation réclame une étude spéciale, et elle ne peut être entreprise que par des forestiers expérimentés.

Si au lieu d'être annuel, le revenu net le plus avantageux était perçu à des intervalles égaux d'années, la valeur de la forêt serait égale à celle d'un capital dont on toucherait les intérêts d'égale importance à ce revenu, et dans les mêmes conditions de périodicité et de sûreté.

En résumé, l'évaluation d'une forêt pouvant et devant être exploitée régulièrement, n'offre aucune difficulté quand on est fixé sur son revenu net ; c'est toujours une question de calcul de capitalisation, plus ou moins compliquée, mais toujours facile à résoudre.

Au contraire, une forêt à laquelle on ne peut appliquer immédiatement les méthodes d'exploitation régulière, présente dans sa constitution un défaut d'homogénéité ou d'harmonie qui rend impossible l'emploi des procédés que nous venons d'indiquer sommairement. Il faut alors opérer par analyse, en quelque sorte; déterminer d'une part le rôle qu'est susceptible de remplir dans la production le fonds, l'*instrument-terre*; et d'autre part, évaluer le matériel sur pied, qui représente la partie du capital engagé susceptible de réalisation à des époques plus ou moins rapprochées.

On doit donc établir une distinction suivant qu'il s'agit de

1° Bois susceptibles d'exploitation régulière et de revenus annuels ou périodiques sensiblement égaux.

Ou de

2° Bois non susceptibles d'exploitation régulière en raison du défaut d'homogénéité ou de graduation des âges des peuplements existants, et dont on ne peut retirer immédiatement des revenus annuels ou périodiques égaux.

Bois susceptibles de revenus égaux, annuels ou périodiques.

Pour arriver à l'estimation en fonds et superficie de cette catégorie de forêts, il résulte des explications précédentes qu'il faut déterminer le revenu de la propriété, supposée traitée dans les meilleures conditions, au point de vue de l'intérêt d'un propriétaire qui considérerait son bois comme un capital productif d'intérêts; on doit donc, avant tout, fixer le taux à appliquer pour capitaliser le chiffre du revenu.

Bien que l'on considère un bois comme un capital productif d'intérêts, le taux de placement à lui appliquer ne doit pas être le même que s'il s'agissait d'un véritable capital placé à intérêts. La sécurité des placements des capitaux dans une propriété boisée, comme dans une propriété agricole, étant bien supérieure à celle des placements en prêts commerciaux ou même hypothécaires, leur taux d'intérêt doit être bien inférieur. C'est celui des placements en terres arables qu'on doit adopter. Ce taux varie, suivant les localités et les circonstances, entre 3 et 5 %. Il tend généralement à diminuer en raison de l'augmentation continue des quantités d'or et d'argent en circulation, comme toutes choses tendent continuellement à enchérir pour la même cause.

En ce qui concerne la détermination du revenu, on pourra procéder comme il suit : on se renseignera d'abord sur l'importance du revenu annuel ou périodique; sur le premier, en établissant le revenu moyen des dix dernières années, et en en défalquant, bien entendu, les frais annuels moyens d'impôts, de surveillance, d'entretien etc., relatifs à la propriété, afin de ne considérer qu'un *revenu net*. L'importance du revenu périodique pourra s'établir au moyen du dernier revenu perçu et en en dé- .

duisant les frais de toute sorte consacrés à l'entretien de la propriété pendant toute la durée de la période qui sépare chaque exploitation; mais comme ces frais se payent généralement chaque année, on devra, non pas simplement en faire la somme d'année à année, mais tenir compte de la plus-value que prennent ces frais en y ajoutant les intérêts composés pour le temps écoulé entre l'époque où on les a payés et celle où le revenu a été touché, c'est-à-dire l'époque de l'exploitation.

Une fois ce revenu, que nous appellerons revenu actuel, déterminé, on recherchera si en augmentant ou en diminuant la révolution, c'est-à-dire en définitive l'âge où le bois doit être exploité, on n'arriverait pas à un revenu plus avantageux. Cette augmentation ou cette diminution de la révolution du bois aurait nécessairement pour effet d'augmenter ou de diminuer la valeur de la superficie, la valeur des capitaux engagés dans la propriété, celle par conséquent de la propriété elle-même. La question consisterait donc à savoir quelle serait, en capitalisant ces revenus à toucher à des époques différentes, la combinaison qui produirait comme valeur de l'immeuble le chiffre le plus élevé.

Pour mieux fixer les idées, prenons un exemple et entrons dans quelques détails de calculs.

Soit un bois qui, exploité tous les 15 ans, rapporte 1200 fr. On sait que si on l'exploitait tous les 20 ans, il rapporterait 1800 fr.; que tous les 25 ans le revenu net s'élèverait à 2340 fr., et l'on veut déterminer quel est le revenu le plus avantageux eu égard à la valeur de la propriété.

Pour connaître la valeur de la propriété rapportant 1200 fr. tous les 15 ans, il faut chercher la somme qui, placée à intérêts composés pendant 15 ans, produirait en intérêts une somme égale à 1200 fr.; on aurait donc, en adoptant pour taux de l'intérêt, 0,04 :

$$1200 = x\left[(1,04)^{15} - 1\right];$$

d'où :

$$1200 \times \frac{1}{(1,04)^{15} - 1} = x = \text{valeur de la propriété};$$

en effectuant les calculs on trouve $x = 1282$ fr.

Avec le revenu à 20 ans, on aurait :

$$1800 \text{ fr.} \times \frac{1}{1,04^{20} - 1} = 1510 \text{ fr.};$$

enfin avec le revenu à 25 ans :

$$2340 \text{ fr.} \frac{1}{\times 1,04^{25} - 1} = 1404 \text{ fr.}$$

C'est donc à 20 ans que le bois dont il s'agit serait exploité dans les conditions les plus avantageuses. Maintenant, deux cas peuvent se présenter, d'abord celui où l'on serait au début d'une période, à l'époque où la coupe périodique viendrait d'être faite, ensuite le cas où la période serait commencée.

Dans le premier cas, le bois vaudrait actuellement 1510 fr.; la superficie étant nulle, ces 1510 fr. représentent *la valeur du fonds*.

Pour le second cas, supposons que la coupe ait été réalisée 8 ans, par exemple, avant l'année de l'estimation. La valeur de la propriété, alors, comprendrait celle d'une superficie représentée par le peuplement de 8 ans. Il faudrait donc augmenter les 1510 fr. que nous avons obtenus dans le premier cas, d'une certaine somme pour avoir la valeur de la propriété. Les bois de 8 ans en réalité n'ont qu'une infime valeur vénale ; mais leur existence constitue, pour la personne qui achèterait la propriété, un gage matériel et certain qu'elle pourra toucher dans 12 ans un revenu de 1800 fr., revenu qui se reproduira périodiquement tous les 20 ans. N'attendre que 12 ans au lieu de 20 ans pour toucher le revenu c'est profiter des intérêts composés qu'aurait produits le capital placé pendant les 8 premières années de la période. La valeur de la propriété s'accroîtra donc d'autant, et l'on aura :

$$x = 1800^\mathrm{f} \times \frac{1}{1{,}04^{20} - 1} \times 1{,}01^8 = 1510^\mathrm{f} \times 1{,}369 = 2067^\mathrm{f}.$$

On attribue, par le fait, au jeune peuplement de 8 ans, une *valeur d'avenir* de 2067 fr. — 1510 fr. = 557 fr.

Si le même bois que nous avons pris pour exemple avait été jusqu'à présent exploité à 25 ans, au lieu d'augmenter la révolution on serait amené à reconnaître qu'il y a lieu de la raccourcir de 5 ans. Cette hypothèse ne changerait en rien les conditions du problème, si ce n'est dans le cas où l'exploitation des bois n'aurait pas été faite et où le peuplement n'aurait pas encore atteint l'âge d'exploitabilité. La question alors devrait être traitée comme nous l'indiquerons au sujet des bois irréguliers.

Prenons maintenant pour exemple une forêt produisant un revenu *annuel* de 1800 fr.

Si cette somme de 1800 fr. représente le revenu annuel *le plus avantageux*, la valeur de la forêt sera évidemment équivalente à celle d'un capital qui produirait annuellement, placé au taux de 4 %, la somme de 1800 fr.; donc la valeur de la forêt, $x = \dfrac{1800}{0,04} = 45000$ fr. On peut d'ailleurs, dans ce cas, pour la recherche du revenu le plus avantageux, appliquer la méthode indiquée pour les revenus périodiques, ainsi que nous le démontrons plus loin.

Ces 45000 fr. comprennent la valeur *du fonds* et celle *de la superficie*, laquelle se compose de tous les peuplements âgés de 1 à 19 ans, maintenus constamment sur pied pour fournir chaque année une coupe donnant un revenu net d'impôts et de tous autres frais, égal à 1800 fr.

Si le revenu de 1800 fr. n'était pas reconnu le plus avantageux, il faudrait augmenter ou diminuer la révolution de la forêt, pour en retirer le plus grand profit; le matériel sur pied, la superficie actuelle de la forêt ne serait plus alors constituée dans les conditions d'un meilleur revenu, cette superficie, devrait être estimée séparément, comme nous l'indiquerons pour les bois irréguliers.

Jusqu'à présent nous avons admis que l'on connaissait l'importance relative des revenus nets qu'un bois serait susceptible de produire à des âges différents. Mais cette détermination ne peut généralement pas se faire *à priori*. Pour y arriver dans des conditions d'exactitude suffisante, il faut avoir une connaissance parfaite des lois de la végétation, étudier les forêts voisines, se trouvant dans les mêmes conditions au point de vue du sol, du climat, de l'exposition et des essences, mais exploitées à des révolutions plus longues et plus courtes ; il faut, en un mot, recourir à tous les moyens d'observation et de constatation que peut seule enseigner une longue expérience des choses forestières.

Telle est d'ailleurs la seule question un peu délicate à résoudre, quand on estime en fonds et superficie les bois de la nature de ceux qui font en ce moment l'objet de notre examen. Au surplus, dans la plupart des cas, on peut admettre que les bois des particuliers sont exploités dans les conditions d'une rente aussi élevée que possible. Donc, en adoptant pour base des estimations les revenus nets réalisés par les propriétaires administrant sagement, on ne commettra point assurément de fortes erreurs.

Bois renfermant des peuplements irréguliers et dont les revenus sont inégaux.

Il faut, pour qu'une forêt produise indéfiniment les mêmes revenus, que les parties de bois à exploiter annuellement ou périodiquement, aient même étendue et soient du même âge, ou à peu près, c'est-à-dire parvenue au terme de leur exploitabilité à la même époque. Dans le cas d'une seule exploitation sur toute l'étendue de la forêt à la fin de chaque révolution, cette forêt devra renfermer des peuplements qui seront tous exploitables à des époques périodiques; dans le cas d'exploitations annuelles, la forêt devra présenter constamment une égale proportion de bois exploitables, ce qui implique la condition de peuplements d'âges gradués depuis un an jusqu'à l'âge d'exploitabilité. Telles sont les conditions nécessaires à la réalisation d'un revenu constant et uniforme, annuel ou périodique; si elles ne sont pas remplies la forêt est irrégulière, elle n'est susceptible que d'un revenu plus ou moins variable, pendant un temps indéfini si l'on ne fait rien pour en modifier le régime; transitoirement, si l'on trouve plus avantageux de régulariser les peuplements en vue d'un revenu constant et uniforme, mais qu'on ne pourra pas toucher avant l'expiration du délai nécessaire à la régularisation des peuplements.

Nous avons donc deux cas à considérer, selon qu'on maintient la forêt dans les conditions d'un revenu variable, ou que l'on entreprend d'en régulariser les peuplements, en vue de toucher des revenus annuels inégaux, pendant la première révolution, mais uniformes dès le début de la seconde révolution.

Examinons d'abord le 1ᵉʳ cas, qui est le plus simple.

Quelque irréguliers que puissent être les peuplements d'une forêt, nous supposerons toujours qu'ils peuvent se diviser en peuplements partiels, composés de bois ayant même âge et ayant chacun une étendue déterminée; et lorsqu'on aura fixé l'âge d'exploitabilité à adopter en vue du revenu le plus profitable, on pourra être amené à établir deux catégories de peuplements, l'une comprenant ceux ayant atteint ou dépassé ce terme d'exploitabilité et l'autre ceux plus jeunes. Les premiers sont généralement réalisables immédiatement, à moins qu'ils ne soient en telle quantité qu'on éprouve de grandes difficultés à en écouler les produits ; les autres ne seront réalisables qu'à l'époque où ils parviendront à l'âge d'exploitabilité et ils ne peuvent être estimés que pour leur *valeur d'avenir*, laquelle sera d'autant plus grande que l'époque où l'on pourra les exploiter sera moins éloignée.

On évaluera les bois de la première catégorie au moyen des procédés de cubage et d'estimation des bois sur pied. Pour évaluer ceux de la seconde catégorie, on recherchera d'abord la valeur qu'ils pourront avoir à l'époque de leur exploitation, et l'on escomptera cette valeur pour le temps qui doit s'écouler jusqu'à l'époque de leur réalisation.

La somme de toutes ces valeurs représentera la valeur actuelle de la superficie.

Pour évaluer le *fonds*, il faut considérer la forêt comme divisée en autant de forêts partielles qu'on fera d'exploitations partielles et envisager chaque groupe comme susceptibles d'un revenu périodique qu'on calculera à l'aide des renseignements recueillis. Ce revenu périodique connu pour chaque exploitation, il sera facile de calculer la valeur du fonds suivant la méthode qui a été expliquée. La somme des valeurs actuelles du fonds, calculées ainsi partiellement, représentera la valeur du fonds de toute la forêt.

Le second cas à examiner est celui où l'on voudrait entreprendre immédiatement la régularisation des peuplements, en vue d'un revenu annuel uniforme et constant.

On commencera par déterminer sur le terrain l'ordre et l'étendue des coupes qui devront donner, à partir de la seconde révolution, des produits annuels égaux ; comme on peut admettre généralement que la valeur des peuplements de même âge et de mêmes essences est proportionnelle à leur étendue, la contenance de chaque coupe pourra être sensiblement la même. La division en coupes étant effectuée sur le terrain, on déterminera la valeur que produira chacune de ces coupes à l'époque de son exploitation pendant la 1re révolution et l'on en déduira la valeur actuelle, comme pour les bois de la 2e catégorie du 1er cas. La somme de toutes ces valeurs partielles représentera la valeur actuelle de la superficie.

Quant au fonds, il sera facile d'en supputer la valeur actuelle, puisqu'il sera susceptible de produire un revenu annuel, uniforme et constant, à partir de la 2e révolution ; il suffira d'escompter la valeur du capital correspondant à ce revenu.

Ce second cas produira une valeur estimative moindre que celle obtenue par les procédés du 1er cas ; mais ce désavantage est compensé par une plus grande régularité dans l'encaissement des produits.

Jusqu'à présent nous avons admis l'hypothèse, que le revenu le plus avantageux ne devait être discuté que sous la condition que le sol continuerait à produire du bois; mais comme le sol d'une forêt peut être également susceptible de produire de la vigne, des céréales, des prairies, etc., il est nécessaire, quand la faculté de défricher est acquise, de comparer les revenus que produiraient d'autres cultures avec ceux que produisent ou sont susceptibles de produire les bois.

Toutefois, dans le cas d'un changement de culture, il ne faut omettre aucune des dépenses de toute nature que ce changement entraînerait, afin de les faire figurer dans les sommes à déduire.

Ainsi, l'évaluation du fonds d'une forêt qu'il y aurait avantage à défricher devrait être faite d'après le revenu résultant du nouveau mode de culture à adopter, en défalquant, bien entendu, de la valeur du fonds ainsi obtenue les frais spéciaux que nécessitera la conversion.

§ II. — *Des procédés de calcul à employer dans les estimations en fonds et superficie.*

Les opérations de calcul que nécessitent ces estimations peuvent se réduire à six principales; il y a lieu de rechercher :

1° Les lois suivant lesquelles la valeur des produits ligneux assimilés à des capitaux productifs d'intérêts s'accroissent d'année en année;

2° La valeur actuelle d'un revenu à percevoir à une époque déterminée ;

3° Le capital correspondant à une rente revenant périodiquement ;

4° Le capital correspondant à une rente annuelle et continue à toucher pour la première fois à une époque déterminée ;

5° La valeur actuelle de rentes annuelles qui ne durent que pendant un certain nombre d'années ;

6° La proportion dans laquelle un revenu en bois doit s'accroître pour qu'il y ait, eu égard au capital engagé, avantage à en retarder la réalisation.

La solution de toutes ces questions repose sur des calculs d'intérêts composés.

Nous admettons en principe que les accroissements annuels de la valeur d'un bois se produisent comme les intérêts d'un capital placé, qui s'accumuleraient d'année en année, suivant un taux déterminé ; c'est là une hypothèse contestable assurément ; les phénomènes de la nature ne s'accomplissent pas avec une régularité de cette sorte, mais dès qu'on prétend les soumettre au calcul, il faut nécessairement leur adapter les lois mathématiques qui s'en rapprochent le plus, et c'est le cas ici.

Si donc on désigne par C une somme d'argent quelconque, par r l'intérêt que rapporterait 1 fr. au bout d'un an ; la somme C placée pendant un an dans ces conditions rapportera, à la fin de ce terme, $C \times r$ et deviendra, par conséquent, $C \times (1 + r)$; cette même somme placée d'une manière continue pendant un nombre d'années égal à n deviendra donc, à l'expiration de ce terme :

$$C \times (1 + r)^n \qquad (1)$$

Si nous admettons que de 20 à 25 ans un taillis s'accroisse chaque année dans la proportion de 3 % de sa valeur actuelle, et qu'à 20 ans il vaille 1000 fr., sa valeur à 25 ans sera :

$$1000 \times (1{,}03)^5 = 1159 \text{ fr.}$$

La formule $A = C \times (1 + r)^n$ va nous permettre de résoudre chacune des questions que nous avons énumérées plus haut.

Examinons la deuxième question : La valeur actuelle d'une somme à percevoir dans un temps donné n'est autre que la valeur même de cette somme, escomptée *en dedans* pour le temps fixé; en sorte que A étant la somme connue, C sa valeur actuelle qui est à calculer, on aura :

$$C = A \times \frac{1}{(1 + r)^n} \qquad (II)$$

Ce calcul s'applique au cas où l'on voudrait, par exemple, vendre une coupe sous la condition de ne l'exploiter que dans trois ans. En supposant que cette coupe produise après l'exploitation 5000 fr. nets, sa valeur actuelle au taux de 4 pour 100, par exemple, serait :

$$C = 5000 \text{ fr.} \times \frac{1}{1{,}04^3} = 4445 \text{ fr.}$$

En ce qui concerne la troisième question, pour déterminer la valeur d'une rente qui revient périodiquement, remarquons d'abord que le capital correspondant à une rente annuelle (ce qui est le cas particulier le plus simple de la question) s'obtient par le taux d'intérêt r, on a en effet :

$$A \times r = C \qquad \text{d'où} \qquad A = C \times \frac{1}{r}.$$

Revenons maintenant au cas général de périodicité, en désignant par n l'intervalle des périodes, la rente connue sera égale à ce que produirait le capital cherché placé pendant n années, au taux d'intérêt de r, on aura ainsi :

$$C = A \times [1 + r)^n - 1].$$

Le capital correspondant à la rente C sera donc :

$$A = C \times \frac{1}{(1 + r)^n - 1} \qquad \text{(III)}$$

Exemple : Un bois rapporte net 1000 fr. par an, sa valeur en fonds et surperficie sera, en admettant qu'on adopte le taux de placement de 4 % :

$$A = 1000^f \times \frac{1}{0,04} = 25000 \text{ fr.}$$

Si ce revenu de 1000 fr. ne se réalisait que tous les 20 ans, la valeur actuelle de la forêt, immédiatement après la réalisation de la coupe, serait :

$$A = 1000 \times \frac{1}{(1,04^{20}) - 1} = 839 \text{ fr.}$$

Mais si le premier revenu périodique à toucher devait

être réalisé dans un nombre d'années m moindre que la durée de la période, la valeur de la propriété trouvée plus haut devrait être augmentée des intérêts composés de cette somme de 839 fr. pendant $(n - m)$ années, ce qui donnerait en faisant $n - m = 8$.

$$A = \left(1000 \times \frac{1}{1,04^{20} - 1} \right) \times 1,04^{8} = 1149 \text{ fr.}$$

Enfin, si on faisait $(n - m) = 20$ c'est-à-dire si l'on pourrait exploiter immédiatement, on aurait :

$$A = \left(1000 \times \frac{1}{1,04^{20} - 1} \right) \times (1,04)^{20} = 1839 \text{ fr.}$$

Il suffirait donc, dans ce cas, d'ajouter simplement à la valeur trouvée dans la première hypothèse 839 fr., la valeur nette d'une coupe.

Supposons maintenant, pour aborder la quatrième question, que la rente, au lieu d'être périodique, soit annuelle.

Nous avons vu que, si cette rente pouvait être touchée après la première année d'entrée en jouissance, le capital correspondant serait $A = C \times \dfrac{1}{r}$, mais dans le cas où elle ne pourrait être touchée qu'après un certain nombre d'années, à partir de l'entrée en jouissance, il faudrait escompter la première valeur trouvée en raison du retard qu'on éprouverait à toucher le premier revenu annuel.

Ainsi, la valeur actuelle d'une rente annuelle C à

toucher dès la fin de la 1re année étant $C \times \dfrac{1}{r}$, celle de la rente à toucher dans n années, c'est-à-dire $(n - 1)$ années plus tard, sera :

$$A = C \times \frac{1}{r} \left(\frac{1}{1 + r} \right)^{n-1} \qquad (IV)$$

Exemple : On vend une forêt aménagée en coupes annuelles rapportant 1000 fr., mais l'acquéreur ne pourra commencer à exploiter que dans 5 années, à cause d'anticipations faites avant la vente sur les exploitations ; on demande quelle en sera la valeur à payer immédiatement, en supposant que l'acquéreur recherche un placement de 4 % pour ses fonds.

D'après la formule précédente, on aura :

$$A = 1000 \times \frac{1}{0,04} \times \left(\frac{1}{1,04} \right)^{6-1} = 21370 \text{ fr.}$$

La cinquième question que nous avons posée se rapporte à la recherche de la valeur actuelle d'un capital correspondant à une rente annuelle, que l'on ne doit percevoir que pendant un certain temps.

D'après ce qui précède, une rente C à toucher annuellement, à partir de la fin de la première année, vaut actuellement en capital $A' = C \times \dfrac{1}{r}$; la même rente C à toucher à la fin de la $(n + 1)^{me}$ année vaut en capital :

$$A'' = C \times \frac{1}{r} \left(\frac{1}{1 + r} \right)^{n} ;$$

la différence de ces deux valeurs A′ et A″ donnera la valeur cherchée :

$$A = C \times \frac{1}{r}\left(1 - \frac{1}{(1+r)^n}\right) \qquad (\text{V})$$

Si l'on ne devait commencer à toucher le premier revenu annuel qu'à l'expiration d'un terme de m années, par exemple, la valeur correspondant à n coupes annuelles serait évidemment la différence entre la valeur du capital correspondant à une rente annuelle et continue qu'on commencerait à toucher à la fin de m années, et celle du capital correspondant à la même rente, à ne toucher que dans $(m + n)$ années. Appliquant la formule de la 4.ᵉ question, on a :

$$\Lambda = C \times \frac{1}{r}\left[\left(\frac{1}{1+r}\right)^{m-1} - \left(\frac{1}{1+r}\right)^{m+n-1}\right](\text{V}')$$

Exemple : Un propriétaire vend en bloc cinq coupes, sous la condition qu'il n'en sera exploité qu'une chaque année; en supposant que chaque coupe vaudra à l'époque de son exploitation 2000 fr., que la première pourra être réalisée immédiatement, c'est-à-dire à la fin de la 1ʳᵉ année; enfin, que l'acquéreur, pour l'avance qu'il fera, désire que son argent lui rapporte 5 %, la valeur actuelle des cinq coupes sera pour lui :

$$A = 2000 \times \frac{1}{0{,}05}\left(1 - \frac{1}{1{,}05^5}\right) = 8659 \text{ fr.}$$

Supposons maintenant que les conditions soient modifiées en ce sens, que la première coupe ne puisse être réalisée qu'après un délai de 3 ans, on aurait :

$$A = 2000 \times \frac{1}{0,05} \left[\left(\frac{1}{1,05} \right)^2 - \left(\frac{1}{1,05} \right) \right] = 7854 \text{ fr.}$$

Il nous reste enfin, pour terminer l'examen des questions de calculs que nous avons posées, à déterminer la proportion dans laquelle un revenu en bois doit s'accroître pour qu'il y ait, *eu égard au capital engagé*, avantage pour son propriétaire à en retarder la réalisation.

Nous savons que pour cela il faut comparer les valeurs en fonds et superficie de la forêt, calculées d'après les valeurs qu'acquiert le revenu annuel ou périodique à différents âges.

Supposons d'abord la forêt exploitée périodiquement en entier à l'expiration de chaque révolution, d'après la formule (III), on aura, en désignant par C et C' les valeurs de la coupe, suivant qu'elle est exploitée à n années ou qu'elle le sera à n' années :

$$A = C \times \frac{1}{(1+r)^n - 1} \, ;$$

$$A' = C' \times \frac{1}{(1+r)^{n'} - 1} .$$

Pour qu'il y ait avantage à adopter la révolution de n' années, il faut que A' soit plus important que A, ce qui entraîne la condition que le rapport $\dfrac{A}{A'}$ ou $\dfrac{C \left[(1+r)^{n'} - 1 \right]}{C' \left[(1+r)^n - 1 \right]}$

soit plus petit que 1 ; on en conclut que l'on doit avoir :

$$C' > C \times \frac{[(1+r)]^{n'} - 1}{(1+r)^{u} - 1} \qquad \text{(VI)}$$

Cette formule est applicable au cas de revenus annuels, continus et égaux ; en effet, on peut considérer chaque coupe comme produisant un revenu périodique à la fin de chaque révolution, et comme tous les revenus sont égaux, si l'on applique à l'un d'eux seulement les procédés indiqués pour le 1er cas, la proportion qui en résultera sera applicable à chaque coupe, par conséquent à toute la forêt ; il suffira donc pour résoudre la question, d'examiner si les revenus annuels réalisés suivant une révolution de n ou de n' années, satisfont à l'inégalité (VI).

Remarquons que si, dans cette inégalité, on divise C et C' par un même nombre, celui par exemple qui exprime en hectares l'étendue de la coupe, on ne changera en rien la relation ; il en résulte qu'on peut remplacer les valeurs C et C' par celles d'un hectare se trouvant dans les mêmes conditions que les coupes produisant les revenus C et C'. Comme on a généralement l'habitude d'évaluer les bois à tant l'hectare, le calcul, en n'introduisant que ces données, sera sensiblement simplifié.

Les calculs qu'impliquent les diverses solutions que nous venons d'exposer ne laisseraient pas que d'être compliqués, si l'on devait les exécuter suivant les formules I, II, III, IV, V et VI ; mais à l'aide des tables que nous donnons à la suite de ce chapitre, les opérations se simplifient beaucoup et se réduisent, dans tous les cas, à de simples multiplications.

Les cinq premières tables sont extraites des tarifs de Cotta; quant à la sixième nous l'avons dressée d'après nos propres calculs.

Les dispositions données à ces tables en rendent l'intelligence facile ; la table VI, cependant, demande quelques explications. Elle sert à déterminer le terme de l'exploitabilité relative à la rente la plus élevée, dans le cas où l'on adopte le taux d'intérêt de 4 pour cent. Ce taux a été choisi parce qu'il paraît être celui sur le pied duquel on recherche généralement à faire des placements en terres ou en bois.

Les colonnes de cette table indiquent la loi suivant laquelle les revenus doivent s'accroître d'année en année, pour qu'il n'y ait pas désavantage à les réaliser aux époques correspondantes.

Prenons comme exemple, pour révolution actuelle, le terme de 20 ans, et admettons que le revenu net de la coupe à cet âge soit de 1000 fr. La table VI fera connaître que pour qu'il n'y ait pas désavantage à exploiter à 15 ans, il faut que la coupe vaille au moins à cet âge :

$$1000 \times 0,672 \dots\dots\dots\dots\dots\dots\dots \quad 672 \text{ fr.}$$

à 16 ans au moins................................ 733

à 17 ans   —   796

à 12 ans   —   1074

à 25 ans   —   1398

à 30 ans   —   1883

à 35 ans   —   2473

Or, si l'on savait, à la suite d'un examen attentif, que le bois où l'on opère est dans des conditions de végétation à donner pour valeur d'une coupe :

600 fr.	à	15 ans
1000	à	20 ans
1500	à	25 ans
1800	à	30 ans

on constaterait, en comparant ces revenus aux chiffres obtenus à l'aide de la table VI, que le terme d'exploitabilité le plus avantageux serait celui de 25 ans ; il ferait gagner sur le revenu actuel de 1000 fr. une somme égale à 1500 — 1398 fr. = 102 fr.

Nous achèverons nos explications sur l'estimation des forêts en fonds et superficie, en donnant quelques applications se rapportant aux cas qui se présentent le plus fréquemment dans la pratique.

§ III. — *Applications de la méthode d'estimation des bois en fonds et en superficie à quelques cas généraux.*

Un propriétaire met en vente une forêt de 180 hectares se divisant en deux cantons, l'un de 72 hectares, situé en plaine, pour lequel la faculté de défricher a été donnée par décision ministérielle du ......, contenant dix coupes d'égale étendue, peuplées de taillis de l'âge de 1 à 8 ans et renfermant environ 3000 arbres de futaie âgés de 25 à 80 ans ; l'autre de 108 hectares, situé en coteau, contenant 15 coupes, à peu près d'égale surface, peuplées de taillis de 9 à 23 ans, et renfermant 5000 arbres de futaie âgés de 30 à 100 ans.

On demande le prix de cette propriété, pour un acquéreur qui chercherait un placement de fonds au taux d'intérêt de 4 pour cent.

La première opération consistera en une reconnaissance générale et détaillée des deux cantons, et à recueillir tous les renseignements nécessaires pour établir les recettes et les dépenses. Admettons que ce travail préliminaire, auquel doit concourir un expert habile en matière forestière, ait été effectué dans les meilleures conditions; on devra inscrire avec ordre tous les renseignements recueillis, par exemple, sous la forme d'un état établi ainsi :

NUMÉROS des coupes ou parcelles.	ÉTENDUE de chaque coupe ou parcelle.	AGES des taillis.	RENSEIGNEMENTS DIVERS.
			1° Canton A.
	h. a.	ans.	
1	7.20	8	Ce canton forme avec le suivant une série d'exploitation de 25 coupes de taillis sous futaie; le propriétaire a exploité, pendant les deux dernières années, 2 coupes au lieu d'une chaque année. — Année moyenne, les coupes du canton A rapportent 1,200 fr. par hectare.
2	7.20	7	
3	7.19	6	
4	7.20	5	
5	7.21	4	On a constaté qu'à 20 ans l'hectare rapporterait 950 fr., et à 30 ans 1,800 fr.
6	7.21	3	En faisant le comptage et l'estimation des arbres de futaie, on en a trouvé 3,000 d'une valeur de 12,600 fr.
7	7.19	2	Le canton A est situé en plaine; le sol est argileux, profond et analogue aux terres arables voisines, louées à raison de 100 fr. l'hectare; on pourrait trouver à affermer après défrichement, à raison de 75 fr. nets d'impôts.
8	7.17	2	
9	7.18	1	
10	7.25	1	La chasse est louée 50 fr. par an, en moyenne. Les charges annuelles et par hectare sont pour impôts et frais d'entretien de 6 fr.; frais de garde de 2 fr. 50.
	72.00		

NUMÉROS des coupes ou parcelles.	ÉTENDUE de chaque coupe ou parcelle.	AGES des taillis.	RENSEIGNEMENTS DIVERS.
			2° Canton B.
	h. a.	ans.	
11	7.05	23	Le canton B est situé sur un coteau exposé au midi, le sol est peu profond. Cette partie de la propriété doit être maintenue en nature de bois.
12	7.20	22	
13	7.20	21	
14	7.20	20	Année moyenne, les coupes effectuées à 25 ans rapportent 900 fr. par hectare. On a constaté qu'à 20 ans, l'hectare pourrait rapporter 700 fr.; à 30 ans, 1,100 fr.
15	7.20	19	
16	7.20	18	La chasse est louée en moyenne 50 fr. par an.
17	7.20	17	Les concessions de divers produits, faites à divers riverains, rapportent annuellement 30 fr.
18	7.20	16	
19	7.20	15	Les frais annuels sont par hectare :
20	7.20	14	Pour impôts............... 5 »
21	7.20	13	Pour entretien............. 0 60
22	7.20	12	Surveillance .... 2 »
23	7.20	11	
24	7.20	10	
25	7.35	9	
	108.00		

1°. — *Canton A.*

Nous avons les éléments nécessaires pour comparer les revenus qu'on pourrait réaliser :

1° En maintenant le sol en nature de bois et en exploitant, comme par le passé à 25 ans, ou bien à une révolution plus longue ou plus courte ;

2° En opérant le défrichement du bois, soit immédiatement, soit à mesure que les taillis deviendront exploitables ou susceptibles d'une valeur vénale, afin d'affermer comme terre arable.

D'après nos renseignements :

à 20 ans l'hectare rapporterait   950 fr.
à 25 ans   —   1200
à 30 ans   —   1800

On trouve, dans la table VI, qu'il faudrait que les revenus à 20 ans, ou à 30 ans, pour être plus avantageux que ceux à 25 ans, fussent supérieurs, dans le premier cas, à $1200 \times 0,715 = 858$ fr., et dans le second cas, à $1200 \times 1,347 = 1616$ fr. Il résulte de là qu'il serait plus avantageux d'exploiter à 20 ans, ou à 30 ans, qu'à 25 ans; pour décider entre ces deux âges, on supposera que la révolution actuelle est de 20 ans, et la table VI indiquera encore que pour préférer l'âge de 30 ans à celui de 20 ans, il faudra que le revenu à 30 ans, dépasse :

$$950 \times 1,883 = 1788^{\mathrm{f}},85.$$

C'est précisément ce qui arrive, puisque le revenu que l'on toucherait serait de 1800 fr.

Nous plaçant d'abord dans l'hypothèse que le canton est maintenu en nature de bois, nous calculerons sa valeur en prenant pour base une exploitation à une révolution de 30 ans; puisque c'est celle qui paraît la plus avantageuse au point de vue du profit.

Le canton A envisagé isolément et tel qu'il est constitué n'est pas susceptible de revenus uniformes et continus. Il y a donc lieu d'estimer séparément *la superficie*, ou ce qu'on est convenu d'appeler de ce nom et *le fonds*.

Examinons d'abord le cas où l'on voudrait tirer du bois le plus grand produit, c'est-à-dire le cas où l'on attendrait que chaque coupe ait atteint l'âge de 30 ans.

Les six premières coupes rapporteront dans 22 ans et pendant 6 ans un revenu annuel égal à $7,20 \times 1800 = 12960$ fr. La table V permet de calculer cette valeur, on a :

$$12960 \times (16,330 - 14,405) = 24948 \text{ fr.}$$

Les quatre dernières coupes rapporteront dans 28 ans, pendant 2 ans, $2 \times 12960 = 25920$ fr. La table V donne pour cette valeur :

$$25920 \times (16,986 - 16,330) = 17003 \text{ fr.}$$

La valeur superficielle sera donc :

$$24948 + 17003 = 41951 \text{ fr.}$$

Telle est la valeur actuelle des coupes sur toute l'étendue du canton ; cette valeur revenant périodiquement tous les 30 ans, donne pour valeur du fonds, Table III :

$$41951 \times 0,4457 = 18698 \text{ fr.}$$

En outre, la chasse rapportant 50 fr. par an, et ce produit étant un revenu à percevoir chaque année, la table IV donne :

$$50 \times 25 = 1250 \text{ fr.}$$

En résumé, la valeur brute du canton est de :

1º Superficie........................... 14951 fr.
2º Fonds............................... 18698
3º Accessoires......................... 3250

Total..... 61899

De cette somme, il faut déduire le capital correspondant aux frais annuels d'impôts de garde et d'entretien.

$$8^{f},50 \times 72 \times 25 = 15300 \text{ fr.}$$

La valeur nette du canton A, en supposant que l'on continue à en faire une propriété boisée, serait donc de :

$$61899 \text{ fr.} - 15300 = 46599 \text{ fr.}$$

Examinons maintenant l'hypothèse dans laquelle on admet le défrichement du canton A. L'opération du défrichement peut être entreprise immédiatement sur toute l'étendue du canton, ou n'être poussée qu'au fur et à mesure que les bois de 8 ans et au-dessous deviendront exploitables.

Dans le premier cas, l'estimation s'établirait comme il suit :

1º Valeur des arbres de futaie.... ...... 12600 fr.
2º Valeur du taillis (mémoire, les produits payent la façon)............... .... »
3º Fermage des 72 hectares de terre à 75 fr. l'un, constituant un revenu qu'on ne touchera qu'à la fin de la 2ᵉ année. (Table IV) 5400 × 24,038 = 129800.................... 129800

A reporter............ 142400

Report............ 142400 fr.

De cette somme il faut déduire :

1° Frais de défrichement 72 × 200.   14400^f

2° Construction de bâtiments de ferme, etc................ 25000

3° Entretien des bâtiments, assurances, etc., formant une dépense annuelle de 200 fr., ci........ 5000

4° Frais de garde, 144 fr. par an, ci.   3600

} 48000

Reste net 94400

Discutons enfin la question dans l'hypothèse où le défrichement serait entrepris de façon à n'être pas effectué entièrement en une année. On pourra, dans tous les cas, défricher immédiatement les coupes n°s 10, 9, 8, 7 et même 6, qui n'ont que de 1 à 3 ans ; quant aux cinq autres, on devra les réaliser aussitôt qu'elles auront une valeur vénale ; à 15 ans, par exemple, nous supposerons qu'elles donneront 500 fr. par hectare.

Dans ces nouvelles conditions, l'estimation s'établira comme il suit :

1° Valeur des arbres de futaie de la partie à défricher immédiatement............ 6300 fr.

2° Revenu de 7,2 × 500 = 3600 à toucher dans 7 ans, pendant 5 ans. (Application de la table V.) 3600 (8,760 — 5,242) = ... 12665

A reporter............ 18965 fr.

Report. . . . . 18965 fr.

3° 36 hectares affermés à raison de 75 fr., constituant un revenu de 2700 fr. à toucher annuellement à partir de la fin de la 2ᵉ année, Application de la table IV, 2700 × 24,038. .   64902

4° Affermage chaque année depuis la 8ᵉ année pendant 5 ans, de 7ʰ20, à 75 fr., constituant des revenus annuels de 540 fr. qui seront touchés pour la première fois, à la fin de la 9ᵉ, de la 10ᵉ..... de la 13ᵉ année. (Application du tarif IV.)

$$\left.\begin{array}{l} 18{,}267 \\ +\ 17{,}565 \\ +\ 16{,}889 \\ +\ 16{,}240 \\ +\ 15{,}615 \end{array}\right\} 84{,}576 \times 540. \ldots \ldots \quad 45671$$

Total. . . . . . . 129538 fr.

Dépenses à déduire :

1° Défrichement de 36 hectares à 200 fr. 7200ᶠ

2° Même dépense à faire dans un délai de 10 ans en moyenne. Emploi de la table II, 7200 × 0,676.   4867

3° Constructions 25000

4° Entretien, assurance, etc. . . 5000

5° Garde, etc. 1800

                                                 43867 fr.

Reste net. . . . . . 85671 fr.

Si l'on disposait des fonds nécessaires, il n'est pas douteux que l'on devrait opérer le défrichement dans le plus bref délai possible.

2° *Canton B.*

Ce canton n'est pas susceptible d'être défriché. Jusqu'à présent, les coupes exploitées à 25 ans ont produit 900 fr. par hectare. Pour qu'il y ait avantage à exploiter, soit à 20 ans, soit à 30 ans, il faudrait que les coupes rapportassent plus de (Application de la table VI) :

$$\text{à 20 ans} \quad 900 \times 0,715 = 643^f,50$$
$$\text{à 30 ans} \quad 900 \times 1,345 = 1210,50$$

Or, d'après nos renseignements, cette condition ne sera remplie que par l'exploitation à 20 ans, qui donnera 700 fr. par hectare exploitable.

Le canton B est composé de 15 coupes de $7^h,20$ environ, âgées de 9 à 23 ans ; il n'est donc pas dans les conditions pour fournir un revenu uniforme, annuel ou périodique :

1° Estimation du bois dans l'hypothèse où l'on n'aspire pas à un revenu uniforme.

La superficie se compose de 4 coupes ayant atteint ou dépassé l'âge de 20 ans et qui sont immédiatement exploitables. Leur valeur actuelle, tirée d'évaluations sur pied, a été trouvée de, ci . . . . 23000 fr.

Les onze autres coupes constituent une

A reporter. . . . . 23000 fr.

Report. . . . 23000 fr.

série de revenus égaux, à toucher une seule
fois, à partir de la fin de la première année,
pendant onze ans ; or, chaque revenu vaut
$7^f,20 \times 700$ fr. $= 5040$ fr. ; leur valeur actuelle
sera : (Emploi de la table V.) $5040 \times 8,760$.   44150

Valeur de la superficie. . . . .   67150 fr.

Quant à la valeur du fonds, on l'obtiendra
ainsi :

La première partie rapportera dans
20 ans, $28,8 \times 700$. . . . .   20160 fr.
et ainsi de suite périodiquement ; sa
valeur actuelle sera donc (Emploi de
la table III.) $20160 \times 0,839$ 16914

Quant aux onze autres coupes, nous
savons qu'elles vaudront au début de
chaque période, 44150 fr. ; la valeur
du fonds, dans 20 ans, de ces onze
coupes sera donc actuellement de :
(Emploi de la table III.)

$44150 \times 0,8395$.   37064

─────────

53978   53978 fr.

Revenu de la chasse 50^f ⎫
 — des concessions   30 ⎬ $80^f \times 25$ 2000
                                    ⎭

─────────

Total de la superficie et du fonds, à reporter. 123128

$$\text{Report.} \dots \dots \dots \dots \quad 123128 \text{ fr.}$$

A déduire :

Impôts, entretien, surveillance : dépense annuelle de 820^f,80. (Emploi de la table IV.)

$$820,80 \times 25. \dots \dots \dots \quad 20520$$

$$\text{Reste.} \dots \dots \dots \quad 102608$$

2° Estimation dans l'hypothèse d'une régularisation immédiate des peuplements, de façon qu'ils soient en état de produire pendant toute la seconde révolution, un revenu annuel uniforme.

Chaque coupe, au lieu de 7^h,20 aura sur le terrain 5^h,40 ; il est facile de se rendre compte :

1° Que trois coupes anciennes en comprendront quatre nouvelles ;

2° Que pendant tout le cours de la première révolution de 20 ans, les coupes auront 23 et 24 ans ; si l'on a constaté qu'à l'âge moyen où on les exploitera elles vaudront en moyenne 800 francs l'hectare, chaque coupe vaudra 4320 francs.

Ce revenu étant perçu dès la fin de la première année, pendant 20 ans, constituera la valeur actuelle suivante : (Emploi de la table V.) $4320 \times 13,590.$ 58709 fr.

Il est évident qu'à l'expiration de la première révolution, on touchera un revenu uniforme annuel égal à $5,40 \times 700 = 3780^f$, la valeur du fonds dans 20 ans est actuellement (Emploi de la table IV) $3780 \times 11,866$ 44853

$$\text{Total, à reporter.} \quad 103562$$

Report . . . . . 103562 fr.

Chasse, etc   2000

Total.   105562

A déduire.   20520

Reste net. . . . .   85042 fr.

En résumé, la propriété que nous avons examinée vaut :

1° Pour un acquéreur ayant des fonds disponibles et ne tenant pas à retirer de la propriété des revenus uniformes.

I. Canton A . . . .   94400^f ⎫
II. Canton B . . . .   102608 ⎬ 197008 fr.

2° Pour un acquéreur n'ayant pas de fonds en suffisante quantité pour opérer un défrichement complet la première année :

I. Canton A . . . .   85671^f ⎫
II. Canton B . . . .   102608 ⎬ 188279 fr.

3° Pour un acquéreur qui tiendrait à un revenu annuel uniforme :

I. Canton A . . . .   85671^f ⎫
II. Canton B . . . .   85042 ⎬ 170713 fr.

Il est évident qu'en introduisant d'autres conditions que celles que nous avons indiquées, on arriverait à des prix d'estimation différents.

TABLE PREMIÈRE.

Valeur, à l'expiration d'un certain nombre d'années, d'une somme de 1 franc placés à intérêts composés.

$$A = C(1+r)^n.$$

Années n	TAUX DE L'INTÉRÊT r.				
	3	3 1/2	4	4 1/2	5
1	1,0300	1,0350	1,0400	1,0450	1,0500
2	1,0609	1,0712	1,0816	1,0920	1,1025
3	1,0927	1,1087	1,1249	1,1411	1,1576
4	1,1255	1,1475	1,1699	1,1925	1,2155
5	1,1593	1,1877	1,2167	1,2462	1,2763
6	1,1941	1,2293	1,2654	1,3023	1,3401
7	1,2299	1,2723	1,3160	1,3609	1,4071
8	1,2668	1,3168	1,3686	1,4221	1,4775
9	1,3048	1,3629	1,4233	1,4861	1,5514
10	1,3439	1,4106	1,4802	1,5530	1,6290
11	1,3842	1,4600	1,5394	1,6229	1,7104
12	1,4258	1,5111	1,6010	1,6959	1,7959
13	1,4685	1,5640	1,6650	1,7722	1,8857
14	1,5126	1,6187	1,7315	1,8519	1,9800
15	1,5580	1,6753	1,8009	1,9352	2,0790
16	1,6047	1,7339	1,8729	2,0224	2,1829
17	1,6528	1,7946	1,9478	2,1134	2,2920
18	1,7024	1,8574	2,0257	2,2085	2,4066
19	1,7535	1,9224	2,1067	2,3078	2,5269
20	1,8061	1,9897	2,1910	2,4117	2,6533
21	1,8603	2,0593	2,2786	2,5202	2,7860
22	1,9161	2,1315	2,3699	2,6336	2,9253
23	1,9736	2,2061	2,4647	2,7521	3,0716
24	2,0328	2,2833	2,5633	2,8760	3,2251
25	2,0938	2,3632	2,6658	3,0054	3,3863
26	2,1566	2,4459	2,7725	3,1407	3,5557
27	2,2213	2,5316	2,8834	3,2820	3,7334
28	2,2879	2,6202	2,9987	3,4297	3,9201
29	2,3565	2,7119	3,1186	3,5840	4,1161
30	2,4272	2,8068	3,2334	3,7453	4,3219
31	2,5000	2,9050	3,3731	3,9139	4,5380
32	2,5751	3,0067	3,5080	4,0900	4,7649
33	2,6523	3,1119	3,6484	4,2740	5,0032
34	2,7319	3,2208	3,7943	4,4664	5,2533
35	2,8139	3,3335	3,9461	4,6673	5,5160
36	2,8983	3,4503	4,1039	4,8774	5,7918
37	2,9852	3,5711	4,2681	5,0969	6,0814
38	3,0748	3,6961	4,4388	5,3262	6,3855
39	3,1670	3,8255	4,6164	5,5659	6,7047
40	3,2620	3,9592	4,8010	5,8164	7,0400
41	3,3600	4,0978	4,9931	6,0781	7,3920
42	3,4608	4,2412	5,1928	6,3516	7,7616
43	3,5646	4,3896	5,4005	6,6374	8,1497
44	3,6714	4,5433	5,6165	6,9361	8,5571
45	3,7815	4,7023	5,8412	7,2482	8,9850
46	3,8949	4,8669	6,0748	7,5744	9,4343
47	4,0117	5,0372	6,3178	7,9153	9,9060
48	4,1322	5,2136	6,5706	8,2715	10,4013
49	4,2562	5,3961	6,8333	8,6437	10,9213
50	4,3839	5,5850	7,1067	9,0326	11,4674

TABLE II.

Valeur actuelle d'une somme de 1 franc à percevoir dans un certain nombre d'années.

$$C = A \times \frac{1}{(1+r)^n}.$$

Années n	TAUX DE L'INTÉRÊT r.				
	3	3 1/2	4	4 1/2	5
1	0,9709	0,9662	0,9615	0,9569	0,9524
2	0,9426	0,9335	0,9245	0,9157	0,9070
3	0,9151	0,9019	0,8890	0,8763	0,8638
4	0,8865	0,8714	0,8548	0,8386	0,8227
5	0,8626	0,8420	0,8219	0,8024	0,7835
6	0,8375	0,8135	0,7903	0,7679	0,7462
7	0,8131	0,7860	0,7599	0,7348	0,7107
8	0,7894	0,7594	0,7307	0,7032	0,6768
9	0,7664	0,7337	0,7026	0,6729	0,6446
10	0,7441	0,7089	0,6756	0,6439	0,6139
11	0,7224	0,6849	0,6496	0,6162	0,5847
12	0,7014	0,6618	0,6246	0,5897	0,5568
13	0,6809	0,6394	0,6006	0,5643	0,5303
14	0,6611	0,6178	0,5775	0,5400	0,5051
15	0,6419	0,5969	0,5553	0,5167	0,4810
16	0,6232	0,5767	0,5339	0,4945	0,4581
17	0,6050	0,5572	0,5134	0,4732	0,4363
18	0,5874	0,5384	0,4936	0,4528	0,4155
19	0,5703	0,5201	0,4746	0,4333	0,3957
20	0,5537	0,5026	0,4564	0,4146	0,3769
21	0,5375	0,4856	0,4388	0,3968	0,3589
22	0,5219	0,4691	0,4219	0,3797	0,3418
23	0,5067	0,4533	0,4057	0,3633	0,3256
24	0,4919	0,4380	0,3901	0,3477	0,3101
25	0,4776	0,4231	0,3751	0,3327	0,2953
26	0,4637	0,4088	0,3607	0,3184	0,2812
27	0,4502	0,3950	0,3468	0,3047	0,2678
28	0,4371	0,3816	0,3335	0,2916	0,2551
29	0,4243	0,3687	0,3206	0,2790	0,2429
30	0,4120	0,3563	0,3083	0,2670	0,2314
31	0,4000	0,3442	0,2965	0,2555	0,2204
32	0,3883	0,3326	0,2851	0,2445	0,2099
33	0,3770	0,3213	0,2741	0,2340	0,1999
34	0,3660	0,3105	0,2635	0,2239	0,1903
35	0,3554	0,3000	0,2534	0,2142	0,1813
36	0,3450	0,2898	0,2437	0,2050	0,1726
37	0,3350	0,2800	0,2343	0,1962	0,1644
38	0,3252	0,2706	0,2253	0,1877	0,1566
39	0,3157	0,2614	0,2166	0,1797	0,1491
40	0,3065	0,2526	0,2083	0,1719	0,1420
41	0,2976	0,2440	0,2003	0,1645	0,1353
42	0,2890	0,2358	0,1926	0,1574	0,1288
43	0,2805	0,2278	0,1852	0,1507	0,1227
44	0,2724	0,2201	0,1780	0,1442	0,1169
45	0,2644	0,2127	0,1712	0,1380	0,1113
46	0,2567	0,2055	0,1646	0,1320	0,1060
47	0,2493	0,1985	0,1583	0,1263	0,1009
48	0,2420	0,1918	0,1522	0,1209	0,0961
49	0,2349	0,1853	0,1463	0,1157	0,0916
50	0,2281	0,1790	0,1407	0,1107	0,0872

Valeur actuelle du capital correspondant à un revenu de 1 franc à toucher à perpétuité à l'expiration de périodes d'égale durée.

$$C = A \times \frac{1}{(1 + r)^n - 1}$$

Années	TAUX DE L'INTÉRÊT r.				
n	3	3 1/2	4	4 1/2	5
1	33,3333	28,5714	25,0000	22,2222	20,0000
2	16,4204	14,0400	12,2549	10,8666	9,7561
3	10,7843	9,1981	8,0087	7,0838	6,3442
4	7,9666	6,7786	5,8872	5,1943	4,6402
5	6,2785	5,3280	4,6157	4,0620	3,6195
6	5,1532	4,361	3,3862	3,3084	2.9403
7	4,3502	3,67	3,1652	2,7711	2,4564
8	3,7485	3,	2,7132	2,3691	2,0944
9	3,2811	,	2,3623	2,0572	1,8138
10	2,9077	2,43	2,0823	1,8084	1,5901
11	2,6026	2,1740	1,8537	1,6055	1,4078
12	2,3515	1,9567	1,6638	1,4370	1,2565
13	2.1343	1,7732	1,5036	1,2950	1.1291
14	1,9509	1,6163	1,3667	1.1738	1,0205
15	1,7922	1,4807	1.2485	1,0692	0,9268
16	1,6537	1,3624	1,1455	0.9781	0,8454
17	1,5317	1,2594	1.0550	0,8982	0,7740
18	1,4236	1,1662	0,9748	0,8275	0,7109
19	1,3271	1,0840	0,9035	0,7646	0,6549
20	1,2405	1,0103	0,8395	0,7084	0,6048
21	1,1654	0,9439	0,7820	0,6578	0.5599
22	1,0916	0,8838	0,7300	0,6121	0,5194
23	10,271	0,8291	0,6827	0,5707	0.4827
24	0,9682	0,7792	0,6397	0,5330	0.4495
25	0,9143	0,7335	0,6003	0,4986	0,4190
26	0,8646	0,6916	0,5642	0,4671	0,3913
27	0,8188	0,6529	0,5310	0,4382	0,3658
28	0.7764	0,6172	0,5003	0,4116	0,3424
29	0,7371	0,5841	0,4720	0,3870	0,3209
30	0.7006	0,5535	0,4457	0,3642	0,3060
31	0,6666	0,5250	0,4214	0,3432	0.2826
32	0,6349	0,4983	0,3987	0,3236	0.2656
33	0,6052	0,4735	0,3786	0,3054	0,2498
34	0,5774	0,4503	0,3579	0,2885	0,2351
35	0,5513	0,4285	0,3394	0.2727	0,2214
36	0,5268	0,4081	0,3222	0,2579	0,2087
37	0,5037	0,3889	0.3060	0.2441	0,1968
38	0,4820	0,3709	0,2915	0,2311	0,1857
39	0,4615	0,3539	0,2765	0,2191	0,1753
40	0,4421	0,3379	0,2631	0,2076	0,1656
41	0,4237	0,3228	0,2504	0,1969	0,1564
42	0,4064	0,3085	0,2385	0,1869	0,1479
43	0,3899	0,2950	0,2272	0,1774	0,1399
44	0,3743	0,2822	0,2166	0,1685	0,1323
45	0,3595	0,2701	0,2066	0,1600	0,1252
46	0,2454	0,2586	0,1970	0,1521	0,1186
47	0,3320	0,2477	0,1880	0,1446	0,1123
48	0,3193	0,2373	0,1795	0,1375	0,1064
49	0,3071	0,2275	0,1714	0.1308	0.1008
50	0,2956	0,2181	0,1637	0,1245	0,0955

TABLE IV.

**Valeur actuelle du capital correspondant à un revenu annuel
de 1 fr. qu'on ne doit commencer
à toucher qu'après un certain nombre d'années.**

$$A = C \times \frac{1}{r} \left(\frac{1}{1+r} \right)^{n-1}$$

Années n	TAUX DE L'INTÉRÊT r.				
	3	3 1/2	4	4 1/2	5
1	33,3333	28,5714	25,0000	22,2222	20,0000
2	32,3625	27,6052	24,0385	21,2653	19,0476
3	31,4199	26,6717	23,1139	20,3495	18,1406
4	30,5047	25,7698	22,2249	19,4732	17,2767
5	29,6162	24,8983	21,3701	18,6347	16,4540
6	28,7536	24,0564	20,5482	17,8322	15,6705
7	27,9161	23,2429	19,7579	17,0643	14,9243
8	27,1030	22,4569	18,9979	16,3295	14,2136
9	26,3136	21,6975	18,2672	15,6263	13,5368
10	25,5470	20,9637	17,5647	14,9534	12,8922
11	24,8031	20,2548	16,8891	14,3095	12,2783
12	24,0807	19,5699	16,2395	13,6933	11,6936
13	23,3793	18,9081	15,6149	13,1036	11,1367
14	22,6984	18,2687	15,0143	12,5394	10,6064
15	22,0373	17,6509	14,4369	11,9994	10,1014
16	21,3954	17,0540	13,8816	11,4827	9,6203
17	20,7722	16,4773	13,3477	10,9882	9,1622
18	20,1673	15,9201	12,8343	10,5150	8,7259
19	19,5708	15,3817	12,3407	10,0622	8,3104
20	19,0095	14,8616	11,8661	9,6259	7,9147
21	18,4559	14,3590	11,4097	9,2143	7,5378
22	17,9183	13,8734	10,9708	8,8175	7,1788
23	17,3964	13,4043	10,5489	8,4378	6,8370
24	16,8897	12,9510	10,1432	8,0744	6,5114
25	16,3978	12,5131	9,7530	7,7267	6,2014
26	15,9202	12,0899	9,3779	7,3940	5,9060
27	15,4565	11,6811	9,0172	7,0756	5,6248
28	15,0063	11,2861	8,6704	6,7709	5,3570
29	14,5692	10,9044	− 8,3369	6,4793	5,1019
30	14,1449	10,5357	8,0163	6,2003	4,8589
31	13,7329	10,1794	7,7080	5,9333	4,6275
32	13,3329	9,8351	7,4115	5,6778	4,4072
33	12,9446	9,5026	7,1264	5,4333	4,1973
34	12,5675	9,1812	6,8523	5,1994	3,9974
35	12,2015	8,8707	6,5888	4,9755	3,8071
36	11,8461	8,5708	6,3354	4,7612	3,6258
37	11,5011	8,2809	6,0917	4,5562	3,4531
38	11,1661	7,9909	5,8574	4,3600	3,2887
39	10,8409	7,7303	5,6321	4,1722	3,1321
40	10,5251	7,4689	5,4155	3,9926	2,9829
41	10,2186	7,2163	5,2072	3,8206	2,8409
42	9,9213	6,9723	5,0069	3,6561	2,7056
43	9,6320	6,7365	4,8144	3,4987	2,5770
44	9,3514	6,5087	4,6292	3,3480	2,4541
45	9,0791	6,2886	4,4512	3,2038	2,3372
46	8,8146	6,0760	4,2800	3,0659	2,2259
47	8,5579	5,8705	4,1153	2,9338	2,1199
48	8,3086	5,6720	3,9571	2,8075	2,0190
49	8,0666	5,4802	3,8049	2,6866	1,9228
50	7,8317	5,2949	3,6585	2,5709	1,8313

**Valeur actuelle d'un revenu annuel égal à 1 franc.
qu'on doit toucher pendant un certain nombre d'années.**

$$A = C \times \frac{1}{r}\left[1 - \frac{1}{(1+r)^n}\right].$$

Années n	TAUX DE L'INTÉRÊT r.				
	3	3 1/2	4	4 1/2	5
1	0,9709	0,9662	0,9615	0,9569	0,9524
2	1,9135	1,8997	1,8861	1,8727	1,8594
3	2,8286	2,8016	2,7751	2,7490	2,7232
4	3,7171	3,6731	3,6299	3,5875	3,5459
5	4,5797	4,5150	4,4518	4,3900	4,3295
6	5,4172	5,3285	5,2421	5,1579	5,0757
7	6,2303	6,1145	6,0020	5,8927	5,7864
8	7,0197	6,8739	6,7327	6,5959	6,4632
9	7,7861	7,6077	7,4353	7,2688	7,1078
10	8,5302	8,3166	8,1109	7,9127	7,7217
11	9,2526	9,0015	8,7605	8,5289	8,3064
12	9,9540	9,6633	9,3851	9,1186	8,8632
13	10,6349	10,3027	9,9856	9,6828	9,3936
14	11,2961	10,9205	10,5631	10,2228	9,8986
15	11,9379	11,5174	11,1184	10,7395	10,3797
16	12,5611	11,0941	11,6523	11,2340	10,8378
17	13,1661	12,6513	12,1657	11,7072	11,2741
18	13,7535	13,1897	12,6593	12,1600	11,6896
19	14,3238	13,7098	13,1339	12,5933	12,0853
20	14,8775	14,2124	13,5903	13,0079	12,4622
21	14,4150	14,6980	14,0292	13,4047	12,8211
22	15,9369	15,1671	14,4511	13,7844	13,1630
23	16,4437	15,6204	14,8568	14,1478	13,4886
24	16,9355	16,0584	15,2470	14,4955	13,7986
25	17,4131	16,4815	15,6221	14,8282	14,0939
26	17,8768	16,8903	15,9828	15,1466	14,3752
27	18,3270	17,2854	16,3296	15,4513	14,6430
28	18,7641	17,6670	16,6631	15,7429	14,8981
29	19,1884	18,0358	16,9837	16,0219	15,1411
30	19,6004	18,3920	17,2920	16,2889	15,3724
31	20,0004	18,7363	17,5885	16,5444	15,5928
32	20,3888	19,0689	17,8735	16,7889	15,8027
33	20,7658	19,3902	18,1476	17,0229	15,0025
34	21,1318	19,7007	18,4112	17,2467	16,1929
35	21,4872	20,0007	18,6646	17,4610	16,3742
36	21,8322	20,2905	18,9083	17,6660	16,5468
37	22,1672	20,5705	19,1426	17,8622	16,7113
38	22,4925	20,8411	19,3679	18,0500	16,8679
39	22,8082	21,1025	19,5845	18,2296	17,0170
40	23,1148	21,3551	19,7928	18,4016	17,1591
41	23,4124	21,5991	19,9930	18,5661	17,2944
42	23,7014	21,8349	20,1856	18,7235	17,4232
43	23,9819	22,0627	20,3708	18,8742	17,5459
44	24,2543	22,2828	20,5148	19,0184	17,6628
45	24,5187	22,4954	20,7200	19,1563	17,7741
46	24,7554	22,7009	20,8846	19,2884	17,8801
47	25,0247	22,8994	21,0429	19,4147	17,9810
48	25,2667	23,0912	21,1951	19,5356	18,0772
49	25,5016	23,2766	21,3415	19,6513	18,1687
50	25,7298	23,4556	21,4822	19,7620	18,2559

TABLE VI.

Servant à déterminer l'époque d'exploitabilité correspondant au revenu en argent le plus avantageux, eu égard au taux d'intérêt de 4 p. 100.

TERME DE l'exploitabilité.	AGE DE LA RÉVOLUTION ACTUELLE.									
	10 ans.	11 ans.	12 ans.	13 ans.	14 ans.	15 ans.	16 ans.	17 ans.	18 ans.	19 ans.
10	1,000	0,890	0.799	0,722	0,657	0,599	»	»	»	»
11	1,123	1,000	0,898	0,811	0,737	0,673	»	»	»	»
12	1,251	1,114	1,000	0,904	0,822	0,750	»	»	»	»
13	1,385	1,233	1,106	1,000	0,909	0,830	»	»	»	»
14	1,524	1,356	1,217	1,100	1,000	0,913	»	»	»	»
15	1,668	1,465	1,332	1,204	1,095	1,000	0,917	0,837	0,781	0,724
16	1,818	1,618	1,452	1,313	1,193	1,090	1,000	0,921	0,851	0,789
17	1,974	1,757	1,577	1,425	1,295	1,183	1,086	1,000	0,924	0.856
18	2,136	1,902	1,707	1,542	1,402	1,281	1,175	1,082	1,000	0,927
19	2,305	2,052	1,840	1,664	1,513	1,382	1,268	1,168	1,079	1,000
20	2,480	2,208	1,982	1,791	1,628	1,488	1,364	1,257	1,161	1,076
21	2,663	2,370	2,127	1,923	1,748	1,596	1,465	1,349	1,247	1,155
22	2,822	2,539	2,279	2,060	1,872	1,710	1,569	1,445	1,335	1,237
23	3,050	2,715	2,437	2,202	2,002	1,829	1,678	1,545	1,428	1,323
24	3,255	2,898	2,601	2,350	2,136	1,952	1,791	1,649	1,524	1,412
25	3,469	3,088	2,772	2,505	2,277	2,080	1,908	1,757	1,624	1,505
26	3,691	3,286	2,949	2,665	2,422	2,214	2,030	1,870	1,728	1,601
27	3,921	3,491	3,134	2,832	2,574	2,351	2,157	1,987	1,836	1,701
28	4,162	3,705	3,325	3,005	2,731	2,495	2,290	2,108	1,948	1,806
29	4,412	3,927	3,525	3,185	2,900	2,645	2,427	2,235	2,065	1,914
30	4,671	4,159	3,733	3,373	3,066	2.801	2,580	2,367	2,187	2,027
31	4,941	4,399	3,948	3,568	3,243	2,963	2,718	2,504	2.311	2,144
32	5,223	4,649	4;173	3.771	3.438	2,131	2,873	2,646	2,445	2,266
33	5,515	4,909	4,406	3,982	3,620	3,307	3,034	2,794	2,582	2,393
34	5.818	5,180	4,649	4,201	3,819	3,489	3,201	2,948	2,724	2,525
35	6,134	5,464	4,902	4,430	4,026	3,678	3,375	3,108	2,872	2,662

TABLE VI (Suite).

TERME DE l'exploitabilité	AGE DE LA RÉVOLUTION ACTUELLE										
	20 ans.	21 ans.	22 ans.	23 ans.	24 ans.	25 ans.	26 ans.	27 ans.	28 ans.	29 ans.	30 ans.
10	»	»	»	»	»	»	»	»	»	»	»
11	»	»	»	»	»	»	»	»	»	»	»
12	»	»	»	»	»	»	»	»	»	»	»
13	»	»	»	»	»	»	»	»	»	»	»
14	»	»	»	»	»	»	»	»	»	»	»
15	0 672	»	»	»	»	»	»	»	»	»	»
16	0,733	»	»	»	»	»	»	»	»	»	»
17	0,796	»	»	»	»	»	»	»	»	»	»
18	0,861	»	»	»	»	»	»	»	»	»	»
19	0,929	»	»	»	»	»	»	»	»	»	»
20	1,000	0,931	0,869	0,813	0,762	0,715	»	»	»	»	»
21	1,074	1,000	0,933	0,873	0,818	0,767	»	»	»	»	»
22	1,150	1,071	1,000	0,935	0,876	0,822	»	»	»	»	»
23	1,230	1,145	1,069	1,000	0,937	0,879	»	»	»	»	»
24	1,312	1,222	1,141	1,067	1,000	0,938	»	»	»	»	»
25	1,398	1,303	1,216	1,137	1,065	1,000	0,940	0.884	0,833	0,786	0,742
26	1,488	1,386	1,294	1,230	1,134	1,064	1,000	0,941	0,885	0,837	0,790
27	1,581	1,473	1,375	1,286	1,205	1,131	1,063	1,000	1,942	0,889	0,839
28	1,678	1,563	1,459	1,364	1,278	1,200	1,128	1,061	1,000	0,944	0,891
29	1,779	1,657	1,546	1,446	1,355	1,272	1,195	1,125	1,060	1,000	0,944
30	1,883	1,754	1,638	1,532	1,435	1,347	1,266	1,191	1,122	1,059	1,000
31	1,992	1,856	1,732	1,620	1,518	1,475	1,339	1,260	1,188	1,120	1,058
32	2,106	1,976	1,831	1,712	1,604	1,505	1,415	1,332	1,255	1,184	1,118
33	2,223	2,087	1,933	1,808	1,694	1,590	1,494	1,406	1,325	1,250	1,180
34	2,346	2,185	2,040	1,908	1,884	1,677	1,576	1,484	1,398	1,318	1,246
35	2,473	2,304	2,150	2,011	1,787	1,768	1,662	1,564	1,474	1,390	1,313

APPENDICE

Des formes paraboliques appliquées au cubage des arbres.

Nous avons dit, au commencement de ce volume, que l'assimilation de la tige d'un arbre à une série de troncs de cône superposés l'un sur l'autre était d'autant plus exacte, que chacun des solides partiels, en lesquels on supposerait la tige décomposée, aurait une hauteur moindre. Il est clair que si l'on imagine cette hauteur infiniment petite, les génératrices de ces différents troncs de cône, considérées dans le même plan vertical, ne pourront former ou bien qu'une ligne droite, ou bien qu'une ligne brisée dont les éléments se confondront plus ou moins dans une ligne courbe.

Dans le règne végétal la nature ne procède jamais par lignes droites. Il est facile de constater qu'un arbre décroît de grosseur du pied au sommet, mais cette décroissance ne se réalise jamais proportionnellement aux hauteurs ; en un mot, la tige, quelque régulière qu'on la suppose, n'est jamais un cône, ni un tronc de cône.

Si un arbre, ayant 0^m,70 de diamètre au pied et 20 mètres

15.

de hauteur, mesure $0^m,49$ de diamètre au milieu ; il aura par exemple $0^m,60$ de diamètre au quart de sa hauteur et $0^m,35$ aux trois quarts. Si c'était un tronc de cône, il devrait avoir $0^m,595$ à 5^m et $0^m,385$ à 15 mètres.

Dans la première hypothèse, conforme à la réalité, la décroissance des diamètres va en augmentant ; dans la seconde, elle serait constante et uniforme.

Si l'on vérifie cette loi sur un arbre pris au hasard, il est certain qu'il se produira, dans la marche des décroissances, quelques anomalies de détail ; mais si l'on opérait sur une très grande quantité d'arbres, les anomalies de détail, qu'on serait amené à constater, oscilleraient tantôt dans un sens, tantôt dans l'autre ; de telle sorte qu'on peut affirmer que la loi de décroissance que nous venons d'indiquer est l'expression rigoureuse de la réalité, non pas pour un seul arbre pris au hasard, mais pour les arbres considérés dans leur ensemble, c'est-à-dire pour l'arbre-type d'un groupe. Or il ne peut être question que de l'arbre-type quand on traite de la forme des arbres en général.

Si l'on désigne par x une abscisse et par y l'ordonnée correspondante, on pourra exprimer la loi de décroissance *uniforme* par l'équation

$$y = p\,x$$

à laquelle correspond une ligne droite et où la quantité constante p marque le degré d'inclinaison de la droite. C'est le cas de la génératrice du cône ou du tronc de cône.

On pourra de même exprimer la loi de décroissance *uniformément variée* par l'équation

$$y^m = p\, x^n$$

à laquelle peut correspondre une courbe d'un degré quelconque, dont la quantité constante p est le paramètre. Cette courbe sera la génératrice du solide de révolution auquel on pourra assimiler la tige.

L'hypothèse la plus simple qu'on puisse faire sur la nature de cette courbe, est celle où, dans l'équation précédente, $m = 2$ et $n = 1$; dans ce cas, on a

$$y^2 = p\, x.$$

C'est l'équation de la *parabole ordinaire;* appelée encore *parabole d'Apollonius*, du nom de l'ancien géomètre qui trouva cette section conique.

Si, dans cette équation, l'on fait $x = 0$, le point de la courbe sera sur l'axe des coordonnées et à l'origine ; ce point sera le *sommet* de la parabole. A mesure que x augmentera, y augmentera aussi, et pour toute valeur particulière de x on aura

$$y = \pm \sqrt{p\, x}$$

il y aura donc pour chaque valeur unique de x, deux valeurs égales et de sens contraire pour y ; par conséquent la courbe sera symétrique par rapport à l'axe des x, qui est en même temps *l'axe* de la parabole.

Chaque valeur de x marquera un point de la longueur de la tige à partir du sommet, et chaque valeur correspondante de y sera le rayon de la section circulaire de la tige en ce point.

Pour deux valeurs quelconques de x, on aura :

$$y^2 = p\,x \text{ et } y'^2 = p\,x',$$

divisant membre à membre il viendra

$$\frac{x}{x'} = \frac{y^2}{y'^2};$$

en posant $d = 2\,y$, $d' = 2\,y'$ on aura de même :

$$\frac{x}{x'} = \frac{d^2}{d'^2}.$$

D'où, cette propriété bien connue des paraboles, que les carrés des diamètres (1) aux différentes hauteurs sont entre eux comme ces hauteurs.

Pour démontrer le lien géométrique qui existe entre la parabole, dont nous venons de parler et les autres courbes exprimées d'une manière générale par l'équation $y^m = px^n$, il nous faut maintenant aborder de nouvelles considérations.

On appelle particulièrement *tangente d'une courbe* la partie d'une tangente indéfinie à cette courbe, comprise entre le prolongement de l'axe et le point de contact. La *sous-tangente* est la projection sur l'axe de la tangente de la courbe.

Soient (fig. 34), une courbe plane ayant pour équation

____

(1) En géométrie pure ce sont les cordes de la parabole.

une fonction quelconque $y = (z)$; ST sa tangente en T et SP la sous-tangente correspondante.

D'un point T' du prolongement de ST abaissons T'P' perpendiculaire sur l'axe, et menons TI parallèle au même axe; nous aurons les deux triangles semblables TPS, TIT', qui donneront

$$\frac{SP}{TP} = \frac{TI}{T'I}.$$

Si l'on prend le point O pour origine des coordonnées, le côté T I pourra être considéré comme un accroissement de l'abscisse OP ou x. A chaque diminution de cet accroissement correspondra une diminution de T'I; en sorte que si TI tend vers zéro d'une manière continue, T'I tendra également vers zéro.

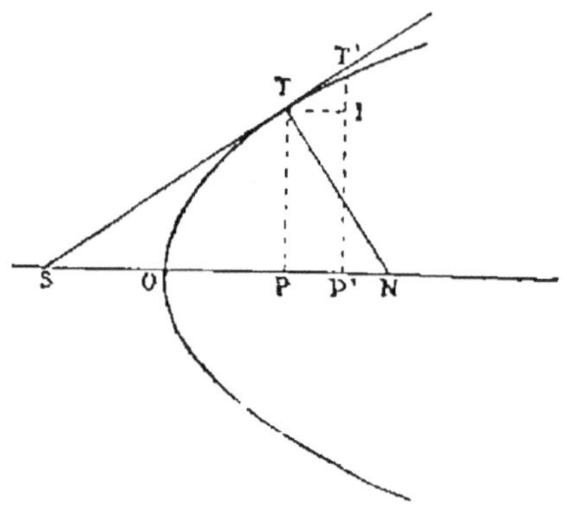

Fig. 34.

Or, dans l'hypothèse de TI infiniment petit, la droite TT' se confondra avec l'arc compris entre TP et T' P', et l'accroissement infiniment petit T' I pourra être considéré comme un accroissement infiniment petit de l'ordonnée T P ou y. Désignant par dx et dy ces accroissements infiniment petits de x et de y, l'égalité des rapports qui précède pourra s'écrire

$$\frac{SP}{y} = \frac{dx}{dy},$$

d'où sous-tangente $SP = y \dfrac{dx}{dy}$;

or $\dfrac{dx}{dy}$ est la dérivée de l'équation $\varphi\,(xy) = 0$ résolue par rapport à x; la sous-tangente sera donc égale au produit de l'ordonnée y qui la détermine par la dérivée de la fonction de la courbe.

Pour la parabole ordinaire, dont l'équation est $y^2 = px$, on aurait $x = \dfrac{y^2}{p}$, dont la dérivée $\dfrac{dx}{dy} = \dfrac{2y}{p}$, par conséquent

$$SP = y\,\frac{2y}{p} = \frac{2y^2}{p} = 2x,\ \text{puisque } y^2 = px.$$

La sous-tangente de la parabole est donc toujours égale au double de l'abscisse qui lui correspond.

On peut se demander maintenant ce que serait la courbe, si dans l'équation

$$\frac{1}{2}\,SP = x,$$

on remplaçait le coefficient $\dfrac{1}{2}$ par une fraction quelconque $\dfrac{n}{m}$. Il suffit pour répondre à cette question de faire un calcul inverse du précédent. Posons donc

$$\frac{n}{m}\,y\,\frac{dx}{dy} = x$$

ou $\qquad\qquad ny\,dx = m\,x\,dy;$

divisant cette égalité membre à membre par x puis par y, on aura

$$n\,\frac{dx}{x} = m\,\frac{dy}{y} \text{ ou } m\,\frac{dy}{y} - n\,\frac{dx}{x} = 0;$$

or la fonction primitive de $\frac{1}{x}$ est égale à L x de même celle de $\frac{1}{y}$ est L y. En intégrant l'équation différentielle précédente on a donc

$$m\,\text{L}\,y - n\,\text{L}\,x - \text{L}\,p = 0,$$

équation logarithmique où L p est une constante et qui donne

$$\frac{y^{m}}{px^{n}} = o, \text{ d'où } y^{m} = px^{n}.$$

Si dans cette dernière équation, on fait $m = 2$, $n = 1$, on retrouve bien celle de la parabole ordinaire.

En donnant successivement à m et n toute valeur qu'on voudra, on obtiendra des courbes du 2e, 3e, 4e..... m^e degré de 1e, 2e, 3e..... n^e espèce, qui auront toutes les mêmes propriétés, sauf les modifications qui résulteront des exposants m et n ou du coefficient $\frac{n}{m}$. Toutes ces courbes sont de la *famille des paraboles*.

La fraction $\frac{n}{m}$ est ce que nous appelons l'*indice de décroissance* de la courbe. A mesure que cette fraction diminue, la marche de la progression des accroissements des ordonnées devient moins rapide ; pour $\dfrac{1}{1}$ la progression est constante, et la courbe devient une droite inclinée sur l'axe ; pour $\dfrac{n}{x}$, la progression est nulle et la courbe se transforme en une parallèle à l'axe. Le solide de révolution engendré par la courbe est donc un cône, un paraboloïde ou un cylindre, suivant que l'indice est égal à $\dfrac{1}{1}$, $\dfrac{n}{m}$ ou $\dfrac{n}{x}$; et la loi de décroissance du paraboloïde ne dépend que de la fraction $\dfrac{n}{m}$. Cette influence de l'indice deviendra encore plus manifeste, à l'examen de la formule générale du volume des paraboloïdes.

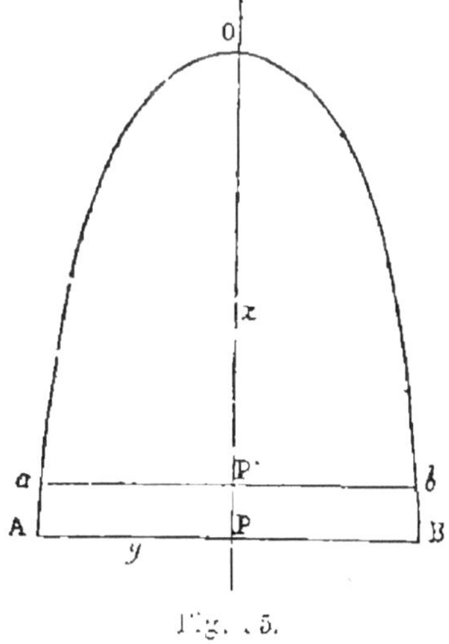

Fig. 5.

VOLUME DES PARABOLOÏDES DE RÉVOLUTION.

Une branche de parabole tournant autour de son axe engendre une surface courbe, qui détermine un paraboloïde de révolution. C'est ce solide dont nous nous proposons de chercher le volume, quelle que soit la nature de la courbe parabolique dont il relève.

Soient AOB un plan passant par l'axe du paraboloïde quelconque donné, et AB, ab deux sections perpendiculaires à l'axe OP. Le solide compris entre ces deux plans sécants pourra, si ces plans sont supposés suffisamment rapprochés, être considéré comme un tronc de cône.

Les coordonnées du point A étant x et y, en prenant le sommet O pour origine, on pourra exprimer la hauteur PP' supposée infiniment petite par la différence PP' ou dx des abscisses ; d'un autre côté, le rayon de base inférieure sera égal à l'ordonnée y et comme le rayon de base supérieure différera infiniment peu de y on pourra l'exprimer par $y - dy$. On aura dès lors :

$$h = dx \qquad R = y \qquad r = y - dy.$$

Le volume du tronc de cône infiniment petit considéré sera :

$$dV = \frac{1}{3} \pi \, d x \, [(y^2 + (y - dy)^2 + y \, (y - dy)];$$

en développant on a :

$$dV = \frac{1}{3} \pi \, (3 \, y^2 \, dx + d^2 \, y \, d x - 3 \, y \, d x \, dy);$$

or, le produit de deux ou plusieurs quantités infiniment petites est nul par rapport à ces quantités ; il restera donc :

$$dV = \pi \, y^2 \, dx,$$

dont l'intégrale est le volume cherché :

$$V = \pi \int y^2 \, dx.$$

Remplaçant dans cette formule y par sa valeur tirée de l'équation $y^m = px^n$, il vient :

$$V_{\frac{n}{m}} = \pi \int p^{\frac{2}{m}} x^{\frac{2n}{m}} \, dx,$$

pour laquelle l'intégration donne :

$$V_{\frac{n}{m}} = \frac{m}{2n + m} \, \pi \, y^2 x;$$

substituons à y, 1/2 D et à x, H, on aura définitivement :

$$V_{\frac{n}{m}} = \frac{m}{2n + m} \frac{\pi}{4} D^2 H. \ldots \ldots \ldots (a)$$

D'où, cette proposition : Le volume d'un paraboloïde de révolution quelconque est égal à celui d'un cylindre de même base et de même hauteur, multiplié par un coefficient qui ne dépend que de l'indice du paraboloïde.

$$\text{pour } \frac{n}{m} = \frac{1}{2}, \text{ on a } \frac{m}{2n + m} = \frac{1}{2} \qquad V_{\frac{1}{2}} = \frac{1}{2} \frac{\pi}{4} D^2 H;$$

$$\frac{n}{m} = \frac{1}{3} \qquad \frac{m}{2n + m} = \frac{3}{5} \qquad V_{\frac{1}{3}} = \frac{3}{5} \frac{\pi}{4} D^2 H;$$

$$\frac{n}{m} = \frac{1}{8} \qquad \frac{m}{2n + m} = 0,8 \qquad V_{\frac{1}{8}} = 0,8 \frac{\pi}{4} D^2 H$$

et ainsi pour toute valeur de $\frac{n}{m}$, depuis $\frac{1}{1}$ qui donne :

$$\text{pour } \frac{m}{2n + m} = \frac{1}{3}, \; V_{\frac{1}{3}} = \frac{1}{3} \frac{\pi}{4} D^2 H = \text{cône, jusqu'à } \frac{1}{\infty}$$

$$\text{d'où } \frac{m}{2n + m} = \frac{\infty}{\infty} = 1, \text{ et } V_{\frac{1}{\infty}} = \frac{\pi}{4} D^2 H = \text{cylindre.}$$

Voici les deux principaux problèmes à résoudre dans les questions de cubage :

1° Connaissant la hauteur H, le diamètre à la base D et l'indice du paraboloïde, déterminer son diamètre d à une hauteur quelconque h;

2° Connaissant le diamètre à la base et le diamètre à un point connu de la hauteur, déterminer l'indice du paraboloïde.

Solution. — La formule générale $y^m = px^n$ donne

$$\frac{y^m}{x^n} = p \text{ et } \frac{y'^m}{x'^n} = p;$$

on aura donc :

$$\frac{d^m}{(H - h)^n} = \frac{D^m}{H^n},$$

Par suite

$$d^m = D^m \frac{(H - h)^n}{H^n};$$

cette expression se simplifie, quand h est une fraction simple de H; par exemple si $H = 2\,h$, elle devient :

$$d^m = D^m \left(\frac{h}{2h}\right)^n = D^m \left(\frac{1}{2}\right)^n$$

et pour toute valeur de $h = \frac{\alpha}{q}\,H$:

$$d^m = D^m \left(\frac{q - \alpha}{q}\right)^n.$$

Cette expression d'un diamètre quelconque, en fonction du

diamètre à la base est fort simple à calculer sous la forme :

$$\log d = \log \mathrm{D} + \frac{n}{m} \log \left(\frac{q - \alpha}{q} \right).$$

Cette formule logarithmique nous permet de résoudre la seconde question, puisqu'on a :

$$\frac{n}{m} = \frac{\log d - \log \mathrm{D}}{\log \dfrac{q - \alpha}{q}}.$$

Soit, comme exemple, un paraboloïde dans lequel on a D = 0,70 et d = 0,62 au quart de sa hauteur, c'est-à-dire aux 3/4 de la longueur totale *à partir du sommet*. On aura :

$$\frac{n}{m} = \frac{\log 0,62 - \log 0,70}{\log 0,75} = \frac{-0,2076 + 0,1549}{-0,12494} = \frac{527}{1249} = \frac{2}{5}.$$

S'il s'agissait maintenant de calculer le volume de ce paraboloïde, on poserait $m = 5$, $n = 2$, et le coefficient de volume serait :

$$\frac{m}{2n + m} = \frac{5}{9} = 0,555 ;$$

et l'expression du volume deviendrait :

$$\mathrm{V} = 0,555 \times \frac{\pi}{4} \, 0,70^2 \times \mathrm{H}.$$

Ce qui fait voir que pour tous les paraboloïdes de même *indice* et de même *diamètre*, les volumes sont proportionnels aux hauteurs.

En supposant la hauteur égale à 20 m., on aurait :

$$V = 0,555 \times 0,3848 \times 20 = 4^{mc},271 ;$$

mais la fraction $\dfrac{2}{5}$ n'est qu'approximative, si l'on tenait à

une plus grande exactitude il faudrait poser :

$$\frac{n}{m} = \frac{527}{1249} \quad \text{d'où} \quad \frac{m}{2n + m} = \frac{1249}{2343} = 0,533,$$

ce qui donnerait :

$$V = 0,533 \times 0,3848 \times 20 = 4^{mc},102.$$

On pourrait encore déterminer l'indice du paraboloïde, connaissant son volume, son diamètre et sa hauteur.

En effet, on a $V = \dfrac{m}{2n + m} \dfrac{\pi}{4} D^2 H$, d'où $\dfrac{m}{2n + m} =$

$\dfrac{4V}{\pi D^2 H} = \dfrac{a}{b}$; de l'égalité $\dfrac{m}{2n + m} = \dfrac{a}{b}$ on tire $\dfrac{n}{m} = \dfrac{b - a}{2a}$.

Soit, comme exemple, un paraboloïde de 0,45 de diamètre à la base et de 27 m. de hauteur, ayant un volume de $2^{mc},200$ on aurait :

$$\frac{\pi}{4} 0,45^2 \times 27 = 4^{mc},293,$$

d'où
$$\frac{a}{b} = \frac{2.200}{4.293} = \frac{512}{1000} ;$$

par conséquent $\dfrac{n}{m} = \dfrac{1000 - 512}{1024} = \dfrac{61}{128}.$

VOLUME DES TRONCS DE PARABOLOÏDES.

Le volume d'un tronc de paraboloïde est égal à la différence de deux paraboloïdes, ayant même sommet et même indice, et ayant pour bases, l'un la base inférieure du tronc, l'autre sa base supérieure.

On aura donc, en appelant H et H' les distances des deux bases au sommet :

$$V = \frac{m}{2n + m} \frac{\pi}{4} (D^2 H - D'^2 H'). \ . \ . \ . \ . \ (b)$$

Cette expression peut se simplifier. Posons $H - H' = h$ et $H = qh$, on aura :

$$D^2 H - D'^2 H' = D^2 H - D'^2 H \left(\frac{q-1}{q} \right)$$

$$= H \left[D^2 - D'^2 \left(\frac{q-1}{q} \right) \right];$$

d'après une relation démontrée précédemment on a :

$$D' = D \left(\frac{q-1}{q} \right)^{\frac{n}{m}};$$

substituant à D' cette valeur, il vient :

$$D^2 H - D'^2 H' = H \left[D^2 - D^2 \left(\frac{q-1}{q} \right)^{\frac{2n}{m}} \left(\frac{q-1}{q} \right) \right],$$

d'où $D^2 H - D'^2 H = H D^2 \left[1 - \left(\frac{q-1}{q} \right)^{\frac{2n+m}{m}} \right];$

on a donc

$$V = \frac{m}{2n + m} \frac{\pi}{4} HD^2 \left[1 - \left(\frac{q - 1}{q} \right)^{\frac{2n + m}{n}} \right]. \quad . \quad (c)$$

Sous cette forme, l'influence du coefficient de volume sur le volume du tronc de paraboloïde est sensible.

Pour le paraboloïde ordinaire, indice $\frac{1}{2}$, en faisant $q = 2$

on aurait $\frac{1}{2} \frac{\pi}{4} H D^2 \left(1 - 0,5^2 \right) = \frac{\pi}{4} H D^2 \times \frac{1}{2} 0.75 =$

$$= \frac{\pi}{4} D^2 H \times 0.375 ;$$

pour le paraboloïde cubique,

$$\frac{3}{5} \frac{\pi}{4} HD^2 \left(1 - 0,5^{\frac{5}{3}} \right) = \frac{\pi}{4} H D^2 \times 0.411.$$

Dans la plupart des cas, on ne connaît ni H ni H', mais seulement leur différence h, c'est-à-dire la hauteur du tronc de paraboloïde. Dans ces conditions la formule du volume doit être modifiée comme nous allons l'établir.

Soit un tronc provenant d'un paraboloïde quelconque, d'indice $\frac{n}{m}$, ayant pour diamètres de bases D et d et pour hauteur h; appelant H et H' les distances de ces bases au sommet du paraboloïde, on a :

$$D^m = pH^n \quad \text{ou} \quad D^{\frac{m}{n}} = p^{\frac{1}{n}}H,$$

$$d^m = pH'^n \quad \text{ou} \quad d^{\frac{m}{n}} = p^{\frac{1}{n}}H' ;$$

ce qui donne
$$\frac{D^{\frac{m}{n}}}{d^{\frac{m}{n}}} = \frac{H}{H'} \; ;$$

d'où l'on tire successivement :

$$\frac{H}{H - H'} = \frac{D^{\frac{m}{n}}}{D^{\frac{m}{n}} - d^{\frac{m}{n}}}, \quad H = \frac{h D^{\frac{m}{n}}}{D^{\frac{m}{n}} - d^{\frac{m}{n}}} \; ;$$

$$\frac{H'}{H - H'} = \frac{d^{\frac{m}{n}}}{D^{\frac{m}{n}} - d^{\frac{m}{n}}}, \quad H' = \frac{h d^{\frac{m}{n}}}{D^{\frac{m}{n}} - d^{\frac{m}{n}}} \; ;$$

remplaçant, dans la formule du volume (b), H et H' par les valeurs que nous venons de trouver, on a :

$$V = \frac{m}{2n + m} \frac{\pi}{4} \left(D^2 \frac{D^{\frac{m}{n}} h}{D^{\frac{m}{n}} - d^{\frac{m}{n}}} - d^2 \frac{d^{\frac{m}{n}} h}{D^{\frac{m}{n}} - d^{\frac{m}{n}}} \right) ;$$

ou $\qquad V = \frac{m}{2n + m} \frac{\pi}{4} h \left(\frac{D^{\frac{m + 2n}{n}} - d^{\frac{m + 2n}{n}}}{D^{\frac{m}{n}} - d^{\frac{m}{n}}} \right) \dots \; (d)$

Quand l'indice est $\frac{1}{2}$ la formule prend la forme très simple

$$V = \frac{1}{2} \frac{\pi}{4} h \left(\frac{D^4 - d^4}{D^2 - d^2} \right),$$

ou $\qquad V = \frac{1}{2} \frac{\pi}{4} h \left(D^2 + d^2 \right) ;$

mais la condition d'un quotient parfait, pour la quantité entre parenthèses de la formule (d), n'existe que pour l'indice $\dfrac{n}{m} = \dfrac{1}{2}$; dans tous les autres cas, on est obligé de se soumettre aux complications de la formule générale (d).

APPLICATION DE LA THÉORIE QUI PRÉCÈDE
AU CUBAGE DES ARBRES.

La formule de cubage la plus simple et la plus employée dans la pratique, est celle dite du cylindre moyen. En appelant H la hauteur de l'arbre et δ son diamètre au milieu, on a ainsi, comme on sait :

$$V = \frac{\pi}{4}\, \delta^2\, H.$$

Cette formule serait rigoureusement exacte, si l'arbre avait entièrement la forme d'un paraboloïde ordinaire (indice $\dfrac{1}{2}$).

En effet, soient D le diamètre à la base et δ le diamètre au milieu de la hauteur du paraboloïde ayant pour volume :

$$V = \frac{1}{2}\,\frac{\pi}{4}\, D^2\, H.$$

Le diamètre au milieu déduit du diamètre à la base est en général :

$$\delta = D\left(\frac{1}{2}\right)^{\frac{n}{u}};$$

pour l'indice $\frac{1}{2}$, on a :

$$\delta = D \left(\frac{1}{2}\right)^{\frac{1}{2}} ;$$

par conséquent

$$D = \delta \sqrt{2} ;$$

remplaçant, dans la formule du volume, D par sa valeur, il vient :

$$V = \frac{\pi}{4} \delta^2 H ;$$

ce qui est identique à la formule pratique de cubage.

Mais cette particularité n'existe que pour le paraboloïde ordinaire. Dans tous les autres cas, le diamètre à la base en fonction du diamètre au milieu a pour expression.

$$D = \delta (2)^{\frac{n}{m}} \text{ ou } \delta \sqrt[m]{2^n}.$$

Il existe alors une différence entre le volume du cylindre moyen et celui du paraboloïde d'indice quelconque autre que $\frac{1}{2}$; cette différence a pour expression :

$$E = \frac{\pi}{4} \delta^2 H \left(1 - \frac{m}{2n + m} \times 2^{\frac{2n}{m}}\right)$$

Pour $\frac{n}{m} = \frac{1}{1}$, cas du cône, la quantité entre parenthèses donne :

$$\frac{3 - 4}{3} = 0,333, \text{ } \textit{erreur par défaut.}$$

pour $\dfrac{n}{m} = \dfrac{1}{4}$ on trouve de même :

$$\frac{6 - 4 \times 2^{\frac{1}{2}}}{6} = \frac{0,344}{6} = 0,057, \textit{ erreur par excès.}$$

En supposant, ce qui est toujours possible, que l'indice soit représenté sous la forme $\dfrac{1}{m}$, la formule précédente

$$1 - \frac{m}{2 + m} \times 2^{\frac{2n}{m}} = y.$$

exprimera, par mètre cube, l'erreur qui varie avec m. L'étude de cette fonction de m permettra de constater que, pour toute valeur de $m < 2$, l'erreur sera négative ou *par défaut* et ira en augmentant jusqu'à l'infini; qu'elle sera nulle pour $m = 2$ et $m = \infty$; et qu'entre ces deux limites l'erreur sera positive ou *par excès*, en passant par un maximum pour une valeur de m comprise entre 4 et 5; ce maximum est d'environ 5, 8 %.

Il est facile d'observer la marche de la courbe qui en résulte, à l'aide des résultats consignés dans le tableau suivant page 280, qui pourront servir à construire cette courbe.

Éléments de la courbe des erreurs commises sur les volumes des paraboloïdes, en employant la formule du cylindre moyen.

Valeurs de m.	ERREURS		Valeur de l'indice et désignation particulière du paraboloïde correspondant.
	par défaut.	par excès.	
0.9	0.4481	»	1.111 à courbe concave.
1.»	0.3333	»	1.000 cône.
1.1	0.2513	»	0.999
1.2	0.1905	»	0.833
1.3	0.1443	»	0.769
1.4	0.1084	»	0.714
1.5	0.0799	»	0.666 cubique 2°.
1.8	0.0232	»	0.555
1.9	0.0106	»	0.526
2.»	0.0000	»	0.500 d'Apollonius.
2.1	»	0.0089	0.476
2.2	»	0.0164	0.442
2.3	»	0.0256	0.435
2.4	»	0.0281	0.417
2.5	»	0.0327	0.400
3.»	»	0.0375	0.333 cubique 1re.
4.5	»	0.0579	0.222
8.»	»	0.0486	0.167
40.»	»	0.0140	0.025

Les mêmes comparaisons, entre les volumes du cylindre moyen et des troncs de paraboloïdes, fournissent des résultats analogues, mais les différences sont moindres et la courbe des erreurs est plus aplatie.

Voici la marche du calcul.

Désignons la hauteur h du tronc de paraboloïde par une fraction de la hauteur totale H de ce paraboloïde; on aura $h = H \times \dfrac{a}{q}$. La distance de la base supérieure du tronc au sommet du paraboloïde dont il dépend, sera

$$x = H - H \times \frac{x}{q}, \text{ ou } x = H \left(\frac{q - \alpha}{q} \right).$$

Si l'on considère un autre point de la hauteur du tronc, correspondant à la hauteur h' par exemple, tel qu'on ait $h' = \dfrac{h}{k}$, la distance de ce point au sommet sera

$$x' = H \left(\frac{q - \alpha}{q} \right) + h \left(\frac{k - 1}{k} \right).$$

ou, en remplaçant h par $H \times \dfrac{\alpha}{q}$,

$$x' = H \left[\frac{q - \alpha}{q} + \frac{\alpha}{q} \left(\frac{k - 1}{k} \right) \right].$$

Si, dans cette expression, l'on fait $k = 2$, le diamètre au point x' sera celui du milieu du tronc de paraboloïde et l'on aura

$$x' = H \left(\frac{2q - \alpha}{2q} \right)$$

Cela posé, D, δ, d, étant les diamètres à la base inférieure, au milieu et à la base supérieure, on aura, en supposant l'indice sous la forme $\dfrac{1}{m}$

$$\frac{D^m}{\delta^m} = \frac{H}{H \left(\dfrac{2q - \alpha}{2q} \right)} = \frac{2q}{2q - \alpha} ;$$

on en déduit

$$D = \delta \left(\frac{2q}{2q - \alpha} \right)^{\frac{1}{m}};$$

on aurait de même

$$D = d \left(\frac{q}{q - \alpha} \right)^{\frac{1}{m}};$$

égalant ces deux valeurs de D, on a

$$d \left(\frac{q}{q - \alpha} \right)^{\frac{1}{m}} = \delta \left(\frac{2q}{2q - \alpha} \right)^{\frac{1}{m}};$$

et par suite

$$d = \delta \left(\frac{2q - 2\alpha}{2q - \alpha} \right)^{\frac{1}{m}}.$$

Si maintenant dans la formule générale du volume des troncs de paraboloïdes

$$V = \frac{m}{2 + m} \frac{\pi}{4} h \left(\frac{D^{2+m} - d^{2+m}}{D^m - d^m} \right),$$

on remplace D et d par les valeurs précédemment trouvées, on aura, après réductions

$$V = \frac{m}{2 + m} \frac{\pi}{4} h \delta^2 \left[\frac{\left(\dfrac{2q}{2q - \alpha} \right)^{\frac{2+m}{m}} - \left(\dfrac{2q - 2\alpha}{2q - \alpha} \right)^{\frac{2+m}{m}}}{\dfrac{2\alpha}{2q - \alpha}} \right] \dots (a).$$

Supposons qu'il s'agisse d'un tronc de paraboloïde dont

la hauteur h soit les $\dfrac{3}{4}$ de celle du paraboloïde, on aura

$\dfrac{\alpha}{q} = \dfrac{3}{4}$ et par suite le terme entre parenthèses de l'expression (a) deviendra

$$\frac{\left(\dfrac{8}{5}\right)^{\frac{2+m}{m}} - \left(\dfrac{2}{5}\right)^{\frac{2+m}{m}}}{\dfrac{6}{5}} = \frac{1{,}6^{\frac{2+m}{m}} - 0{,}4^{\frac{2+m}{m}}}{1{,}2}.$$

Pour le paraboloïde ordinaire, indice $\dfrac{1}{2}$, on aura

$$\frac{1{,}6^{2} - 0{,}4^{2}}{1{,}2} = 2.$$

La formule du volume deviendrait donc dans ce cas

$$V = \frac{1}{2}\,\frac{\pi}{4}\,\delta^{2} h \times 2 = \frac{\pi}{4}\,\delta^{2} h.$$

Ainsi les troncs de ce paraboloïde, comme ce paraboloïde lui-même, ont même volume que le cylindre construit sur le diamètre mesuré au milieu de la hauteur du tronc.

Mais cette particularité est spéciale au tronc de paraboloïde ordinaire, parce que la valeur de $m = 2$ est la seule qui donne

$$\frac{2+m}{m} = 2.$$

Il existe donc, entre le volume des cylindres moyens

et les troncs de tous les autres paraboloïdes, une différence, soit par défaut, soit par excès, dont la valeur a pour expression

$$1 - \frac{m}{2 + m} \left[\frac{\left(\dfrac{2q}{2q - \alpha}\right)^{\frac{2 + m}{m}} - \left(\dfrac{2q - 2\alpha}{2q - \alpha}\right)^{\frac{2 + m}{m}}}{\dfrac{2\alpha}{2q - \alpha}} \right]$$

dans laquelle m et $\dfrac{\alpha}{q}$ sont des variables.

1er cas. — Supposons d'abord $\dfrac{\alpha}{q}$ constant et $\alpha < q$.

La quantité $\dfrac{2q}{2q - \alpha}$ est toujours plus grande que 1 et la quantité $\dfrac{2q - 2\alpha}{2q - \alpha}$ plus petite que 1 ; lorsque m est plus petit ou plus grand que 2 l'exposant $\dfrac{2 + m}{m}$ est plus grand ou plus petit que 2. Le facteur $\dfrac{m}{2 + m}$ est réciproque de l'exposant ; mais son influence inverse sur le résultat est moindre que celle de l'exposant. Le second terme de l'expression devient donc plus grand ou plus petit que 1 suivant que m est plus petit ou plus grand que 2 ; puisqu'il est égal à 1 quand $m = 2$; dans le premier cas, $m < 2$, l'erreur est négative ou par défaut ; dans le second, $m > 2$, l'erreur est positive ou par excès.

Si m diminue, l'erreur par défaut augmente ; et pour m très petit, l'exposant devenant très grand, le numérateur de l'expression prend une valeur infiniment grande, hors de proportion avec la valeur du coefficient $\dfrac{m}{2+m}$, lequel doit être considéré comme n'exerçant plus d'influence sur le résultat.

L'expression de l'erreur devient dès lors

$$E = 1 - \infty = - \infty.$$

C'est le cas où la génératrice du tronc présenterait sa convexité du côté de l'axe de rotation ; les arbres en présentent quelques exemples surtout vers le pied.

Si m augmente, à partir de 2, l'erreur par excès augmente. Mais pour m très grand l'exposant $\dfrac{2+m}{m}$ se réduit à 1, en effet $\dfrac{2+m}{m} = \dfrac{2}{m} + 1$; remplaçant m par une quantité infiniment grande, on aura $\dfrac{2}{\infty} + 1 = 1$; d'ailleurs le coefficient $\dfrac{m}{2+m}$ devient $\dfrac{\infty}{\infty} = 1$. Ces deux résultats font voir que le second terme de l'expression se réduit à

$$1 \times \dfrac{\dfrac{2q}{2q-\alpha} - \dfrac{2q-2\alpha}{2q-\alpha}}{\dfrac{2\alpha}{2q-\alpha}} = 1.$$

Dans cette hypothèse (cas du cylindre), l'erreur est donc nulle. De cette discussion, il résulte qu'entre $m = 2$

et $m = +\infty$, la fonction étant continue, il doit nécessairement exister une valeur de m rendant l'erreur maxima. Cette valeur de m est comprise entre 4 et 5.

2ᵉ cas. — Supposons maintenant m constant, et étudions les variations de l'erreur suivant celles de la fraction $\dfrac{\alpha}{q}$, dans laquelle il suffit de faire varier l'un des termes, q par exemple.

Dans l'expression

$$\frac{\pi}{4}\,\delta^2 h\left[1 - \frac{m}{2+m}\,\frac{\left(\dfrac{2q}{2-a}\right)^{\frac{2+m}{m}} - \left(\dfrac{2q-2\alpha}{2q-a}\right)^{\frac{2+m}{m}}}{\dfrac{2\alpha}{2q-\alpha}}\right]$$

remplaçons h par sa valeur $H \times \dfrac{\alpha}{q}$, l'expression générale de l'erreur deviendra

$$E = \frac{\alpha}{q} - \frac{\alpha}{q} \times \frac{m}{2+m} \times \frac{2q-\alpha}{2\alpha} \times$$

$$\left[\left(\frac{2q}{2q-\alpha}\right)^{\frac{2+m}{m}} - \left(\frac{2q-2\alpha}{2q-\alpha}\right)^{\frac{2+m}{m}}\right];$$

ou en réduisant

$$E = \frac{\alpha}{q} - \frac{m}{2+m} \times \frac{2q-\alpha}{2q} \times$$

$$\left[\left(\frac{2q}{2q-\alpha}\right)^{\frac{2+m}{m}} - \left(\frac{2q-2\alpha}{2q-\alpha}\right)^{\frac{2+m}{m}}\right].$$

Si l'on fait q infiniment grand ; il est visible que l'expression qui précède se réduit à $\dfrac{\alpha}{\infty} = 0$.

Si l'on fait $q = \alpha$, l'expression de l'erreur devient

$$E = 1 - \frac{m}{2+m} \times \frac{1}{2}\left(2\right)^{\frac{m+2}{m}};$$

mais comme $2^{\frac{2+m}{m}} = 2^{\frac{2}{m}} \times 2$, on aura

$$E = 1 - \frac{m}{2+m} \times 2^{\frac{2}{m}}.$$

Expression identique à celle de l'erreur sur les paraboloïdes entiers ; ce qui devait être, puisque, en faisant $\alpha = q$, on suppose $h = H$.

Cette discussion démontre que l'erreur commise sur les troncs de paraboloïdes est toujours moindre que sur les paraboloïdes de même indice ; et que cette erreur va en diminuant à mesure que la hauteur du tronc diminue.

On se rendra compte de l'importance relative des erreurs et de leurs variations, suivant la hauteur des troncs et leur indice, dans le tableau suivant.

TABLE DES ERREURS

COMMISES POUR 1^{mc}, EN MESURANT LE VOLUME DES TRONCS
DE PARABOLOÏDES AU MOYEN DE LA SECTION MÉDIANE.

Hauteur du tronc exprimée en fraction de la hauteur du paraboloïde. $\dfrac{\alpha}{q}$	DÉSIGNATION DE L'INDICE AUQUEL CORRESPONDENT LES TRONCS DE PARABOLOÏDES.					
	$\dfrac{1}{1}$ cône.	$\dfrac{1}{2}$ paraboloïde ordinaire.	$\dfrac{1}{3}$ paraboloïde cubique.	$\dfrac{1}{4}$ paraboloïde du 4' ordre.	$\dfrac{1}{5}$ paraboloïde du 5' ordre.	$\dfrac{1}{6}$ paraboloïde du 6' ordre.
	par défaut		par excès	par excès	par excès	par excès
$\dfrac{1}{10}$...	0.00092	0.000000	0.000100	0.000118	0.000118	0.000106
$\dfrac{1}{9}$...	0.00115	0.000000	0.000125	0.000145	0.000139	0.000132
$\dfrac{1}{8}$...	0.00148	0.000000	0.000168	0.000185	0.000181	0.000168
$\dfrac{1}{7}$...	0.00197	0.000000	0.000223	0.000266	0.000240	0.000221
$\dfrac{1}{6}$...	0.00275	0.000000	0.000318	0.000353	0.000332	0.000311
$\dfrac{1}{5}$...	0.00412	0.000000	0.000460	0.000517	0.000495	0.000450
$\dfrac{1}{4}$...	0.00681	0.000000	0.000755	0.000851	0.000821	0.000754
$\dfrac{1}{3}$...	0.01333	0.000000	0.001489	0.001681	0.001615	0.001495
$\dfrac{1}{2}$...	0.03701	0.000000	0.004190	0.004731	0.004363	0.004222
$\dfrac{3}{4}$...	0.12000	0.000000	0.014192	0.016147	0.015668	0.014500

Principe général sur la recherche des résultats approchés.

Lorsqu'un résultat R dépend, ou est fonction de plusieurs quantités x, y, z...; l'erreur qui peut affecter ce résultat est une fonction des erreurs particulières commises sur les quantités x, y, z... Si au lieu de x, le mesurage ou l'observation donne x'; et de même y', z'.., au lieu de y, z...; l'erreur sur R sera une fonction des quantités $x-x'$, $y-y'$, $z-z'$....

Si l'on désigne par $d\,x$, $d\,y$, $d\,z$,... ces différences, supposées assez petites pour que leur produit soit nul, c'est-à-dire négligeable; l'erreur du résultat pourra s'exprimer de la manière suivante.

$$E = \frac{dR}{dx}\,dx + \frac{dR}{dy}\,dy + \frac{dR}{dz}\,dz + \ldots\ldots\ldots$$

Le résultat R, quelles que soient les conditions dans lesquelles on l'obtient, n'est jamais exact d'une façon absolue. Le cas le plus favorable est celui où il ne dépend que d'un petit nombre de quantités. Ainsi, pour la détermination des volumes, le minimum de ces quantités en général est de trois.

Quand le solide à cuber affecte une forme géométrique, on peut admettre que chacune de ses dimensions correspond aux conditions géométriques de sa forme; et l'erreur dans ce cas ne dépendra que de celles commises dans les mesurages. Si l'on considère par exemple un cube exactement géométrique, ses dimensions pourront être mesurées indifféremment sur l'une quelconque de ses six faces et sur une seule, puisque on les suppose rigoureusement égales entre elles. Mais ce n'est là, en fait, qu'une pure hypothèse, inadmissible dans l'application, si ce n'est dans le cas fort rare où la réalité ne s'en écarte pas d'une façon sensible. Aussi devrait-on, en général, mesurer au moins les trois dimensions d'un cube et souvent les dimensions de ses six faces.

Si l'on considère comme nulles ou négligeables les erreurs de mesurage commises sur les dimensions, on aura :

$$\mathrm{E} = \frac{dV}{dx}\,dx + \frac{dV}{dy}\,dy + \frac{dV}{dz}\,dz = yz\,dx + xz\,dy + xy\,dz = 0$$

Mais il est clair que si, au lieu de mesurer *directement* les trois dimensions, on s'était borné, se fiant sur la régularité de forme du solide, à ne mesurer que la seule dimension x; parmi les quantités dx, dy, dz, de l'expression précédente, on ne serait autorisé à considérer comme nulle que dx, et l'erreur totale, au lieu de s'annuler, aurait pour valeur

$$\mathrm{E} = xz\,dy + xy\,dz,$$

l'importance de dy et dz dépendant du plus ou moins de défectuosité de forme du cube considéré.

Des considérations qui précèdent, ressort clairement le principe suivant :

Le degré de précision, dans la détermination des volumes, dépend du nombre des éléments qu'on y fait concourir. Il faut que ces éléments soient en rapport avec le nombre des conditions, auxquelles les formes plus ou moins géométriques des solides sont assujetties.

Ces éléments sont infinis, si l'on considère la forme des arbres comme résultant d'une suite de troncs de cône superposés. Les surfaces coniques, en effet, sont réglées ; tandis que celles des arbres ne le sont pas ou ne le sont qu'exceptionnellement. Les cubages de précision par cette méthode, seraient donc très compliqués.

Les troncs de paraboloïdes, au contraire, sont susceptibles de coïncider sur des espaces finis avec la surface des arbres. Il en résulte la possibilité, avec un nombre d'éléments moindres, d'atteindre une plus grande précision dans la détermination des volumes ; ou la même précision par des moyens plus simples ; c'est là précisément en quoi consiste l'art de cuber.

Considérons, maintenant, l'arbre dans sa forme naturelle ; c'est-à-dire présentant dans le cours de sa longueur des décroissances se rapportant à des *indices* différents, depuis $\dfrac{1}{m} = \dfrac{1}{1}$ jusqu'à $\dfrac{1}{m} = \dfrac{1}{4}$ par exemple ; et supposons le cas le plus défavorable, celui où tous ces indices se rapprochent assez de 1 pour qu'on puisse adopter ce type ; c'est-à-dire le cône.

On sait qu'en prenant le diamètre au milieu, on obtiendrait par la méthode du cylindre moyen, un volume qui serait d'un tiers trop faible. Mais en appliquant le principe général précédent, on peut arriver à réduire cette erreur à une quantité beaucoup moindre et même négligeable, sans se départir de la méthode des cylindres moyens. En effet, si l'on partage la tige en dix parties par des sections perpendiculaires à l'axe et équidistantes, la hauteur de chaque tronc sera égale, pour le premier tronc à $\frac{1}{10}$ de la hauteur totale ou $\frac{1}{10}$ H ; pour le 2e, à $\frac{1}{9}$ de la hauteur au-dessus du premier tronc, ou $\frac{1}{9}$ H′ et ainsi de suite jusqu'au dernier dont la hauteur sera évidemment h, en appelant h la hauteur de chaque tronc ; si l'on désigne par v v', v'', ... v_{10}, les volumes partiels de chaque tronc ; les erreurs commises sur chacun seront données par le tableau de la page 288 et l'erreur totale sera égale à E $= -\ (0,00092\ v + 0,00115\ v' + 0,00148\ v'' + ... 0,3333\ v_{10}.)$

Pour déterminer la valeur relative des volumes partiels v_1 v_2 v_3 ..... On trouvera sans difficulté, en utilisant les propriétés des paraboloïdes, l'expression suivante :

$$v_\alpha = V \left[\left(\frac{p - (\alpha - 1)}{p} \right)^3 - \left(\frac{p - \alpha}{p} \right)^3 \right],$$

en désignant par V le volume total de la tige, par p le nombre de sections, et par α le rang des troncs partiels à partir de la base inférieure. Effectuant les calculs pour V $= 1$ et $p = 10$ en donnant successivement à α les valeurs 1 à 10 ; puis multipliant chaque résultat par le coefficient de l'erreur correspondante, on trouve :

$$
\begin{aligned}
\text{pour } v_1 \quad & 0.271 \times 0.00092 \quad\;\; 0.000249 \\
v_2 \quad & 0.217 \times 0.00115 = 0.000249 \\
v_3 \quad & 0.169 \times 0.00148 = 0.000250 \\
v_4 \quad & 0.127 \times 0.00197 = 0.000250 \\
v_5 \quad & 0.091 \times 0.00275 = 0.000250 \\
v_6 \quad & 0.061 \times 0.00412 = 0.000251 \\
v_7 \quad & 0.037 \times 0.00681 = 0.000652 \\
v_8 \quad & 0.019 \times 0.01333 = 0.000253 \\
v_9 \quad & 0.007 \times 0.03701 = 0.000259 \\
v_{10} \quad & 0.001 \times 0.33333 = 0.000333
\end{aligned}
$$

Erreur totale. . . . $= 0.002796$ par défaut.

Ainsi, dans le cas le plus défavorable, celui où l'on suppose que la tige affecte la forme conique dans toutes ses parties, l'erreur commise, en calculant le volume par les cylindres moyens et dix sections, pourra être considérée comme absolument nulle.

Dans l'exemple qui précède, l'erreur est par défaut et les volumes partiels ont été calculés dans des conditions qui ne se réaliseront pour ainsi dire jamais.

Admettons donc l'hypothèse qui se rapproche le plus de la réalité, celle de la forme du paraboloïde $\frac{1}{2}$.

Dans ce cas la formule générale qui permet de calculer les volumes partiels $v_1\ v_2\ v_3 \dots$ prend la forme.

$$
v_\alpha = V\left[\left(\frac{p-(\alpha-1)}{p}\right)^2 - \left(\frac{p-\alpha}{p}\right)^2\right]
$$

En effectuant les calculs comme précédemment, mais en multipliant les résultats obtenus par le coefficient le plus fort des erreurs par excès correspondantes du tableau de la page 288 on trouve :

$$
\begin{aligned}
\text{pour } r_1 \quad & 0.19 \times 0.000118 = 0.0000224 \\
r_2 \quad & 0.17 \times 0.000145 = 0.0000246 \\
r_3 \quad & 0.15 \times 0.000185 = 0.0000277 \\
r_4 \quad & 0.13 \times 0.000266 = 0.0000346 \\
r_5 \quad & 0.11 \times 0.000353 = 0.0000388 \\
r_6 \quad & 0.09 \times 0.000517 = 0.0000465 \\
r_7 \quad & 0.07 \times 0.000851 = 0.0000596 \\
r_8 \quad & 0.05 \times 0.001681 = 0.0000841 \\
r_9 \quad & 0.03 \times 0.004731 = 0.0001419 \\
r_{10} \quad & 0.01 \times 0.060000 = 0.0006000 \\
\end{aligned}
$$

Erreur totale. . . . $= 0.0010802$ par excès.

Ainsi, pour toute tige dont la décroissance correspondrait à des indices inférieurs à $\dfrac{1}{2}$, l'erreur *par excès* n'atteindrait pas deux millièmes du volume total de la tige; en supposant nulles, bien entendu, les erreurs de mesurage. Cette méthode peut donc être considérée comme absolument exacte; puisque les *erreurs de forme*, réduites à un ou deux millièmes du volume total, doivent être considérées comme nulles.

Cette méthode peut donc être adoptée pour les cubages de précision, en ayant soin seulement de proportionner le nombre des sections aux irrégularités plus ou moins grandes des tiges.

Pour les cubages rapides, tels qu'on est obligé de les effectuer dans la pratique, le procédé qui précède est inacceptable à cause de sa lenteur et de sa complication. Mais la méthode employée, celle du cylindre moyen unique est imparfaite, parce qu'elle n'est exacte que dans des cas particuliers assez rares. Comme les erreurs qu'elle produit tiennent surtout aux irrégularités de forme de la tige ou de la pièce à cuber, il faut nécessairement, pour les éviter, se conformer le plus possible au principe général précédemment développé.

On peut, à l'aide de la théorie que nous avons exposée, constater que la tige des arbres, quelle que soit l'irrégularité qu'on lui suppose, ne présente guère, en général, dans les variations de sa décroissance, que des écarts ayant pour limites extrêmes les indices $\dfrac{1}{3}$ et $\dfrac{1}{1,4}$ (voir le tableau page 280).

Si l'on admet, comme type général de la forme, le paraboloïde ordinaire, à cause de la simplicité de ses formules; les erreurs à craindre pourront être de 6 % au plus par excès et de 10 % par défaut. Mais il faut remarquer en premier lieu qu'elles se compenseront dans une certaine mesure; et ensuite, qu'elles seront beaucoup moindres (voir le tableau page 288), si la pièce à cuber n'est qu'une partie de la tige; comme cela arrive toujours pour les pièces de charpente ou d'industrie, dont la longueur n'est guère que les 3/4 de la tige entière.

Nous pouvons donc admettre sans inconvénient, comme type général de la forme des arbres, le paraboloïde $\dfrac{1}{2}$.

Désignons par D et d les diamètres extrêmes d'un tronc de cette forme, et par δ son diamètre au milieu.

Nous connaissons deux manières simples d'exprimer le

volume de ce solide; d'abord par la formule générale :

$$V = \frac{1}{2} \frac{\pi}{4} \, h \, (D^2 + d^2);$$

Ensuite par la formule du cylindre moyen :

$$V = \frac{\pi}{4} \, \delta^2 \, h.$$

La moyenne arithmétique de ces deux volumes sera exactement égale au volume V ; on aura donc :

$$V = \frac{\pi}{4} \, h \left(\frac{1}{4} D^2 + \frac{1}{4} d^2 + \frac{1}{2} \delta^2 \right)$$

ou $V = \dfrac{\pi}{4} \left[\left(\dfrac{1}{2} D \right)^2 + \left(\dfrac{1}{2} d \right)^2 + (0{,}707 \, \delta)^2 \right] h.$

Nous introduisons dans la formule du volume les trois dimensions, qui ont le plus d'influence sur la forme générale de la pièce à cuber ; et nous obtenons ainsi des conditions d'exactitude bien supérieures à celles fournies par la formule du cylindre moyen, et même par celle du tronc de paraboloïde. Cette formule donne lieu à un procédé de cubage que nous appellerons méthode *des trois cylindres*. Elle est d'une application facile, suffisamment rapide et d'une exactitude qu'il nous reste à faire ressortir par quelques exemples :

Soit une bille de bois des dimensions suivantes : $D = 0^m{,}45$, $d = 0^m{,}25$, $\delta = 0^m{,}32$, $H = 19^m$, et ayant un volume réel $V = 1^{mc}{,}703$.

Voici le type du calcul, en utilisant une table de cylindres :

Si l'on fait q infiniment grand; il est visible que l'expression qui précède se réduit à $\dfrac{\alpha}{\infty} = 0$.

Si l'on fait $q = \alpha$, l'expression de l'erreur devient

$$E = 1 - \frac{m}{2 + m} \times \frac{1}{2}\left(2\right)^{\frac{m+2}{m}};$$

mais comme $2^{\frac{2+m}{m}} = 2^{\frac{2}{m}} \times 2$, on aura

$$E = 1 - \frac{m}{2 + m} \times 2^{\frac{2}{m}}.$$

Expression identique à celle de l'erreur sur les paraboloïdes entiers; ce qui devait être, puisque, en faisant $\alpha = q$, on suppose $h = H$.

Cette discussion démontre que l'erreur commise sur les troncs de paraboloïdes est toujours moindre que sur les paraboloïdes de même indice; et que cette erreur va en diminuant à mesure que la hauteur du tronc diminue.

On se rendra compte de l'importance relative des erreurs et de leurs variations, suivant la hauteur des troncs et leur indice, dans le tableau suivant.

DIMENSIONS MESURÉES				VOLUME RÉEL	MÉTHODE DU CYLINDRE MOYEN			MÉTHODE DES TROIS CYLINDRES		
					VOLUME	TANT POUR 100 DE L'ERREUR		VOLUME	TANT POUR 100 DE L'ERREUR	
D	δ	d	H			Excès.	Défaut.		Excès	Défaut.
m.	m.	m.	m.	m. c.	m. c.			m. c.		
					Sapin.					
0.45	0.32	0.25	19	1.703	1.528	»	10.27	1.752	2.82	»
0.45	0.355	0.19	15	1.438	1.482	3.20	»	1.444	0.41	»
0.30	0.25	0.17	10	0.488	0.415	»	15.40	0.479	»	1.82
0.55	0.415	0.26	18	2.640	2.435	»	7.40	2.522	»	2.40
0.50	0.105	0.23	20	2.457	2.576	5.00	»	2.448	»	0.16
0.25	0.21	0.16	8	0.287	0.277	»	3.80	0.276	»	3.83
0.25	0.22	0.17	12	0.419	0.456	1.50	»	0.445	»	0.90
0.30	0.27	0.19	12	0.660	0.687	4.25	»	0.641	»	3.00
0.40	0.35	0.23	18	1.570	1.732	10.31	»	1.615	2.86	»
0.35	0.28	0.21	11	0.890	0.862	»	3.14	0.880	»	1.12
Moyennes........						4.85	7.52		1.00	1.70
					Chêne.					
0.57	0.46	0.16	18	2.791	2.991	7.16	»	2.732	»	2.20
0.59	0.48	0.22	18	2.967	3.257	9.90	»	3.011	1.50	»
0.71	0.545	0.28	16	3.664	3.733	1.80	»	3.712	1.31	»
0.75	0.56	0.21	17	3.901	4.187	7.30	»	3.953	1.30	»
0.53	0.435	0.21	16	2.204	2.378	7.80	»	2.213	0.45	»
0.40	0.31	0.34	10	0.952	0.908	»	4.50	0.917	»	0.50
0.48	0.40	0.18	16	1.768	2.002	13.00	»	1.839	1.89	»
Moyennes........						7.80	4.50		1.29	1.35

faits sur un certain nombre de billes de sapin et de chêne, d'après ces deux méthodes, et la comparaison des résultats ainsi obtenus avec les volumes réels calculés par sections de 2 en 2 mètres.

Dans l'application, pour obtenir le volume d'un corps solide par les procédés géométriques, on se place nécessairement dans l'hypothèse, que ce solide affecte une forme géométrique plus ou moins simple mais déterminée. L'accord entre cette hypothèse et la réalité n'est jamais parfait; soit que la forme du solide ne puisse être définie exactement par une formule algébrique; soit que les données n'expriment pas rigoureusement ses dimensions. Il y a donc deux sources d'erreurs : l'une, qui tient à ce que les ressources des procédés mathématiques sont limitées; l'autre, à ce que la comparaison des grandeurs ne peut être poussée au-delà d'un certain degré de précision. L'une est l'erreur de forme; l'autre l'erreur de mesurage.

Il est admis dans la pratique et l'on conçoit d'ailleurs qu'il n'y a aucune utilité à réduire l'erreur de forme à un taux moindre que celui imposé par suite de l'imperfection forcée des mesurages, quand l'erreur de forme ne contient pas de *partie constante*, c'est-à-dire due à une cause tendant à affecter le résultat toujours dans le même sens.

Il convient donc de déterminer exactement l'erreur de mesurage, avant de juger du degré de perfection d'une méthode de cubage.

C'est ce que nous allons faire sur un exemple choisi dans des conditions moyennes.

Soit une pièce à cuber mesurant en son milieu $0^m,40$ de diamètre et portant 16 mètres de longueur. Supposons le diamètre mesuré à moins d'un demi-centimètre près, et la longueur à moins d'un demi-décimètre ; approximations qui sont rarement atteintes et dans tous les cas ne sont jamais dépassées ; supposons enfin l'erreur de forme nulle.

De la formule du volume $\frac{\pi}{4} \delta^2 h$, on déduit celle de l'erreur qui est

$$E = \frac{\pi}{4} (2 \, \delta \, h \, 0,005 + \delta^2 \, 0,05)$$

$$E = \frac{\pi}{4} (0,40 \times 16 \times 0,01 + 0,16 \times 0,05) ;$$

effectuant les calculs il vient

$$E = 0,7854 \times 0,072 = 0,0565.$$

Le volume de la pièce étant $2^{mc},011$ *l'erreur à craindre* sera de 2,81 % soit par excès soit par défaut.

La méthode des trois cylindres est donc aussi exacte qu'on peut le désirer, et toute autre méthode plus simple ou aussi simple, qui paraîtrait fournir des résultats plus exacts, serait illusoire ; car aucune formule, même empirique, n'a la propriété de produire des résultats d'une exactitude plus grande que celle en rapport avec le degré de précision des données.

Pour les cubages sur pied, les propriétés des formes paraboliques peuvent être utilisées avec avantage ; notamment dans la classification des groupes auxquels on attribue des volumes moyens.

Le rapport du volume réel à celui du cylindre de base étant considéré comme égal au coefficient de volume $\dfrac{m}{2n+m} = \dfrac{a}{b}$; on obtiendra l'indice du paraboloïde correspondant au moyen de l'égalité $\dfrac{n}{m} = \dfrac{b-a}{2a}$.

On a pu ainsi ranger tous les sapins exploitables par exemple, dans deux grandes catégories, en ne tenant pas compte, bien entendu, des différences légères ; l'une, dont la forme générale correspond au paraboloïde ordinaire, comprenant les arbres parvenus au terme d'exploitabilité économique ; l'autre, au paraboloïde cubique 1re espèce, comprenant les arbres ayant dépassé ce terme d'exploitabilité.

En utilisant la série indéfinie des paraboloïdes, on peut effectuer des classifications de cette nature sur les diverses essences comparées entre elles, ou sur les arbres d'une même essence dans les diverses conditions de sol, de climat, d'âge, de grosseur et de hauteur qu'ils présentent.

Ces classifications n'ont rien d'arbitraire ; c'est pourquoi, en même temps qu'elles facilitent beaucoup l'évaluation des volumes, elles fournissent au sylviculteur de précieux renseignements sur le caractère général des massifs. Mais les opérations de cette nature sont de longue haleine ; car elles exigent un nombre considérable d'expériences.

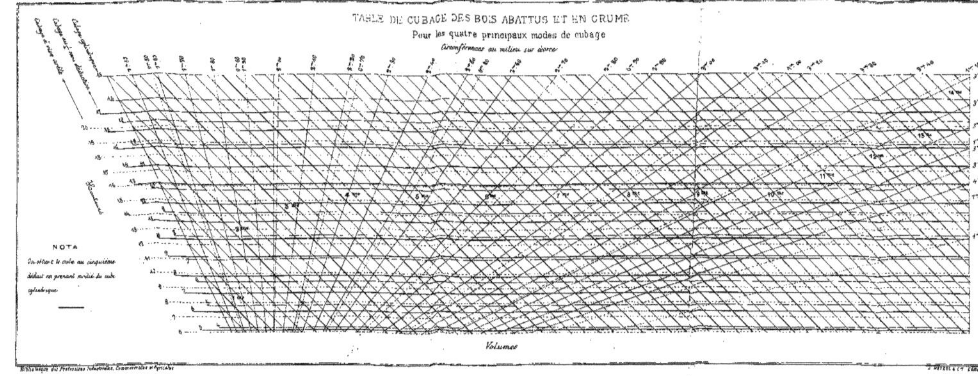

TABLE DE CUBAGE DES BOIS ABATTUS ET EN GRUME
Pour les quatre principaux modes de cubage
Circonférences au milieu sur écorce
NOTA
Volumes

TABLE DES MATIÈRES

TABLE ALPHABÉTIQUE

A

B

C

D

N

P

Q

V

X

Z

BIBLIOTHÈQUE

DES

PROFESSIONS

INDUSTRIELLES, COMMERCIALES et AGRICOLES

PARIS

J. HETZEL ET Cie, ÉDITEURS

18, RUE JACOB, 18

CATALOGUE **E. S.**

Bibliothèque des Professions industrielles, commerciales et agricoles

TABLE DES NOMS D'AUTEURS
PAR ORDRE ALPHABÉTIQUE

ENVOI franco pour toute demande dépassant 15 francs et accompagnée de son montant en billets de banque, timbres-poste, mandats-poste, chèques ou mandats à vue sur Paris, coupons de valeur (déduction faite de l'impôt de 3 0/0).

Le prix du port est de 30 centimes pour les volumes de 3 francs et au-dessous; 40 centimes pour les volumes de 4 francs; 60 centimes pour les volumes au-dessus de ce prix.

Imprimeries réunies, C, rue du Four, 54 bis, Paris — 8033.

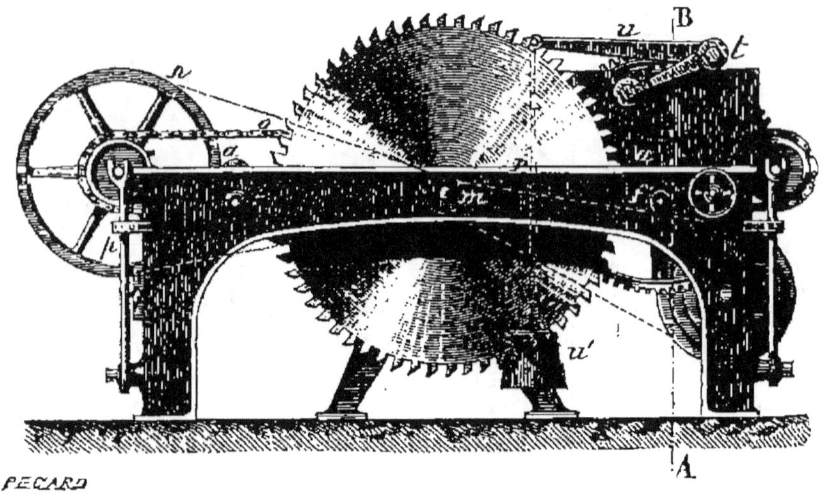

Figure spécimen du *Guide pratique de l'ouvrier mécanicien*. (Voir page 44.)

BIBLIOTHÈQUE DES PROFESSIONS

industrielles, commerciales et agricoles

Parmi les bibliothèques spéciales, techniques plutôt, qui tiennent ou commencent à tenir une si grande place dans la librairie contemporaine, il faut citer au premier rang la *Bibliothèque des Professions industrielles, commerciales et agricoles*, mise en vente par la librairie Hetzel, et qui comprend déjà plus de 120 volumes. Le champ est vaste de toutes les connaissances exigées, ou qui devraient l'être, par ceux qui se destinent à l'industrie, au commerce ou à l'agriculture. Autrefois, il n'y a pas longtemps encore, la seule science à peu près reconnue était la routine. En tout, partout, dans les grandes comme dans les petites exploitations, on tenait à ne pas s'éloigner des habitudes et des traditions transmises. Cela faisait, en quelque sorte, partie de l'héritage.

Depuis quelques années, nous commençons, en France, à nous affranchir de ces méthodes arriérées. C'était bon de s'enfermer dans sa coquille quand les communications étaient difficiles, quand on se suffisait, pour ainsi dire, chacun chez soi, et quand on n'avait qu'un médiocre intérêt à suivre les progrès de l'industrie, par exemple, puisque la production répondait à la consommation. Aujourd'hui, ce n'est plus tout à fait cela ; c'est à qui fera le mieux, et, en même temps, fera le plus vite. La rapidité des transports, la rapidité des demandes qui peuvent être transmises, le même jour, d'un bout du monde à l'autre, ont provoqué une concurrence presque sans limites, et c'est tant pis pour ceux qui, s'en tenant aux vieux moyens, n'ont à leur service qu'un outillage inférieur. N'en pourrait-on dire autant pour l'agriculture, si complètement transformée depuis quelques années ? et même pour le commerce, dont les relations, au lieu d'être limitées, confinées dans un certain rayon, sont aujourd'hui universelles ?

Quoi de plus naturel que d'étudier les conditions nouvelles auxquelles sont soumises les industries diverses, les transactions commerciales, les exploitations agricoles ? Et en même temps, quoi de plus curieux, pour cette partie du public éclairé et qui aime d'autant plus à s'instruire, que l'étude rendue claire et facile, de ces trois choses qui sont les bases mêmes de la fortune d'un pays ? Les spécialistes n'ont qu'à choisir, dans les rayons de cette bibliothèque, pour trouver aussitôt ce qui les concerne et les intéresse. Autant de branches de la science, autant de traités particuliers, composés et écrits par les savants les plus autorisés et les professeurs les plus compétents.

La collection comprend onze séries consacrées à des ouvrages spéciaux, mais réunis tous, cependant, par un lien commun. Ainsi, il y a une série pour les sciences exactes, une autre pour les sciences d'observation. Dans la troisième, se trouve traité, sous ses différents aspects, l'art de l'ingénieur ; la quatrième s'occupe des mines et de la métallurgie. Ici sont étudiées les machines motrices ; là les professions militaires et maritimes. Plus loin, sous la rubrique Arts et Métiers, sont passées en revue les professions industrielles ; puis enfin l'agriculture, le jardinage et tout ce qui s'y rattache, l'étude des eaux, des bois et forêts, et enfin l'économie domestique. On voit tout ce qui peut tenir de traités particuliers dans cette nomenclature générale. Chacun a son volume, accompagné de dessins explicatifs et de figures, quand il est nécessaire, pour les mieux mettre à la portée du public.

Il est aisé de comprendre qu'une telle collection ne peut pas être exactement limitée, par la raison bien simple qu'elle doit se tenir à la hauteur du mouvement, c'est-à-dire du progrès, et tenir compte des inventions nouvelles qui, sans bouleverser de fond en comble les systèmes adoptés, les transforment en partie, ou tout au moins les modifient. Telle qu'elle est, on peut la considérer déjà comme supérieure à tout ce qui existe dans le même ordre d'idées. Le cadre général est plus vaste et peut s'élargir encore ; quant aux traités particuliers, comment n'offriraient-ils pas toutes les garanties désirables, grâce aux noms des spécialistes qui les ont rédigés?

Ce qui caractérise notre époque est un immense besoin de savoir. On veut au moins des notions sur toutes choses. Comment les propriétaires, par exemple, pourraient-ils se rendre compte des engagements imposés à leurs fermiers, s'ils n'étaient, eux-mêmes, au fait des exigences de l'agriculture? Et il en est partout ainsi.

Cette bibliothèque répond donc à un besoin réel, à un moment où la machine remplace de plus en plus les bras et où le mécanicien fait des progrès constants. Rien de plus clair et de plus complet n'a été fait jusqu'à ce jour, ni de plus réellement utile. C'est l'encyclopédie du dix-neuvième siècle, qui se recommande aussi bien par la variété des sujets que par la valeur propre de chacun d'eux, où l'on trouve, en même temps que les vues d'ensemble, les guides pratiques de toutes les industries en exploitation et de toutes les professions et métiers. Nous ne saurions trop la recommander aux gens du monde curieux de notions générales, ainsi qu'aux personnes désireuses d'apprendre ou d'approfondir une spécialité.

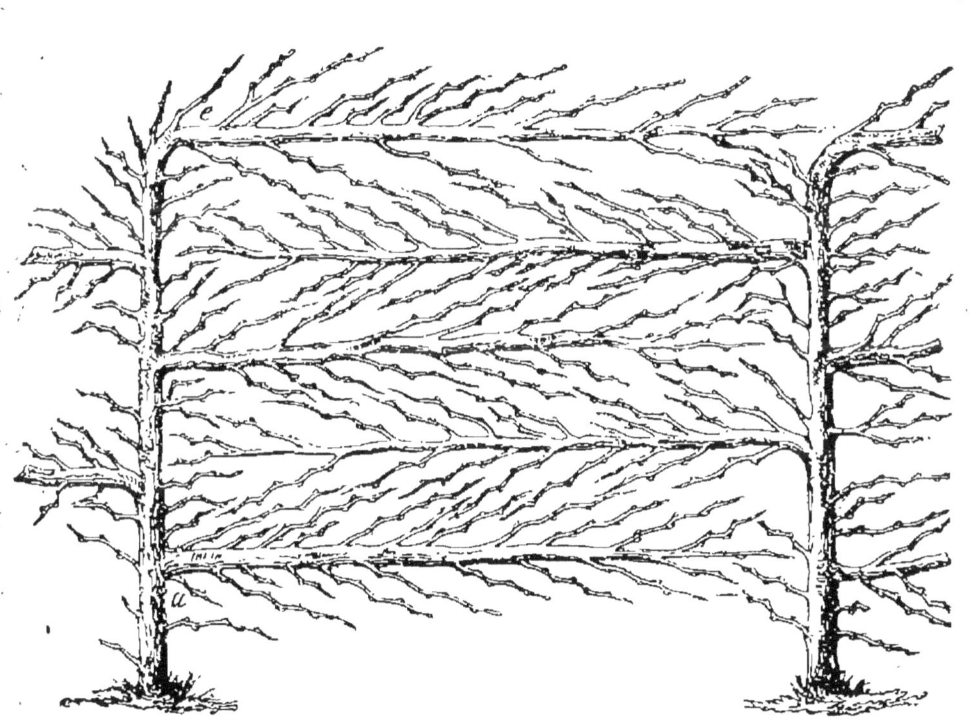

Gravure spécimen du *Manuel pratique de Jardinage.* (Voir page 40.)

Gravure spécimen des *Écuries et des Étables* (Voir page 37).

LISTE DES OUVRAGES

PAR ORDRE DE SÉRIE

SÉRIE A

SCIENCES EXACTES

1.	**P. Leprince**. Principes d'algèbre. 1 vol.	4	»
2.	**Lenoir**. Calculs et comptes faits . . 1 vol.	4	»
3.	**Ch. Rozan**. Leçons de géométrie. 1 vol.	4	»
4.	— — — 1 atlas	2	»
	L'ouvrage complet	6	»
5.	**Ortolan** et **Mesta**. Dessin linéaire. 1 vol.	4	»
6.	— — — 1 atlas	2	»
	L'ouvrage complet.	6	»

SÉRIE B

SCIENCES D'OBSERVATION

CHIMIE — PHYSIQUE — ÉLECTRICITÉ

1.	**Dr Sacc**. CHIMIE PURE. *Chimie minérale. — Chimie organique.* 1 vol.	4	»
3.	**Hetet**. Chimie générale élémentaire. 1re partie. *Généralités, Métalloïde.* 1 vol.	4	»
4.	— — 2e partie. *Métaux* . . . . 1 vol.	4	»
5.	**Chevalier**. L'étudiant photographe. 1 vol.	2	»
6.	**Gaudry**. Essais des matières industrielles. 1 vol. . . .	4	»

SÉRIE C

ART DE L'INGÉNIEUR

PONTS ET CHAUSSÉES — CHEMINS DE FER — CONSTRUCTIONS CIVILES

SÉRIE D

MINES ET MÉTALLURGIE

GÉOLOGIE — HISTOIRE NATURELLE

4.	**Fairbairn**. Le fer. 1 vol..	4	»
5.	**L.-B.-J. Dessoye**. Emploi de l'acier. 1 vol.	4	»
6.	**Landrin**. Traité de l'acier. 1 vol..	4	»
7.	**Agassiz** et **Gould**. Manuel du Naturaliste — Zoologie — *(en préparation)*.	»	»
12.	**Guettier**. Alliages métalliques. 1 vol.	2	»

SÉRIE E

PROFESSIONS COMMERCIALES

1.	Manuel des Entreprises commerciales *(en préparation)*.	»	»
2.	**Bourdain**. Manuel du Commerce des Tissus. 1 vol. .	3	»
3.	**Emion** (V. et G.). Traité du commerce des vins. 1 vol.	4	»

SÉRIE F

PROFESSIONS MILITAIRES ET MARITIMES

1.	**Doneaud**. Droit maritime. 1 vol.	2	»
2.	**Bousquet**. Architecture navale. 1 vol..	2	»
3.	**Tartara**. Code des bris et naufrages. 1 vol.	4	»
4.	**Steerk**. Poudres et salpêtres. 1 vol..	4	»
5.	**Juven**. Comment on devient officier. 1 vol.	4	»

SÉRIE G

ARTS ET MÉTIERS

PROFESSIONS INDUSTRIELLES

1.	**Basset**. Culture et alcoolisation de la betterave. 1 vol.	2	»
2.	**Rouland**. Nouveaux barèmes de serrurerie. 1 vol. . .	4	»
3.	**Dubief**. Guide du Féculier et de l'Amidonnier. 1 vol.. .	4	»
5.	**Dromart**. Carbonisation des bois. 1 vol..	4	»
6.	**Gaisberg** et **Baye**. Manuel de montage des appareils d'éclairage électrique. 1 vol.	2	»
7.	**Jaunez**. Manuel du chauffeur. 1 vol.	2	»
8.	**Violette**. Fabrication des vernis. 1 vol.	6	»
9.	**Th. Chateau**. Corps gras industriels. 1 vol.	4	»
10.	**Mulder**. Guide du brasseur. 1 vol.	4	»
11.	**Dubief**. Traité de la fabrication des liqueurs. 1 vol. . .	4	»
12.	**Houzé**. Le livre des métiers manuels. 1 vol.	4	»
13.	**J.-F. Merly**. Livre du charpentier. 1 vol.	4	»
14.	**Fol**. Guide du teinturier. 1 vol.	4	»
15.	**Barbot**. Guide du joaillier. 1 vol..	4	»
16.	**Leroux**. Filature de la laine. 1 vol.	15	»

SÉRIE H
AGRICULTURE
JARDINAGE. — HORTICULTURE. — EAUX ET FORÊTS.
CULTURES INDUSTRIELLES. — ANIMAUX DOMESTIQUES. — APICULTURE.
PISCICULTURE.

32.	**Gobin.** Culture des plantes fourragères. *Prairies na-turelles. Prairies artificielles.* 1 volume	4 »
41.	**Courtois-Gérard.** Manuel pratique du jardinage. 1 vol.	4 »
42.	**Koltz.** Culture du saule et du roseau. 1 vol.	2 »
43.	**Sicard.** Culture du cotonnier. 1 vol.	2 »
53.	**Touchet.** Vidange agricole. 1 vol.	1 »
55.	**Pouriau.** Chimiste agriculteur. 1 vol.	4 »
56.	**Lerolle.** Botanique appliquée. 1 vol.	4 »

SÉRIE I

ÉCONOMIE DOMESTIQUE

COMPTABILITÉ. — LÉGISLATION. — MÉLANGES

1.	**Monin** (Dr). Hygiène du travail. 1 vol.	4 »
2.	**Lunel.** Économie domestique. 1 vol.	2 »
3.	**I.-A. Rey.** Ferments et fermentation. 1 vol.	4 »
4.	**Dubief.** Le Liquoriste des dames. 1 vol.	2 »
5.	**Hirtz.** Coupe et confection des vêtements de femmes ou d'enfants. 1 vol.	3 »
8.	**Baude.** Calligraphie. 1 vol.	4 »
9.	**Lescure.** Traité de géographie. 1 vol.	2 »
10.	**Block (M.).** Principes de législation pratique appliquée au Commerce, à l'Industrie et à l'Agriculture. 1 vol.	4 »
12.	**Emion.** Manuel des expropriés. 1 vol.	1 »
14.	**Lunel.** Hygiène et médecine usuelle. 1 vol.	2 »

SÉRIE J

FONCTIONS POLITIQUES & ADMINISTRATIVES

EMPLOIS DE L'ÉTAT, DÉPARTEMENTAUX, COMMUNAUX
SERVICES PUBLICS

	Mortimer d'Ocagne. Les grandes Écoles de France.	
1.	Services de l'État. 1 vol.	4 »
2.	Carrières civiles. 1 vol.	4 »
3.	**J. Albiot** (*Code départemental*). Manuel des Conseillers généraux. 1 vol.	4 »
4.	Manuel des Conseillers communaux. 1 vol. (*en prépa-ration*)	» »
5.	**Mortimer d'Ocagne.** Choix d'une carrière (*en prépa-ration*).	» »
6.	**Lelay (E.).** Lois et règlements sur la Douane. 1 vol.	4 »
7.	**Laffolay.** Nouveau manuel des octrois. 1 vol.	4 »

SÉRIE K

BEAUX-ARTS — DÉCORATIONS
ARTS GRAPHIQUES

1. **Carteron.** Introduction à l'étude des Beaux-Arts *(en préparation)*. . . . . » »
2. **Viollet-le-Duc.** Comment on devient dessinateur. 1 vol.   4 »
3. **Pellegrin.** Perspective. 1 vol. . . . . 2 »

Le cartonnage toile de chaque volume se paye 0,50 c. en plus des prix indiqués.

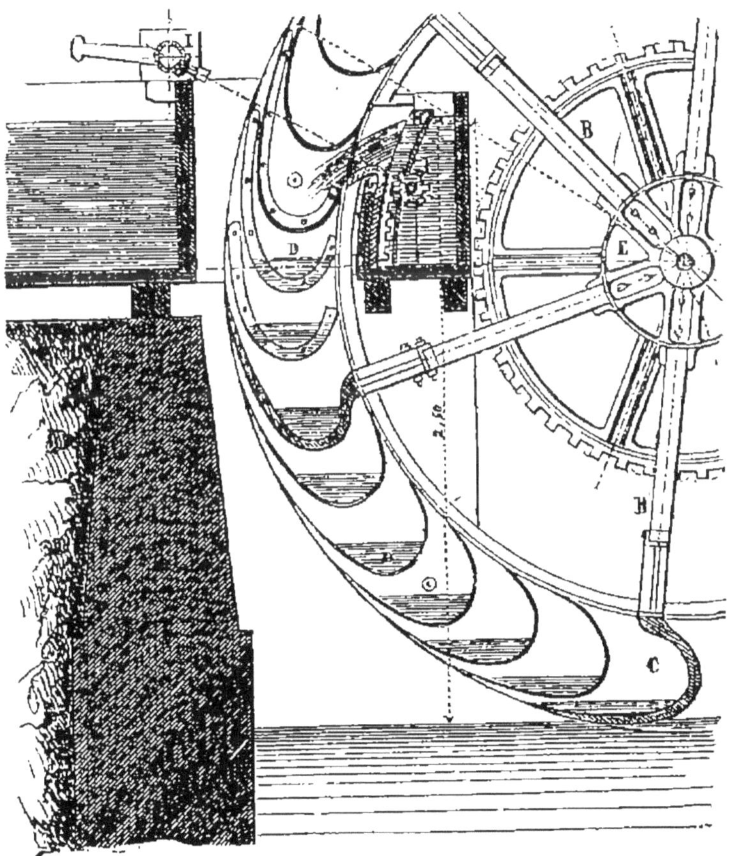

Figure spécimen du *Guide de l'Ouvrier Mécanicien* (voir page 44).

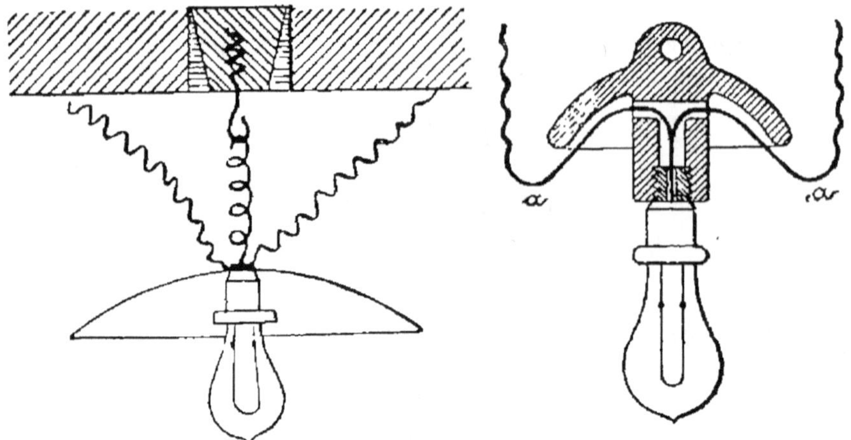

Gravure spécimen du *Manuel de Montage des Appareils d'éclairage électrique.*
(Voir page 32).

TABLE DES MATIÈRES

TRAITÉES DANS LA

BIBLIOTHÈQUE DES PROFESSIONS

INDUSTRIELLES, COMMERCIALES ET AGRICOLES

BIBLIOGRAPHIE RAISONNÉE

ACIER (*Guide pratique de l'emploi de l'*), ses propriétés, avec une introduction et des notes de Ed. GRATEAU, ingénieur civil des mines, par J.-B.-J. DESSOYE, ancien manufacturier, 1 volume. . . . . 4 fr.

Ce livre constitue une véritable monographie de l'acier. M. Dessoye prend l'art de fabriquer l'acier à son origine et nous montre ses progrès. Il signale la nature et les propriétés natives de l'acier, en indique les différents modes d'élaboration et termine son guide par une étude sur l'emploi de l'acier dans les manipulations qu'on lui fait subir. Comme le fait remarquer M. Grateau dans sa savante introduction, ce livre s'adresse à tous ceux qui sont appelés à acheter et à consommer de l'acier d'une qualité quelconque, sous toute forme, et il devra être consulté par tous les praticiens.

Extrait de la table. — Considérations préliminaires. — Etudes historiques sur la fabrication de l'acier. — Etudes générales sur l'existence des propriétés natives. — Etudes sur l'emploi de l'acier, considéré dans ses propriétés caractéristiques. — De l'emploi de l'acier considéré dans les manipulations qu'on lui fait subir.

ACIER (*Traité de l'*), théorie métallurgique, travail pratique, propriétés et usages, par H.-C. LANDRIN fils, ingénieur civil, 1 volume, avec figures. . . . . 4 fr.

Figure spécimen du *Traité de l'acier*.

Les deux ouvrages de MM. Landrin et Dessoye se complètent l'un par l'autre. Ils donnent au complet la fabrication et l'emploi de l'acier. Nous avons dit, en parlant de celui de M. Dessoye, en quoi consistait son étude ; nous allons, par un extrait de la table des matières du livre de M. Landrin, indiquer en quoi il complète le précédent. — Histoire de l'acier, sa découverte, sa métallurgie dans l'antiquité et dans les différentes contrées. — De la chaleur, de l'oxygène, du soufre, de la chaux, des minerais de fer, des combustibles. — De l'acier et de sa théorie. — Théorie de Réaumur, docimasie. — Métallurgie, acide naturel, acier de fonte, acier puddlé, acier cimenté, acier de fusion, acier du Wootz.

Nouveaux procédés : Procédé Chenot, procédé Bessemer, procédé Taylor, procédé Uchatuis, acier damassé. *Etoffes :* Travail de l'acier, raffinage, soudure, recuit à la forge, trempe, recuit à la trempe, écrouissage. *Propriétés de l'acier :* Des limes, du fil d'acier, des aiguilles, tôle d'acier, des scies.

AGENT VOYER (Voir Ponts et Chaussées, page 52).

ALCOOLISATION de la Betterave (Voir Betterave, page 17).

ALGÈBRE (*Principes d'*), par Paul LEPRINCE, ingénieur, ancien élève de l'École d'arts et métiers de Châlons-sur-Marne, 1 volume avec figures . . . . . 4 fr.

Un ouvrage de ce genre n'a pas encore été publié. Il indique les moyens les plus prompts et les plus simples à employer pour parvenir à la solution des problèmes. Il ne comprend que la marche pratique à suivre en algèbre pour arriver aux formules appliquées dans l'industrie en général.

ALLIAGES MÉTALLIQUES (*Guide pratique des*), par A. GUETTIER, ingénieur, directeur de fonderies, etc. 1 volume . . . . 2 fr.

Après avoir donné quelques explications préliminaires sur les propriétés physiques et chimiques des métaux et des alliages, l'auteur examine au point de vue des alliages entre eux les métaux spécialement industriels, c'est-à-dire d'un usage vulgaire très répandu (cuivre, étain, zinc, plomb, fer, fonte, acier). Il donne ensuite quelques indications générales sur les métaux appartenant aux autres industries, mais n'occupant qu'une place secondaire (bismuth, antimoine, nickel, arsenic, mercure), et sur des métaux riches appartenant aux arts ou aux industries de luxe (or, argent, aluminium, platine); enfin, il envisage les métaux d'un usage industriel restreint, au point de vue possible de leur association avec les alliages présentant quelque intérêt dans les arts industriels.

AMIDONNIER (Voir Féculier et Amidonnier, p. 34).

ANIMAUX (Voir Habitations des Animaux, page 37).

ARCHITECTURE (*Introduction à l'étude de l'*), par VIOLLET-LE-DUC. — **En préparation.** —

ARCHITECTURE NAVALE (*Guide pratique d'*) à l'usage des capitaines de la marine du commerce, appelés à surveiller les constructions et les réparations de leurs navires, par Gustave BOUSQUET, capitaine au long cours, ingénieur, 1 volume avec figures dans le texte . . . . 2 fr.

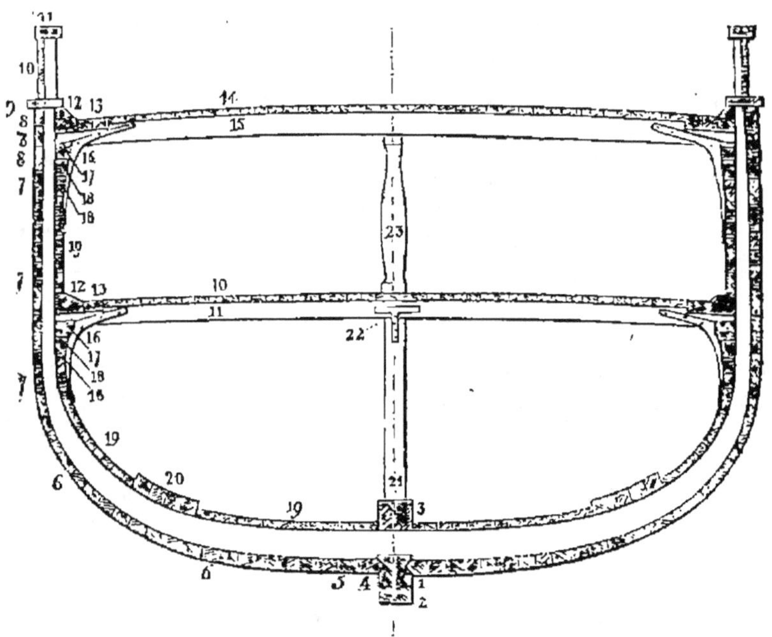

Figure spécimen du *Guide pratique d'architecture navale.*

Dans la *première partie*, l'auteur traite de la connaissance des cales, c'est-à-dire l'endroit où doit être réparé le navire. — Droit et tour d'une pièce. — Ecarts. — Quille. — L'étrave. — L'étambot. — L'assemblage des couples, etc.

Dans la *deuxième partie*, nous avons les revêtements intérieurs. — La lisse. — Les carlingues. — Les livets. — Bauquières. — Barrots. — Epontilles, etc.

Puis les revêtements extérieurs. Préceintes, bordées, bois étuvés, chevillage, clous, calfatage, panneaux ou écoutilles, etc.

Cet abrégé très sommaire des matières contenues dans ce volume suffira pour faire comprendre que sa lecture ne peut être que très profitable.

ASTRONOMIE *(Manuel pratique de l')*, par Camille FLAMMARION. *L'art d'observer le ciel et de se servir des instruments d'optique.* 1 volume. — **En préparation.** —

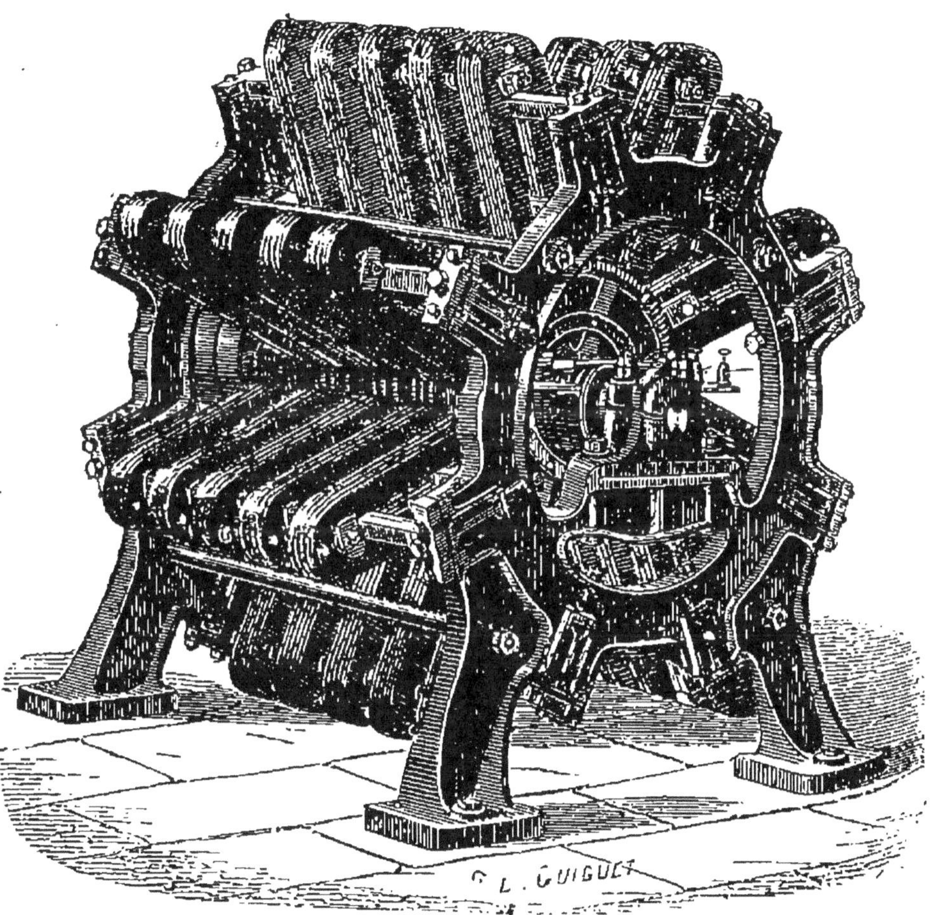

Figure spécimen de l'*Ingénieur électricien*. (Voir page 32.)

B

BEAUX-ARTS (*Introduction à l'étude des*). 1 volume.
— En préparation. —

BERGERIES (voir Habitation des animaux, page 37).

BETTERAVE (*Traité pratique de la culture et de l'alcoolisation de la*). Résumé complet des meilleurs travaux faits jusqu'à ce jour sur la betterave et son alcoolisation, renfermant toutes les notions nécessaires au cultivateur et au distillateur, ainsi que l'examen des méthodes de pulpation, de macération, de fermentation et de distillation employées aujourd'hui. 3e édition corrigée et considérablement augmentée, par N. BASSET. 1 volume avec figures dans le texte. . . . . 2 fr.

Avant de donner au public cette nouvelle édition, l'auteur avait étudié à fond les principales questions relatives à la culture, à la distillation de la betterave, afin d'apporter son contingent à la grande question de la transformation agricole, par les données que l'expérience lui a fournies. Il a voulu mettre sous les yeux des agriculteurs et des distillateurs les faits techniques, scientifiques et pratiques, dans la plus grande simplicité d'expression. Il examine avec impartialité les différents systèmes : Champenois, Kessler, Dubrunfaut, etc.

BIÈRE (Voir Brasseur, page 19).

BIJOUTIER (*Guide pratique du*). Application de l'harmonie des couleurs dans la juxtaposition des pierres précieuses, des émaux et de l'or de couleur, par L. MOREAU, bijoutier et dessinateur. 1 volume avec 2 planches coloriées . . . . 2 fr.

Ce petit livre est une protestation hardie contre l'esprit de routine. L'auteur a réuni les données fournies par la science sur l'harmonie et le contraste des couleurs, et comparant ces données aux observations faites dans la pratique du métier, il a formé une théorie applicable à la bijouterie.

BOIS EN FORÊTS (*Carbonisation des*), par E. DROMART, ingénieur civil, 1 volume avec figures et 1 planche . . . . 4 fr.

BOIS (*Guide théorique et pratique de Cubage, et d'Estimation des*) à l'usage des propriétaires, régisseurs, marchands de bois, gardes forestiers, etc., etc., par Alexis FROCHOT, sous-inspecteur des forêts, etc. 2e édition. 1 volume, tableaux et 14 figures et 1 planche graphique donnant les tarifs de cubage des arbres sur pied et des arbres abattus. . . . . 4 fr.

Figure spécimen du *Guide de cubage et d'estimation des bois.*

BOTANIQUE (* *Traité pratique et élémentaire de*) appliquée à la culture des plantes, par Léon LEROLLE, ancien élève de l'Ecole d'agriculture de Grand-Jouan, membre de la Société d'horticulture de Marseille, 1 volume, 108 figures dans le texte. 4 fr.

Extrait de la table: De la germination des graines, choix et conservation des graines. — De la végétation des plantes, des bourgeons. — Phénomènes souterrains, phénomènes aériens, phénomènes anatomiques de la végétation. — Nutrition des végétaux, nature des substances absorbées par les racines, sécrétion, transpiration. — Agents essentiels de la végétation. — De la reproduction des plantes, du périanthe, des étamines, du pistil, des ovules. — Floraison. — Fécondation. — Fructification. — Granification.

BRASSEUR (*Guide du*) ou *l'Art de faire de la Bière,* par G.-J. MULDER, professeur à l'Université d'Utrecht. Traité élémentaire théorique et pratique. La bière, sa composition chimique, sa fabrication, son emploi comme boisson, traduit et annoté par L.-F. Dubief, chimiste, nouvelle édition revue et corrigée, par M. Ch. Baye. 1 vol. 4 fr.

M. Mulder a tâché d'analyser tous les écrits qui ont été publiés sur ce sujet pour en tirer la quintessence en y apportant de son propre fond. C'est un travail consciencieusement écrit, fruit de laborieuses études dont le brasseur pourra faire son profit.

BRIS ET NAUFRAGES (*Nouveau code des*), ou sûreté et sauvetage maritime, publié avec l'autorisation du ministre de la Marine et des Colonies, par J. TARTARA, commissaire ordonnateur de la marine en Algérie, 1 volume . . . . 4 fr.

C

CAFÉIER ET CACAOYER (Voir Cultures exotiques, page 27).

CALCULS ET COMPTES FAITS à l'usage des industriels en général et spécialement des mécaniciens, charpentiers, serruriers, chaudronniers, toiseurs, arpenteurs, vérificateurs, etc. Troisième édition complètement refondue des calculs faits de A. LENOIR, par Joseph VINOT. 1 volume et tableaux . . . . 4 fr.

Son objet est d'éviter aux chefs d'atelier une foule de calculs souvent assez difficiles à résoudre ; enfin c'est un aide-mémoire qui est appelé à rendre de grands services par le temps qu'il fait économiser. Il se divise comme suit : 1° Arithmétique. — 2° Conversion — 3° Physique. — 4° Mécanique. — 5° Frottements, résistances. — 6° Cubage des métaux. — 7° Cubage des bois. — 8° Tables commerciales.

CALLIGRAPHIE. Cours d'écriture avec 32 planches, par L. BAUDE, 1 vol. 4 fr.

SOMMAIRE : Objets et instruments nécessaires pour écrire. — Formes et variante de l'écriture anglaise. — De la manière de tenir la plume. — Principes généraux de l'écriture anglaise. — Des différentes grosseurs d'écriture. — Majuscules. — Minuscules. — Chiffres. — De l'expédiée ou cursive anglaise. — Des écritures fortes : Bâtarde, Coulée, Ronde et Gothique. — *De l'emploi dans l'écriture des accents, de la ponctuation et autres signes.*

CANARDS (Voir Lapins, Oies et Canards, page 48).

CANNE A SUCRE (Voir Cultures exotiques, page 27).

CARBONISATION DES BOIS (Voir Bois, page 18).

CARTON (Voir Papier et Carton, page 49).

CENDRES (Voir Potasses, page 53).

CHALEUR (*Théorie mécanique de la*), traduit de l'allemand par F. FOLIE, professeur à l'École industrielle, et répétiteur à l'École des mines de Liège, par R. CLAUSIUS, professeur à l'Université de Wurtzbourg. 2 vol. à 4 fr., 8 fr.

Depuis que l'on a utilisé la chaleur comme force motrice au moyen des machines à vapeur, et que l'on a été ainsi amené pratiquement à regarder une certaine quantité de travail comme l'équivalent de la chaleur nécessaire pour le produire, il était naturel de rechercher théoriquement une relation déterminée entre une quantité de chaleur et le travail qu'il est possible de lui faire produire, et d'utiliser cette relation pour en déduire des conclusions sur l'essence et les lois de la chaleur elle-même. (CLAUSIUS.)

CHARCUTERIE PRATIQUE (*La*), par Marc BERTHOUD, ancien charcutier, ex-président de la corporation des charcutiers de Genève. 2ᵉ édition. 1 volume avec 74 figures. . . . . 4 fr.

EXTRAIT DE LA TABLE DES MATIÈRES. — *1ʳᵉ partie :* Le porc, différentes races, élevage, engraissement, maladies, transports. — Locaux, appareils, ustensiles. — Condiments, accessoires. — Abatage du porc, utilisation des différentes parties du porc, salaison, désalaison. — Premières manipulations. — *2° partie :* Charcuterie proprement dite : Andouilles, andouillettes, boudins, saucisses, saucissons, jambons, petites pièces chaudes et froides. — Grosses pièces froides. — Sauces, accessoires. — Cochon de lait, sanglier. — Pâtisserie. — Terrines. — Décoration. — Conservation des viandes, conserves. — *3° partie :* Charcuterie allemande : saucisses, produits divers.

CHARPENTIER ✳ (*Le livre de poche du*), application pratique à l'usage des CHANTIERS, des ÉLÈVES DES ÉCOLES PROFESSIONNELLES, etc., par J.-F. MERLY, charpentier, entrepreneur de travaux publics, membre de la Société industrielle d'Angers, etc. Collection de 140 ÉPURES, 1 vol. 287 pages de texte et planches en regard. . . . 4 fr.

M. Merly n'est pas un savant qui doit s'efforcer d'oublier la technologie de l'école pour parler le langage ordinaire de la plupart de ses auditeurs ; M. Merly est, au contraire, un ouvrier, un homme pratique, qui a cherché à se faire comprendre par les compagnons de travail auxquels il s'adressait, et qui est arrivé à des démonstrations si claires, à des explications si naturelles, que les théoriciens eux-mêmes ont bientôt eu à s'inspirer de ses travaux. Rien de plus net que ses dessins, rien de plus simple que ses préceptes : c'est en quelque sorte en se jouant qu'il arrive aux épures les plus compliquées. — C'est le résumé des cours faits par M. Merly à ses compagnons charpentiers.

CHASSEUR MÉDECIN (*Le*), ou traité complet sur les maladies du chien, par M. Francis CLATER, vétérinaire anglais, traduit de l'anglais sur la 27ᵉ édition. 3ᵉ édition française, corrigée et augmentée, par M. Mariot-Didieux. 1 volume. . . . . 2 fr.

Le succès que ce livre a eu en Angleterre (vingt-sept éditions) dispense de tout commentaire. Le guide que nous avons placé dans notre Bibliothèque en est la troisième édition française. M. Mariot-Didieux, le savant vétérinaire, en acceptant la revision de cette édition, s'est attaché à supprimer dans le texte original des formules trop compliquées, à en simplifier d'autres et en ajouter de nouvelles. Ainsi entièrement refondu, l'ouvrage est véritablement un traité complet sur les maladies du chien, traité auquel un chapitre sur l'art de mégisser les peaux pour en faire des tapis sert de complément.

CHAUFFEUR (*Manuel du*), guide pratique à l'usage des mécaniciens, des chauffeurs et des propriétaires de machines à vapeur ; exposé des connaissances nécessaires, suivi de conseils afin d'éviter les explosions des chaudières à vapeur, par JAUNEZ, ingénieur civil. 3ᵉ édition revue et corrigée. 1 vol., 37 figures dans le texte et 1 planche. 2 fr.

Cet ouvrage est spécialement destiné aux chauffeurs, comme l'indique son titre. Les bons chauffeurs pour l'industrie privée sont rares et, par conséquent, recherchés. Les personnes qui ont des machines à vapeur ne sont que trop souvent obligées d'employer pour chauffeurs des hommes qui manquent non seulement des connaissances indispensables pour remplir un tel emploi, mais quelquefois même de la moindre instruction pratique. Dans de telles circonstances, il y a évidemment danger, et c'est pourquoi nous avons publié cet ouvrage, afin qu'il soit mis dans les mains de tous les ouvriers qui, sans savoir le premier mot de la théorie de la chaleur ni de la mécanique, seront à même, après l'avoir lu attentivement, de conduire une machine à vapeur. Cet ouvrage doit être dans leurs mains comme un catéchisme qui viendra leur apprendre leur métier.

Extrait de la table des matières : — Pression de l'air. — Baromètre. — Compression de l'air. — Pompes. — Du calorique. — Thermomètre. — Quantité d'eau nécessaire à la condensation de l'eau. — De la vapeur d'eau. — Des moyens pour connaître la force de la vapeur. — Manomètre. — Soupapes de sûreté. — Conduite du feu. — Chaudière. — Giffard. — Incrustations et dépôts dans les chaudières. — Des soins et de l'entretien des machines à vapeur. — Résumé des moyens ayant pour but d'éviter les explosions. — Mise en marche des machines à vapeur. — Renseignements généraux, etc.

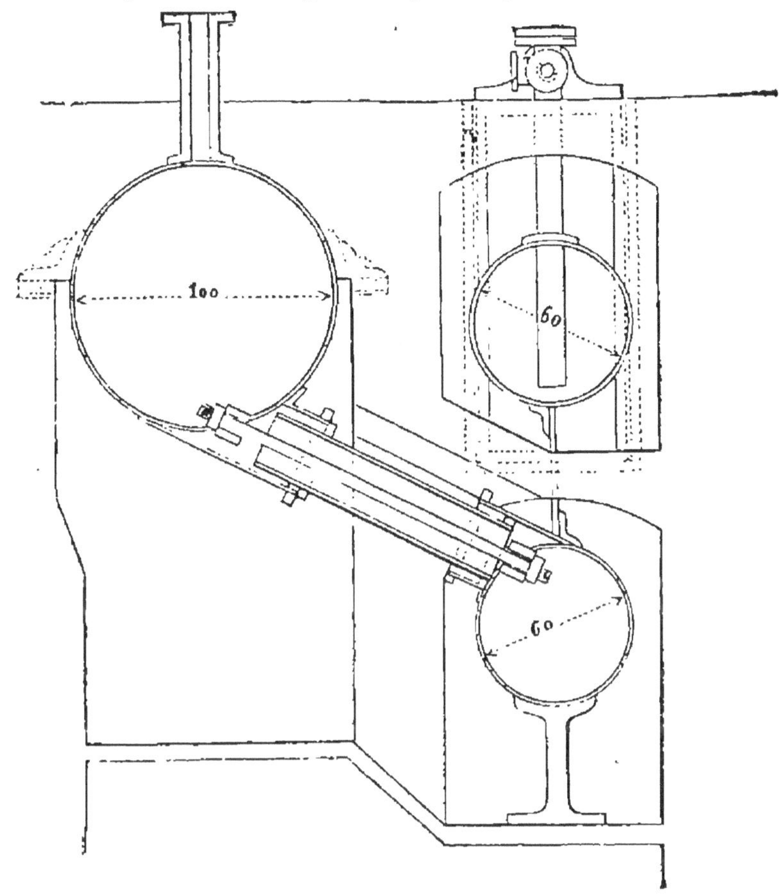

Figure spécimen du *Manuel du Chauffeur.*

CHEMINS DE FER (*Traité de l'exploitation des*),
ouvrage composé de deux parties, précédé d'une préface de M. Jules Favre, par Victor Emion.

PREMIÈRE PARTIE. — **VOYAGEURS ET BAGAGES.** . 4 fr.

DEUXIÈME PARTIE. — **MARCHANDISES.** . . . . . . 4 fr.

Aujourd'hui que tout le monde voyage, le manuel de M. V. Emion est devenu un guide indispensable. Il fait connaître à chacun ses droits et ses devoirs vis-à-vis des compagnies : il prend le voyageur chez lui, le mène à la gare, le suit à son départ, pendant sa route, à son arrivée, et le ramène à son domicile ; il prévoit toutes les difficultés, toutes les contestations, et en donne la solution fondée sur la loi, les règlements, la jurisprudence et l'équité.

Dans la seconde partie, M. Emion traite avec beaucoup de détails l'organisation du service des marchandises, les tarifs, les formalités exigées pour la remise des marchandises en gare, l'expédition, la livraison, enfin tout ce qui concerne les actions à intenter aux compagnies, soit pour avaries, soit pour retard, perte, négligence, etc.

CHEVAL (*Élevage et dressage du*), par de SOURDEVAL. 1 vol. — **En préparation.** —

CHIMIE (*Introduction à l'étude de la*), contenant les principes généraux de cette science, les proportions chimiques, la théorie atomique, le rapport des poids atomiques avec le volume des corps, l'isomorphisme, les usages des poids atomatiques et des formules chimiques, les combinaisons isomériques des corps catalyptiques, etc., accompagnée de considérations détaillées sur les acides, les bases et les sels, traduit de l'allemand par Ch. GÉRHARDT, augmentée d'une table alphabétique des matières présentant les définitions techniques et les relations des corps, par J. LIEBIG. 1 volume . . . . 2 fr.

L'accueil favorable que cette traduction a rencontré en France rappelle le succès obtenu en Allemagne par l'édition originale de l'illustre savant, considéré à juste titre comme l'un des princes de la chimie moderne.

CHIMIE PURE (*Éléments de*), par le Dr SACC, professeur à l'Académie de Neuchâtel (Suisse), membre correspondant de la Société nationale de l'agriculture, professeur à Genève, etc. PREMIÈRE PARTIE. — **CHIMIE MINÉRALE** ou synthétique. — SECONDE PARTIE. — **CHIMIE ORGANIQUE** ou asynthétique. 1 vol. . . . . 4 fr. »

Ce traité, comme le dit l'auteur, n'a qu'une ambition, celle de faire aimer cette admirable science, d'en exposer aussi brièvement que possible le champ immense de manière à la rendre abordable à tous. C'est la première tentative d'une *chimie naturelle* et pure. L'auteur, laissant de côté tous les systèmes, aborde donc une voie qui doit devenir féconde.

CHIMIE GÉNÉRALE ÉLÉMENTAIRE, d'après les principes modernes, avec les principales applications à la médecine, aux arts industriels et à la pyrotechnie, comprenant l'analyse chimique qualitative et quantitative. Ouvrage publié avec l'approbation de M. le ministre de la Marine et des Colonies, par Frédéric HÉTET, professeur de chimie aux écoles de la marine, pharmacien en chef, officier de la Légion d'honneur, membre de plusieurs sociétés savantes. 2 volumes avec 174 figures dans le texte. . . . . 8 fr.

CHIMIE INORGANIQUE appliquée à l'agriculture (Voir Sciences physiques, page 56).

CHIMIE ORGANIQUE appliquée à l'agriculture (Voir Sciences physiques, page 56).

CHIMISTE-AGRICULTEUR (*Manuel du*), par A.-F. POURIAU. 1 volume avec 148 figures dans le texte, et de nombreux tableaux, suivi d'un appendice. . . 4 fr.

Ce volume forme en quelque sorte le complément de la *Chimie organique* et de la *Chimie inorganique*. Il fait connaître les diverses manipulations qui sont décrites avec un très grand soin. Il contient, en outre, un grand nombre d'indications d'une utilité toute pratique.

L'intention de l'auteur en le publiant a été d'offrir aux personnes qui s'occupent de chimie agricole un guide renfermant la description des méthodes les plus simples à suivre dans l'analyse des divers composés naturels ou artificiels qui sont du domaine de l'agriculture. Désireux de mettre son livre à la portée de tout le monde, l'auteur a toujours eu le soin, dans l'exposé de ses méthodes, d'établir deux catégories d'essais. Les unes essentiellement pratiques et accessibles à tous, et les autres plus exactes et qui exigent une plus grande habitude des manipulations chimiques.

CHOIX D'UNE CARRIÈRE (*Le*), par MORTIMER D'OCAGNE. 1 vol. — En préparation. —

CODE DES BRIS ET NAUFRAGES (Voir Bris et Naufrages, page 19).

COMMERCE DES VINS (Voir vins, page 63).

CONFÉRENCES AGRICOLES (*Guide pratique des*), accompagné d'un appendice comprenant des notes et des instructions pratiques puisées dans les Annales du Génie civil, par L. GOSSIN, cultivateur, professeur d'agriculture dans l'Oise. 1 volume. . . . . 1 fr.

CONSEILLERS GÉNÉRAUX (*Manuel des*). Loi organique des conseillers généraux, avec les commentaires officiels, par J. ALBIOT. (*Code départemental.*) 1 volume. 4 fr.

CONSEILLERS COMMUNAUX (*Manuel des*). 1 vol. — En préparation. —

CONSTRUCTEUR (✳ *Guide pratique du*). Dictionnaire des mots techniques employés dans la construction, à l'usage des architectes, propriétaires, entrepreneurs de maçonnerie, charpente, serrurerie, couverture, etc., renfermant les termes d'architecture civile, l'analyse des lois de voirie, des bâtiments, etc., par L.-P. PERNOT, officier de la Légion d'honneur, architecte-vérificateur des travaux publics. Nouvelle édition, corrigée, augmentée et entièrement refondue, par C. TRONQUOY, ingénieur civil, et Ch. BAYE. 1 volume . . . . 4 fr.

CONSTRUCTEUR (Voir Maçonnerie, page 43).

CONSTRUCTIONS A LA MER (*Études et notions sur les*), par BOUNICEAU, ingénieur en chef des ponts et chaussées. 1 volume avec atlas de 44 planches in-4°, dont plusieurs doubles. . . . . 18 fr.

Cet ouvrage est le résumé d'études longues et consciencieuses d'un des ingénieurs en chef les plus distingués du corps national des ponts et chaussées. M. Bouniceau a attaché son nom à des travaux d'une haute importance. Son travail devra être médité par tous ceux qu'intéressent les nouveaux développements que doivent prendre les constructions conçues en vue d'améliorer les ports de mer et les ouvrages nécessaires à la préservation des côtes. L'atlas qui accompagne ces études est remarquable sous le rapport du choix des planches et de leur exécution.

Définitions et préliminaires. — Avant-ports. Bassins. Darses. — *Môles ou brise-lames.* — Môles à claire-voies. Môles anciens. Môles modernes. — *Jetées.* Ports à marée. Chenaux. Dragues. Musoirs. Remorquage à vapeur dans les chenaux. — *Ports d'échouage :* Epaisseur des quais. Ecluses. Portes d'èbe et de flot. Manœuvre des portes. Pose des portes. Ponts sur les écluses. *Bassins à flot :* leur forme, leur largeur, leur superficie. Valeur des places à quai. — *Nettoyage des ports.* — *Ouvrages pour la construction et le radoubage des navires :* Cales de construction. Cales de débarquement. Machines élévatoires. — *Ports dans les rivières à marée.* — *Canaux maritimes.* — *Ouvrages à l'issue des ports de commerce.* Phares. Phares en fer sur pieux à vis. Phares flottants. Feux de port. Bouées, Balises. — *Matériaux de construction. Mortiers.* Pierres, sables, chaux et ciments. Fabrication des mortiers. Briques, bois. Fondations par épuisement. Fondations mixtes sur pilotis. Fondations en rade.

CORPS GRAS INDUSTRIELS (*Guide pratique de la connaissance et de l'exploitation des*), contenant l'histoire des provenances, des modes d'extraction, des propriétés physiques et chimiques, du commerce des corps gras, des altérations et des falsifications dont ils sont l'objet, et des moyens anciens et nouveaux de reconnaître ces sophistications. Ouvrage à l'usage des chimistes, des pharmaciens, des parfumeurs, des fabricants d'huiles, etc., des épurateurs, des fondeurs de suif, des fabricants de savon, de bougie, de chandelle, d'huile et de graisses pour machines, des entrepositaires de graines oléagineuses et de corps gras, etc., par Th. CHATEAU, chimiste, ex-préparateur au Muséum d'histoire naturelle. 2e édition, augmentée d'un appendice. 1 volume avec tableaux. . . . . 4 fr.

M. Chateau, en publiant la première édition de cet ouvrage, avait eu pour but de donner aux chimistes et aux manufacturiers une histoire aussi complète que possible des corps gras industriels employés tant en France qu'à l'étranger, et considérés au point de vue de leur provenance, de leur extraction, de leur composition, de leurs propriétés physiques et chimiques, de leur commerce et de leurs altérations spontanées ou frauduleuses.

Dans la nouvelle édition, M. Chateau a ajouté à sa monographie des corps gras un appendice renfermant quelques corrections indispensables et d'importantes additions.

COUPE et **CONFECTION** de vêtements de femmes et d'enfants (*Méthode de*). — Travaux à aiguille usuels. — Cours de couture en blanc. — Raccommodage. — Méthode de **TRICOT**. — Art de la coupe et de la confection en général, par Elisa HIRTZ. 1 volume avec 154 figures. . . . . 3 fr.

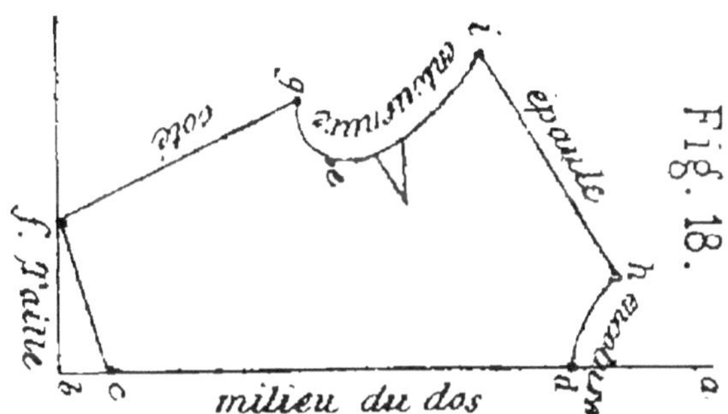

Figure spécimen de la *Méthode de Coupe et de Confection.*

COTONNIER (*Guide pratique de la culture du*), par SICARD. 1 volume avec figures dans le texte. . . . . 2 fr.

La culture du cotonnier ne peut convenir qu'à de certaines contrées. M. Sicard, qui l'a expérimentée avec succès et pendant de longues années dans les provinces du Midi et en Algérie, a publié cet ouvrage pour faire profiter le public de l'expérience qu'il avait acquise dans la culture de cet arbrisseau.

L'ouvrage est enrichi de dessins exécutés d'après la photographie et d'une exactitude rigoureuse.

CUBAGE et **ESTIMATION DES BOIS** (Voir Bois, page 18).

CULTURES EXOTIQUES. Guide pratique de la culture de la **CANNE A SUCRE**, du **CAFIER**, du **CACAOYER**, suivi d'un traité de la **FABRICATION DU CHOCOLAT**, par BOURGOIN D'ORLI. 1 volume. . . . . **4 fr.**

CULTURE MARAICHÈRE (✳*Manuel pratique de*). 6° édit., augmentée d'un grand nombre de figures et de plusieurs articles nouveaux. Ouvrage couronné d'une médaille d'or par la Société centrale d'agriculture, d'une grande médaille de vermeil par la Société centrale d'horticulture, par COURTOIS-GÉRARD. 1 volume avec 89 figures dans le texte. . . . . **4 fr.**

Figure spécimen du *Guide de culture maraîchère*.

Outre les récompenses honorifiques qui viennent d'être mentionnées, l'auteur de ce manuel a obtenu une attestation qui garantit la valeur de son travail aux yeux du public, en même temps qu'elle constate l'exactitude de ses recherches et l'utilité des notions renfermées dans son ouvrage. Cette attestation émane de vingt-cinq jardiniers maraîchers de la ville de Paris qui, après avoir entendu la lecture du travail de M. Courtois-Gérard, déclarent qu'ils lui donnent toute leur approbation, comme étant conforme aux bonnes méthodes de culture en usage parmi eux, et autorisent l'auteur à le publier sous leur patronage.

Cet ouvrage est officiellement recommandé pour les écoles normales, etc. Cette nouvelle édition a été augmentée d'un chapitre sur la culture des porte-graines et d'un vocabulaire maraîcher.

Table des principaux chapitres :
Marais pour culture de pleine terre. — Marais pour culture de primeurs. — Analyse des terres. — De l'établissement d'un jardin maraîcher. — Engrais et pailles. — Outillage. — Diverses opérations. — La culture des porte-graines. — Destruction des insectes. — Des maladies des plantes. — Calendrier du maraîcher ou travaux manuels. — Vocabulaire du maraîcher.

D

DESSINATEUR (✳ *Comment on devient un*), par
Viollet-le-Duc. 1 volume, orné de 110 dessins par l'auteur
et d'un portrait de Viollet-le-Duc. 11ᵉ édition . . . . . 4 fr.

Gravure spécimen de « *Comment on devient un dessinateur.* »

EXTRAIT DE LA TABLE DES MATIÈRES. — Notables découvertes. — Comment il
est reconnu que la géométrie s'applique à plusieurs choses. — Autres découvertes touchant la lumière et la géométrie descriptive. — Où on commence
à voir. — Une leçon d'Anatomie comparée. — Opérations sur le terrain. —
Cinq ans après. — Où une vocation se dessine. — Douze jours dans les Alpes.
— Conclusion.

DESSIN LINÉAIRE (*Guide pratique pour l'étude
du*) et de son application aux professions industrielles, par
A. Ortolan, mécanicien chef de la marine de l'Etat, et
J. Mesta, mécanicien principal. 1 volume avec un atlas
de 41 planches doubles. Le volume, 4 fr.; l'atlas, 2 fr. —
L'ouvrage complet . . . . 6 fr.

Cet ouvrage recommandable est aujourd'hui adopté dans plusieurs écoles industrielles ; on le trouve dans tous les ateliers. Un dictionnaire des termes tech-

niques lui sert d'introduction, ce qui a permis aux auteurs de donner dans le cours de leur travail des indications sur les détails, sans obliger l'élève à recourir au texte des premières leçons. C'est donc par la nomenclature des instruments indispensables à l'étude du dessin que les auteurs ont débuté, puis arrivant à l'application, ils donnent la définition des lignes géométriques : le point, la ligne droite, brisée, courbe ; arc de cercle, rayon ; les angles. — Tracé des parallèles et des perpendiculaires. — Construction des angles. — Figures géométriques. — Des triangles. — Des quadrilatères. — Tangentes et sécantes à la circonférence. — Angles inscrits et circonscrits à la circonférence. — Polygones réguliers, figures inscrites et circonscrites. — Définition et construction. — Mesure et divisions des lignes. — Mesure des angles. — Rapporteurs. — Des solides. — Du plan horizontal et du plan vertical, des projections, des croquis, de la vis. — Exécution d'un dessin d'après un croquis coté et sur une échelle de convention. — Exécution d'un dessin d'ensemble avec projection de coupe. — Des engrenages ou roues dentées. — De quelques courbes et de leur tracé. — Rédaction et copie d'un dessin. — Dessins ombrés au tire-ligne, du lavis, etc., etc.

DICTIONNAIRE DES FALSIFICATIONS

(Voir Falsifications, page 34).

DICTIONNAIRE DU CONSTRUCTEUR (Voir Constructeur, page 25).

DICTIONNAIRE DES COSMÉTIQUES ET PARFUMS (Voir Parfumeur, page 49).

DOUANE (*Recueil abrégé des lois et règlements sur la*), son organisation, son personnel et ses brigades, par Eugène LELAY, capitaine des douanes. 1 volume. 4 fr.

TABLE DES MATIÈRES. — *Des Douanes et de leur organisation. — Attributions du personnel. — Service actif ou des brigades. — Lois générales relatives au personnel.*

DROIT MARITIME INTERNATIONAL ET COMMERCIAL (*Notions pratiques de*), par Alph. Doneaud, professeur à l'École navale. *Aide-mémoire de l'officier de marine*, marine militaire et marine marchande. 1 volume. . . . . 2 fr.

Les derniers traités de commerce ont augmenté dans des proportions considérables les relations internationales. Cet ouvrage de M. Doncaud devient donc d'une grande utilité pratique. Nous ajouterons que ce livre commence une série de volumes dont l'ensemble formera, dans notre bibliothèque, l'*Aide-mémoire* de l'officier de marine.

Extrait de la table des matières. — De la mer et des fleuves. — Droit international en temps de paix. — Droit commercial. — Droit maritime international en temps de guerre. — Documents officiels. — Bibliographie des principaux ouvrages à consulter pour le droit des gens en général, le droit international maritime et le droit commercial.

DYNAMITE et AGENTS EXPLOSIFS. 1 volume. — En préparation. —

E

EAUX GAZEUSES (*Traité de la Fabrication industrielle des*) et des boissons qui s'y rattachent, par Félicien
Michotte, ingénieur des arts et manufactures, et E. Guil-
laume, ingénieur civil. 1 volume avec 21 figures dans le
texte, 14 planches doubles et de nombreux tableaux.   4 fr.

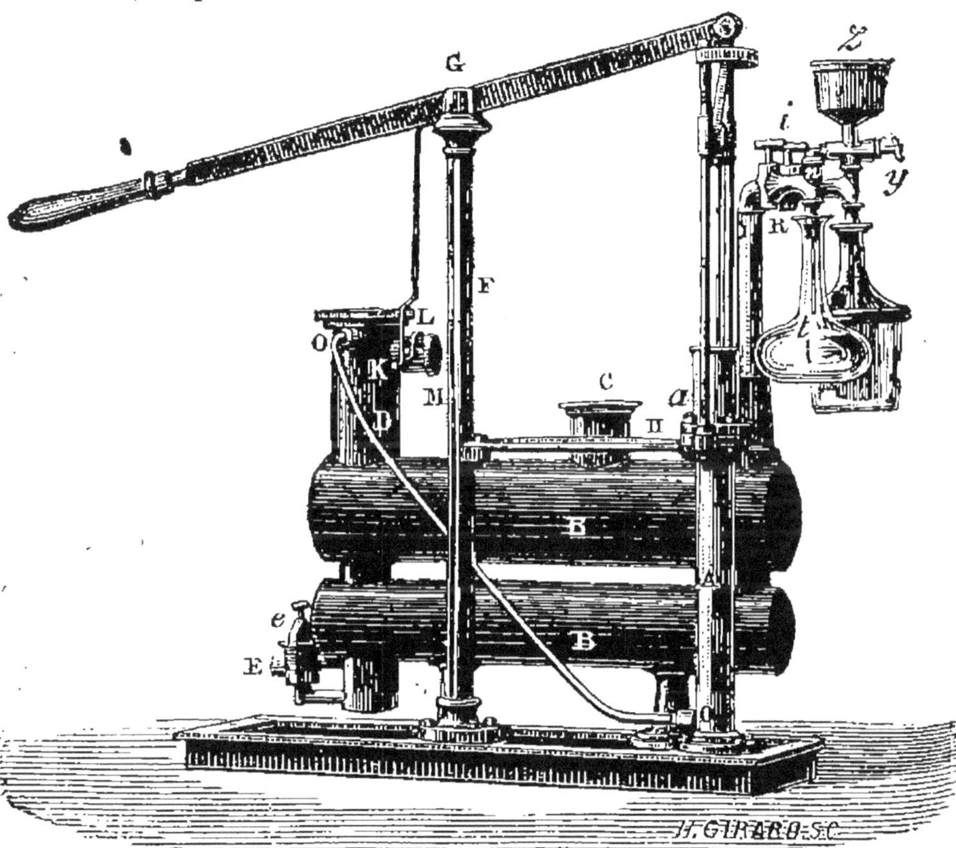

Figure spécimen du *Traité des Eaux gazeuses*.

TABLE DES MATIÈRES

Introduction.— Historique et importance de la fabrication des eaux gazeuses.
Première Partie. — (ÉTUDE DES PROPRIÉTÉS PHYSIQUES ET CHI-
MIQUES DES MATIÈRES EMPLOYÉES DANS LA FABRICATION DES EAUX
GAZEUSES.) Eau. — Caractères et propriétés. — Étude des différentes
eaux.— Procédé Bouley pour établir une source artificielle. — Eaux de puits.
— Eau de mer. — Eau de pluie. — Eau de citerne. — Eau de mare. —
Matières pouvant être introduites dans l'eau par les appareils. — Eaux

ÉCLAIRAGE ÉLECTRIQUE (*Manuel de montage des appareils d'*) par le baron von GAISBERG, traduit de l'allemand sur la seconde édition, par Charles BAYE. 1 vol. avec 104 figures. 4me édition . . . . 2 fr.

Extrait de la table des matières. — Connaissances préliminaires. — Principes et lois. — Modes d'assemblage. — Installation des machines. — Machines magnéto et dynamo. — Dynamos à courant continu : divers modes de disposition. — Montage et entretien des machines dynamo. — Lampes à arc, mécanisme, assemblage, régulateurs, manipulations, charbons, etc. — Lampes à incandescence : Tension nécessaire, disposition sur le circuit, monture, suspensions, etc. — Appareils auxiliaires. — Conducteurs accumulateurs. — Transport de la force. — Galvanoplastie. — Appendice.

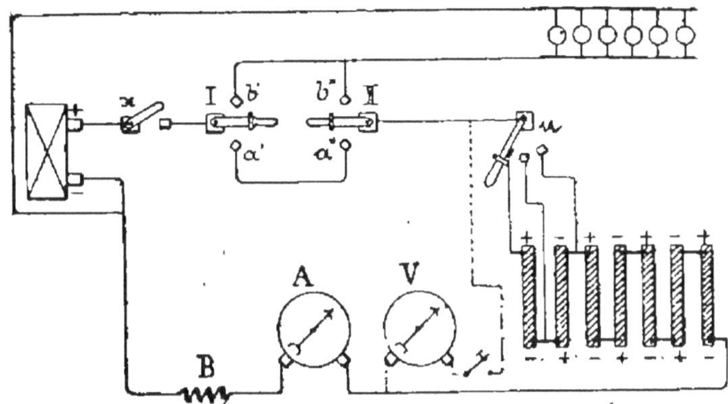

Figure spécimen du *Manuel de montage des appareils d'Éclairage électrique.*

ÉCOLES DE FRANCE (*Les grandes*), par MORTIMER D'OCAGNE. Nouvelle édition.

    SERVICES DE L'ÉTAT. 1 vol. . . . . 4 fr.
    CARRIÈRES CIVILES. 1 vol. . . . . 4 fr.

Historique des Écoles. — Examens d'entrée. — Durée des études. — Prix de la pension. — Régime intérieur. — Examens de sortie. — Carrières ouvertes.

ÉCONOMIE DOMESTIQUE (*Guide pratique d'*), publié sous forme de dictionnaire, contenant des notions d'une *application journalière :* chauffage, éclairage, blanchissage, dégraissage, préparation et conservation des substances alimentaires, boissons, liqueurs de toutes sortes, cosmétiques, hygiène, par le docteur B. LUNEL. 1 vol. 2 fr.

ÉCURIES et **ÉTABLES** (Voir Habitations des animaux, page 37).

ÉLECTRICIEN (*L'Ingénieur*). Guide pratique de la construction et du montage de tous les appareils électriques à l'usage des amateurs, ouvriers et contremaîtres électriciens, par H. de GRAFFIGNY. 1 vol. illust. de 109 fig. 4e édition . . . . 4 fr.

Extrait de la table des matières. — Première partie. — Histoire de l'électricité. — Producteurs chimiques d'électricité. — Piles. — Accumulateurs. — Producteurs mécaniques d'électricité. — Machines électriques. — Unités et mesures, appareils et étalons électriques. — Moteurs pour la production de l'électricité. — Câbles et conducteurs.

Deuxième partie. — Histoire de la lumière électrique. — Constructions et installations de lampes électriques. — Force motrice, sonneries et allumoirs électriques. — Electro-chimie et électro-métallurgie. — Télégraphie électrique. — La téléphonie.

Troisième partie. — Récréations électriques. — La maison d'un électricien. — Applications domestiques. — Procédés et recettes utiles, secrets d'atelier. — Revue générale et conclusion.

ÉLECTRICIEN (*Guide pratique de l'ouvrier*). 1 volume. — En préparation. —

ENGRENAGES (*Traité pratique du tracé et de la construction des*), de la vis sans fin et des cames, par F.-G. DINÉE, mécanicien de la marine, ex-élève de l'Ecole des arts et métiers de Châlons-sur-Marne. 1 vol. et 17 pl.   2   »

Ce livre répond à un besoin, car depuis longtemps il manquait à toute bibliothèque industrielle ; c'est une œuvre de mécanique véritablement pratique.

Il se divise en trois chapitres :

1o Des courbes en usage dans la construction des engrenages ; 2o dimensions des détails et de l'ensemble des engrenages ; 3o tracé des engrenages, des vis sans fin, des cames.

ENTOMOLOGIE AGRICOLE (*Guide pratique d'*), et petit traité de la destruction des insectes nuisibles, par H. GOBIN. 1 volume orné de 42 figures, 2e édit.   4 fr.

Ce traité, d'une lecture attrayante, possède un grand fonds de science. Il se compose de lettres familières adressées à un nouveau propriétaire rural. Tous les insectes qui s'attaquent aux champs et à leurs produits et aux animaux y sont passés en revue, et, ce qui est mieux encore, l'auteur a indiqué le moyen de se débarrasser de cette engeance envahissante. Le livre est terminé par des nomenclatures scientifiques avec les noms français.

ENTREPRISES COMMERCIALES (*Manuel des*). 1 volume. — En préparation. —

ÉPICERIE (*Guide pratique de l'*), ou Dictionnaire des denrées indigènes et exotiques, comprenant : l'étude, la description des objets consommables ; les moyens de constater leurs qualités, leur nature, leur valeur réelle ; les procédés de préparation, d'amélioration et de conservation des denrées, etc. ; contenant, en outre, la fabrication des liqueurs, le collage des vins, et enfin les procédés de fabrication d'une foule de produits que l'on peut ajouter au commerce de l'épicerie, par le docteur B. LUNEL. 1 volume.   2 fr.

EXPROPRIÉS POUR CAUSE D'UTILITÉ PUBLIQUE (*Manuel pratique et juridique des*), suivi de deux tableaux donnant le chiffre de la valeur du mètre de terrain dans Paris, et faisant connaître les principales indemnités accordées aux industriels, négociants et commerçants expropriés, par Victor EMION, avocat à la Cour de Paris, ancien sous-préfet. 1 volume . . . . 1 fr.

F

FALSIFICATIONS (*Guide pratique pour reconnaître les*), ou Dictionnaire des falsifications des substances alimentaires (aliments et boissons), contenant : la description de *l'état naturel ou normal des substances alimentaires* et leur *composition chimique*, les moyens de constater leur nature, leur valeur réelle; les altérations spontanées, accidentelles, qu'elles peuvent subir, et les moyens de les prévenir; les altérations et falsifications qui les dénaturent, c'est-à-dire qui en modifient l'aspect, la saveur, les propriétés nutritives, et qui les rendent souvent dangereuses; enfin les moyens chimiques de rendre sensibles les altérations, falsifications et contrefaçons des diverses substances alimentaires, par le docteur LUNEL. 3º édit. 1 volume. 4 fr.

FÉCULIER et de l'**AMIDONNIER** (*Guide pratique du*), suivi de la conversion de la fécule et de l'amidon en dextrine sèche et liquide, en sirop de glucose, sirop de froment, sirop impondérable; en sucre de raisin, sucre massé, sucre granulé et cassonade, en vin, bière, cidre, alcool et vinaigre, ainsi que leur application dans beaucoup d'autres industries, par L.-F. DUBIEF. 3e édition. 1 volume avec gravures dans le texte. . . . . 4 fr.

Extrait de la table des matières. — Première partie. — Aperçu historique. — Des substances qui contiennent la fécule. — Composition et conservation de la pomme de terre. — Extraction de la fécule. — Lavage, râpage, tamisage, épuration, séchage, blutage. — Des résidus de la pomme de terre. — Du blanchiment de la fécule. — Rendement de la pomme de terre en fécule. — Conservation, vente et falsification. — Caractères et propriétés de la fécule.

Dans la deuxième partie, l'auteur donne la description des procédés à suivre pour fabriquer les amidons.

La troisième et dernière partie vient compléter les deux premières par les renseignements les plus récents.

Dans cet ouvrage, l'auteur s'est appliqué à dégager son texte de toute gêne scientifique; il a été clair et précis pour mettre son enseignement à la portée de toutes les instructions. Pour chaque sujet, il est entré dans des développements minutieux en indiquant souvent ces tours de mains si indispensables, et que seule, la pratique ordinairement peut apprendre.

FER (*Le*). *Guide pratique du métallurgiste*, son histoire, ses propriétés et ses différents procédés de fabrication, par William FAIRBAIRN, ingénieur civil, membre de la Société royale de Londres, correspondant de l'Institut de France, etc., ouvrage traduit de l'anglais, avec l'approbation de l'auteur, et augmenté de notes et d'un appendice, par M. Gustave MAURICE, ingénieur civil des mines. 1 volume avec 68 figures dans le texte . . . . 4 fr.

Extrait de la table des matières. — Histoire de la fabrication du fer. — Les minerais des différentes parties du monde. — Les combustibles : charbon de bois, tourbe, coke, houille. — Production des combustibles dans le monde entier. — Réduction des minerais. — Transformation de la fonte en fer. — Des machines employées pour forger le fer. — La forge. — Le procédé Bessemer. — Fabrication de l'acier. — Trempe et recuite de l'acier. — De la résistance et des autres propriétés mécaniques de la fonte, du fer et de l'acier. — Composition chimique de la fonte. — Statistique de l'industrie sidérurgique, etc.

FERMENTS ET FERMENTATIONS. *Travailleurs et malfaiteurs microscopiques*, par I.-A. REY. 1 volume avec figures . . . . 4 fr.

Microbes de l'eau.

Extrait de la table des matières. — Fermentation alcoolique. — Saccharomyces. — Le vin, la bière, le pain, l'alcool de grain, boissons fermentées. — Ferments des maladies du vin. — Fermentations par oxydation, lactique, caséique, putride, butyrique. — Microbes des maladies contagieuses. — Microbes coloristes.

G

GÉOGRAPHIE (*Traité de*) physique, ethnographique et historique à l'usage des artistes, des écoles d'architecture et des gens du monde, par O. LESCURE, professeur à l'École centrale d'architecture. 1 volume.   2 fr.

Ce traité est le développement du programme de géographie sur lequel sont interrogés les candidats à l'École spéciale d'architecture.

GÉOLOGUE (*Manuel du*), par DANA, traduit et adapté de l'anglais par W. HOUTLET. 1 volume avec 363 figures. 3ᵉ édition. . . . .   4 fr.

TABLE DES MATIÈRES. — *Introduction.* — *Géologie physiographique.* — Traits généraux de la surface terrestre. — Système des formes terrestres. — *Géologie lithologique.* — Constitution des roches. — Condition et structure des masses rocheuses. — Règne animal. — Règne végétal. — *Géologie historique.* — Age archéen. — Temps paléozoïque. — Temps mésozoïque. — Temps cénozoïque — Ere de l'intelligence. — *Observations générales sur l'histoire géologique.* — Durée des temps géologiques. — Progrès de la vie. — *Géologie dynamique.* — Vie. — Atmosphère. — Eau. — Chaleur. — Mouvements dans la croûte terrestre et leurs conséquences. — *Appendice.* — Instruments de géologie. — Échantillons.

Gravure spécimen du *Manuel du Géologue.*

GÉOMÈTRE ARPENTEUR (*Guide pratique du*), comprenant l'arpentage, le nivellement, le levé des plans et le partage des propriétés agricoles, avec un appendice sur le calcul des solides ; 3ᵉ édition, entièrement refondue, par P.-G. GUY, ancien élève de l'Ecole polytechnique, officier d'artillerie. 1 volume avec 183 figures. . . . .   4 fr.

L'auteur, en publiant cet ouvrage, a eu pour intention d'en faire un *vade-mecum* utile aux ingénieurs, aux conducteurs des ponts et chaussées, aux agents voyers, géomètres, arpenteurs, etc. Son format portatif permet de pouvoir le consulter sur le terrain ; il est un abrégé d'un grand nombre d'ouvrages encombrants, dont il présente toutes les données nécessaires pour connaître et vérifier la contenance des pièces de terre et pour en construire un plan exact.

GÉOMÉTRIE ÉLÉMENTAIRE (*Leçons de*), par Ch. ROZAN, professeur de mathématiques. 1 volume avec un atlas de 31 planches doubles. Le volume, 4 fr.; l'atlas, 2 fr.; l'ouvrage complet. . . . . 6 fr.

En résumant les principes essentiels de la géométrie élémentaire, ceux qui conduisent directement à la mesure des lignes, des surfaces et des corps, l'auteur s'est attaché surtout à faire sentir la liaison qui existe entre ces principes, la manière dont ils découlent les uns des autres par un enchaînement continuel de déductions et de conséquences. Il s'est donc attaché à couper le discours aussi peu que possible, et à dire d'une seule traite tout ce qui se rattache à un même ordre de questions. Il le dit très brièvement, pour ne pas fatiguer l'attention ou faire perdre de vue le point de départ ; cette rapidité des démonstrations n'a cependant rien ôté à leur clarté.

H

HABITATIONS DES ANIMAUX (✳ *Guide pratique pour le bon aménagement des*), par E. GAYOT, membre de la Société centrale d'Agriculture de France. Cet ouvrage se compose de 2 parties.

1re partie : ✳ les **ÉCURIES ET LES ÉTABLES**. 1 volume avec 63 figures. 3 fr.

2e partie : ✳ les **BERGERIES ET LES PORCHERIES**, les habitations des animaux de la basse-cour, clapiers, oiselleries et colombiers. 1 volume avec 65 figures . . . 3 fr.

Aucun animal ne saurait être développé dans ses facultés natives, dans ses aptitudes propres, et produire activement dans le sens de ces dernières, si on ne le place dans les meilleures conditions d'alimentation, de logement, de multiplication. M. Gayot, avec l'autorité d'une longue expérience, a réuni dans ces deux volumes les conditions générales d'établissements et les dispositions particulières aux diverses espèces d'animaux.

1re PARTIE. — Écuries et Étables. *Extrait de la table des matières.* — Le sujet à vol d'oiseau. — Des effets de l'air pur et de l'air vicié sur l'économie animale. — L'aération : les portes et fenêtres, barbacanes et ventilateurs. *Dispositions particulières aux diverses espèces* : les dimensions intérieures, encore les portes et fenêtres, de l'aire des écuries, le plancher supérieur des écuries, arrangement intérieur et ameublement des écuries, les séparations, les boxes, établissements spéciaux, la température des écuries. *Les étables de l'espèce bovine* : l'aération, l'aire des étables, les dimensions et l'aménagement intérieurs, les boxes, règle d'hygiène générale, établissements spéciaux.

2e partie. — **Les Bergeries** : de l'habitation en plein air, le parc des champs, le parc domestique, les abris brise-vent. — De l'habitation couverte : conditions particulières à l'établissement des bergeries, les portes et fenêtres, l'aération, les bâtiments, les aménagements intérieurs, auges et râteliers. — La Porcherie : les conditions spéciales, la construction, les portes et fenêtres, les aménagements essentiels, les auges, dispositions particulières de l'ensemble. — *Les habitations de la basse-cour* : l'habitation du dindon, l'habitation de l'oie, la demeure du canard, le colombier et la volière, la faisanderie, etc., etc.

HERBORISEUR (✳ *Manuel de l'*). Comment on devient botaniste. — Clefs analytiques. — Description des genres et des espèces, suivie d'un vocabulaire. par E. Grimard. 6e édition. 1 volume . . . . 4 fr.

HYDRAULIQUE ET D'HYDROLOGIE souterraine et superficielle (*Guide pratique d'*), ou traité de la science des sources, de la création des fontaines, de la captation et de l'aménagement des eaux pour tous les besoins agricoles et industriels, par Laffineur. 1 volume avec figures . . . . 2 »

HYGIÈNE ET DE MÉDECINE USUELLE (*Guide pratique d'*), complété par le traitement du *choléra épidémique*, par Victor Lunel. 1 volume . . . . . . 2 fr.

Ce livre ne s'adresse à aucune spécialité de lecteurs et convient à tout le monde. Il se subdivise en hygiène privée et en hygiène publique.

HYGIÈNE DU TRAVAIL (*l'*), par le Dr Monin, avec une préface de Yves Guyot, 1 volume. . . . . 4 fr.

Table des matières. — La santé dans le travail. — L'hygiène de l'ouvrier. — Questions sociales et philanthropiques. — Les accidents du travail. — Poisons industriels : le saturnisme. — Le phosphorisme. — L'empoisonnement par le cuivre. — L'arsénicisme. — L'empoisonnement par le mercure. — Les dangers du gaz d'éclairage. — Mines et mineurs. — Industries métalliques. — Professions à poussières : le bâtiment. — Industries des tissus et vêtements. — Matelassiers, brossiers, chapeliers, chiffonniers. — Industries du verre, celluloïde, caoutchouc, explosifs. — Tanneurs, boyaudiers, mégissiers. — Chemins de fer, ballons, électricité, photographie. — Industries féminines : blanchisseuses, fleuristes, article de Paris. — Industries alimentaires. — Le cuisinier. — Coiffeurs et perruquiers. — Typographes. — L'hygiène au théâtre. — L'hygiène et l'église. — Artistes et gens de lettres. — La crampe des écrivains et le doigt-à-ressort. — L'hygiène du chanteur. — L'hygiène du soldat.

I

INGÉNIEUR ÉLECTRICIEN (Voir Électricien, page 32).

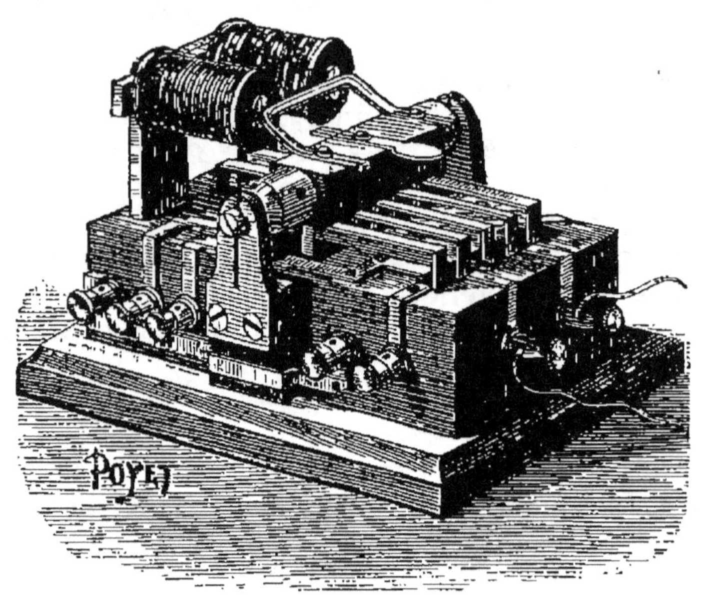

Figure spécimen de *L'Ingénieur électricien*.

INTRODUCTION A L'ÉTUDE DES BEAUX-ARTS, par CARTERON. 1 volume. — En préparation.

EXTRAIT DE LA TABLE DES MATIÈRES : *La Peinture.* — Étude pratique et raisonnée du dessin.

Genres différents de la Peinture. — Peinture d'histoire et peinture religieuse. — Peinture de genre. — Portrait. — Paysage.

Histoire de la Peinture et aperçu des différentes écoles. — *Sculpture et statuaire.* — *Histoire de la sculpture.* — *L'Architecture.* — *Les Artistes.*

INTRODUCTION A L'ÉTUDE DE LA CHIMIE (Voir Chimie, page 23).

INTRODUCTION A L'ÉTUDE DE LA PHYSIQUE (Voir Physique, page 50).

J

JARDINAGE (✳ *Manuel pratique de*), contenant la manière de cultiver soi-même un jardin ou d'en diriger la culture. 9e édition, par COURTOIS-GÉRARD, marchand grainier, horticulteur. 1 volume avec 1 planche et de nombreuses figures dans le texte . . . . 4 fr.

Gravure spécimen du *Manuel de jardinage.*

Nous renvoyons à la note accompagnant le *Manuel de culture maraîchère*, pour les titres de M. Courtois-Gérard, à la confiance publique. Dans le *Manuel du jardinier*, les jardiniers de profession trouveront des conseils, des détails nouveaux et des renseignements pratiques qu'ils peuvent ignorer ; le propriétaire et l'amateur de jardin y puiseront des instructions précises et claires qui leur éviteront toute espèce de méprises et d'erreurs.

Sommaire des principaux chapitres :

Dispositions générales d'un jardin potager. — Calendrier. — Travaux de chaque mois. — Les outils. — Les défoncements. — Les fumiers. — Les arrosements. — Les couches. — Semis. — Repiquages. — Marcottes. — Boutures. — De la greffe. — De la conservation des plantes. — Les maladies des plantes potagères. — La culture des arbres fruitiers. — La culture des arbres d'agrément. — Destruction des animaux nuisibles, etc.

JOAILLIER (*Guide pratique du*), ou Traité complet des pierres précieuses, leur étude chimique et minéralogique, les moyens de les reconnaître sûrement, leur valeur approximative et raisonnée, leur emploi, la description des plus extraordinaires des chefs-d'œuvre anciens et modernes auxquels elles ont concouru, par CH. BARBOT, ancien joaillier, inventeur du procédé de décoloration du diamant brut, membre de plusieurs sociétés savantes. 1 vol. avec 3 planches renfermant 178 figures représentant les diamants les plus célèbres de l'Inde, du Brésil et de l'Europe, bruts et taillés, et les dimensions exactes des brillants et roses en rapport avec leur poids, depuis un carat jusqu'à cent carats. Nouvelle édition, revue, corrigée et annotée par CH. BAYE. 1 vol . . . 4 fr.

L

LAINE peignée, cardée, peignée et cardée (*Traité pratique de la*), contenant : 1re *partie*, mécanique pratique, formules et calculs appliqués à la filature; 2° *partie*, filature de la laine peignée, cardée peignée, sur la Mull-Jenny; 3e *partie*, filage anglais et français sur continu; 4° *partie*, laine cardée, par Charles LEROUX, ingénieur mécanicien, directeur de filature. 1 volume avec 32 figures dans le texte et 4 planches. . . . . 15 fr.

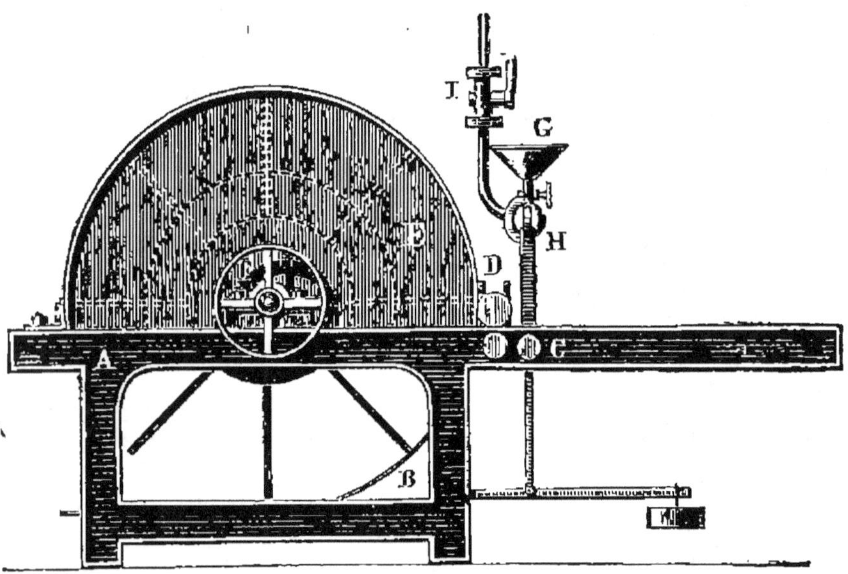

Figure spécimen du *Traité de la Laine.*

Extrait de la table des matières. — Choix d'un moteur. — Transmissions. — Arbres de couche. — Courroies. — Poulies. — Engrenages. — Frottements. — Force des moteurs. — Leviers. — Fabrication. — Triage des laines. — Caractères des laines. — Main-d'œuvre du triage. — Battage. — Nettoyage des laines. — Dessuintage. — Dégraissage. — Graissage des laines. — Disposition mécanique d'un assortiment de cardes. — Aiguisement des garnitures. — Bourrage des garnitures. — Cardages. — Passage au Gill-Box. — Lissage et dégraissage des rubans. — Peignage des laines. — Préparation des laines pour filage français. — Les différents passages. — Filage français sur Mull-Jenny.

LAPINS (✳ *Guide pratique de l'éducateur des*), ou Traité de la race cuniculine, avec l'Art de mégisser leurs peaux et d'en confectionner des fourrures, suivi du guide pratique de l'éducation lucrative des **OIES** et des **CANARDS**, par Mariot-Didieux. 3e édition. 1 volume.   4 fr.

LÉGISLATION PRATIQUE (✳ *Premiers principes de*), appliquée au Commerce, à l'Industrie et à l'Agriculture, par Maurice Block. 2e édit. 1 volume . . .   4 fr.

LIQUEURS (*Traité de la fabrication des*) françaises et étrangères, sans distillation. 6e édition, augmentée de développements plus étendus, de nouvelles recettes pour la fabrication des liqueurs, du kirsch, du rhum, du bitter, la préparation et la bonification des eaux-de-vie et l'imitation de celles de Cognac, de différentes provenances, de la fabrication des sirops, etc., etc., par L.-F. Dubief, chimiste œnologue. 1 volume. . . . .   4 fr.

Ce traité est formulé en termes clairs et familiers ; la personne la moins expérimentée dans l'art du distillateur, qui en lira attentivement les préceptes, pourra, sans aucun guide, devenir un bon fabricant après quelques essais.

Sommaire de quelques chapitres : — De la composition des liqueurs. — Quantités d'alcool, de sucre et d'eau, pour les différentes classes de liqueurs.— Des teintures aromatiques. — Des infusions. — De la coloration des liqueurs. — Du mélange. — Du perfectionnement des liqueurs par le tranchage. — Du collage des liqueurs. — De la filtration. — De la conservation des liqueurs. — Règle générale pour bien opérer la fabrication des liqueurs. — Considérations à observer. — Des spiritueux aromatiques non sucrés. — Emploi des écumes et des eaux provenant du lavage des filtres. — Formules et préparations des sirops. — De l'alcool. — Du coupage ou mouillage des alcools. — Des eaux-de-vie. — Opérations d'eaux-de-vie à tous les titres avec les alcools d'industrie. — Résumé pour les liqueurs, les eaux-de-vie et les alcools. — Appendice. — L'auteur termine cet ouvrage par une liste des principaux marchés des eaux-de-vie, esprits, etc.

LIQUORISTE DES DAMES (*Le*), ou l'art de préparer en quelques instants toutes sortes de liqueurs de table et des parfums de toilette avec toutes les fleurs cultivées dans les jardins, suivi de procédés très simples et expérimentés pour mettre les fruits à l'eau-de-vie, faire des liqueurs et des ratafias, des vins de dessert, mousseux et non mousseux, des sirops rafraîchissants, etc., par L.-F. Dubief. 1 volume avec figures dans le texte.   2 fr.

Ce que nous avons dit des autres ouvrages de M. Dubief nous dispense de nous étendre sur celui-ci. C'est aux dames qu'il est adressé, et l'accueil qu'il a obtenu prouve suffisamment combien il est utile dans toute bibliothèque de ménage.

M

✻ MAÇONNERIE—Guide pratique du Constructeur —par A. DEMANET, lieutenant-colonel honoraire du génie, membre de l'Académie royale de Belgique, etc. 1 volume avec tableaux, accompagné de 20 planches doubles renfermant 137 figures gravées sur acier 1 volume . . .   4 fr.

Ce guide, écrit par M. Demanet, qui a professé un cours de construction à l'Ecole militaire de Bruxelles, emprunte une grande autorité à l'expérience et à la position qu'occupait l'auteur. Les 20 planches qui accompagnent le texte sont gravées avec une grande exactitude.

Extrait de la table des matières. — Des tracés. — Des mortiers et mastics. — Des appareils. — De l'exécution des maçonneries. — Echafaudages et cintres. — Outils et appareils. — Décintrements, charges, jointoiement. — Des épaisseurs à donner aux maçonneries. — Evaluations des travaux de maçonnerie. — Travaux divers. — Travaux d'entretien et de restauration. — De l'organisation des chantiers, etc.

MAISON (✻ *Comment on construit une*), par VIOLLET-LE-DUC. 1 volume avec 62 dessins par l'auteur. 5e édition. . . . .   4 fr.

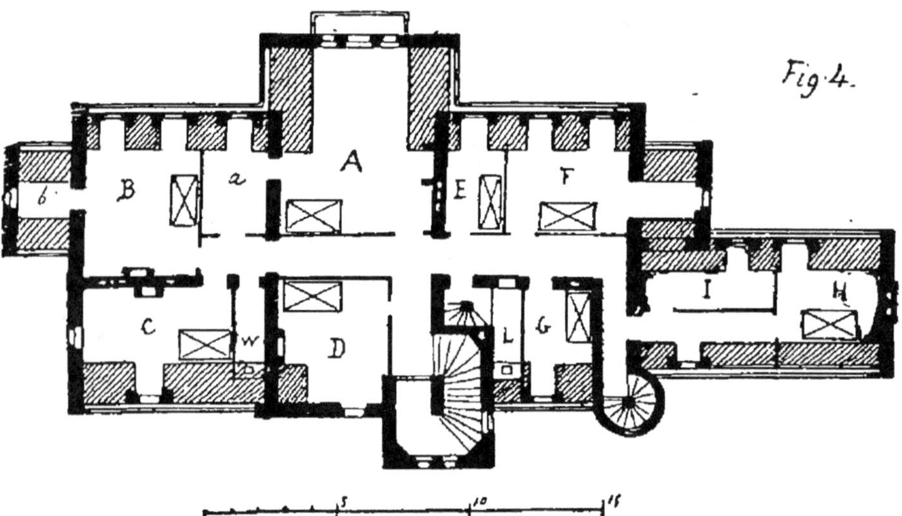

Gravure spécimen de *Comment on construit une maison.*

Extrait de la table des matières. — Plantations de la maison et opérations sur le terrain. — La construction en élévation. — La visite au chantier. — — L'étude des escaliers. — Ce que c'est que l'architecture. — Etudes théoriques. — La charpente. — La fumisterie. — La menuiserie. — La couverture et la plomberie. — L'inauguration de la maison.

MARCHANDISES (Voir Exploitation des chemins de fer, page 22).

MARÉCHALERIE-FERRURE. 1 volume. — En préparation. —

MATIÈRES INDUSTRIELLES (*Guide pratique pour l'essai des*), d'un emploi courant dans les usines, les chemins de fer, les bâtiments, la marine, etc., à l'usage des ingénieurs, manufacturiers, architectes, officiers de marine, etc., par Jules GAUDRY, chef du laboratoire des essais au chemin de fer de l'Est. 1 volume avec 37 figures et nombreux tableaux. . . . . 4 fr.

SOMMAIRE DES PRINCIPAUX CHAPITRES : PREMIÈRE PARTIE. — *Principes généraux de l'essai chimique.* — I. Composition et décomposition des corps. — II. Principes fondamentaux de l'analyse. — III. Manipulations chimiques. — IV. Marche de l'analyse. — DEUXIÈME PARTIE. — *Méthode d'essai des principales substances d'emploi courant.* — TROISIÈME PARTIE. *Tableaux :* Tableau A. Des principaux corps simples. — B. Division des bases en cinq groupes. — C. Division des acides en trois groupes. — D. Décomposition de l'eau par les métaux. — E. Analyse de l'eau. — F. États des incinérations. — G. Degré oléométrique des huiles. — H. Tableau comparatif des principaux métaux industriels. — Appareils divers pour les essais.

MÉCANICIEN (✳ *Guide de l'ouvrier*), par J.-A. ORTOLAN, mécanicien en chef de la flotte, officier de la Légion d'honneur et de l'Instruction publique, avec la collaboration de MM. Bonnefoy, Cochez, Dinée, Gibert, Guipont, Juhel, anciens élèves des Écoles d'arts et métiers, quatrième édition, revue et notablement augmentée, comprenant 3 volumes et 62 planches. Chaque volume, séparément : 4 fr.; l'ouvrage complet . . . . 12 fr.

La Table sommaire des parties comprises dans chacun des volumes permet d'apprécier l'importance relative donnée aux questions présentées en vue de l'application immédiate.

Les nouvelles questions traitées dans cette quatrième édition concernent principalement les machines motrices admises par la pratique dans ces derniers temps; les combustibles usuels dont fait usage l'industrie moderne; les essais, la conduite, l'entretien des appareils mécaniques et des générateurs de vapeur, et les obligations des constructeurs et des propriétaires de ces appareils. Des Tables numériques pour la solution immédiate du calcul de certains mécanismes et du calcul des agents de force mécanique ont été ou étendus ou annexés aux parties spéciales.

SOMMAIRE DES TITRES DE LA DIVISION DES PARTIES.

Mécanique élémentaire. 1 vol. avec figures et 11 pl.   4 fr.

PREMIÈRE PARTIE. — *Arithmétique.* — Numération. — Premières règles. — Fractions. — Système décimal. — Carrés, cubes. — Racines carrées, racines cubiques. — Règles d'intérêt, de mélange et d'alliage. — *Algèbre pratique :* Équations algébriques. — Géométrie pratique. — Tracés géométriques. — Mesure et division des lignes et des angles. — Solides. — Mesures des surfaces et des volumes. — *Lignes trigonométriques.* — *Annexe :* Système métrique. — DEUXIÈME PARTIE. — *Mécanique élémentaire, forces, frottements.* — Principe des machines. — Chute, poids, densité des corps. — Forces. — Composition des forces. — Centre de gravité. — Travail des forces et sa mesure. — Équilibre des machines simples. — Frottements et glissements. — Origine des forces produisant le mouvement dans les machines. — Des machines en général.

Mécanique de l'atelier. 1 vol. avec figures et 20 pl. 4 fr.

TROISIÈME PARTIE. — Transmissions et transformations de mouvement.
QUATRIÈME PARTIE. — *Résistance des Matériaux :* Effort de traction. — Effort de compression. — Force de flexion. — Résistance au cisaillement. — Résistance à la torsion. — Épaisseur des murs. — Pans de bois, planchers et combles.
CINQUIÈME PARTIE. — *Machines motrices à air et hydrauliques. Machines à presser.* — Moulins à vent. — Machines soufflantes. — Scieries. — Appareils et machines à élever l'eau. — Pompes élévatoires. — Machines motrices hydrauliques. — Roues à aubes planes, à aubes courbes. — Roues à augets. — Roues pendantes. — Turbines. — Roues à niveau constant. — Roues à admission intérieure. — Résultats pratiques des divers systèmes de roues hydrauliques. — Presses hydrauliques. — Pressoirs.

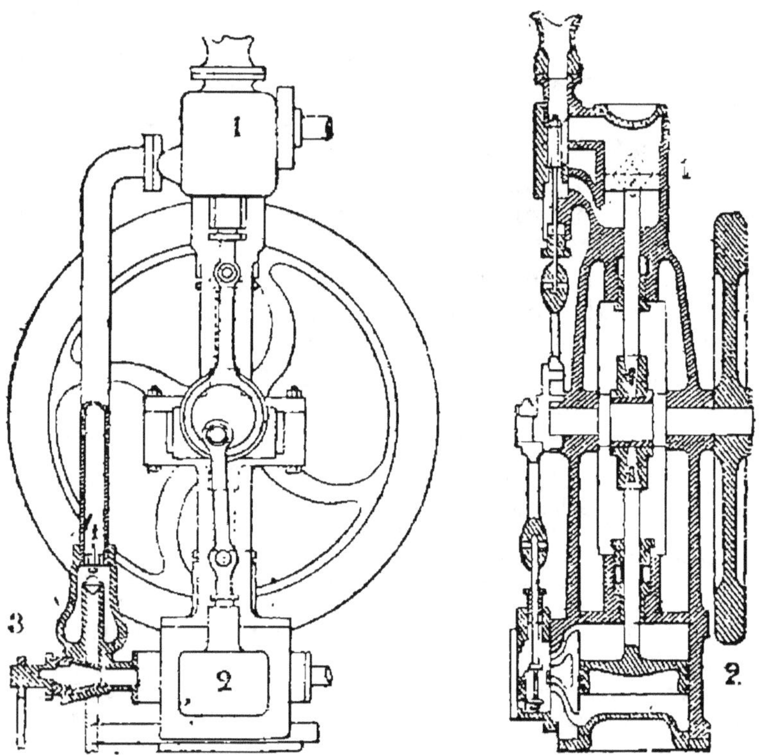

Figure spécimen du *Guide de l'Ouvrier mécanicien.*

Principes et pratique de la machine à vapeur. 1 vol. avec figures et 25 planches. . . . . 4 fr.

SIXIÈME PARTIE. — *Formation de la vapeur. Chaudières:* De la chaleur. — De la vapeur. — Condensation. — Chaudières à vapeur. — Dimensions. — Consommation d'eau et de combustible. — Données sur l'établissement des détails des chaudières.

SEPTIÈME PARTIE. — *Machines motrices à vapeur, à gaz :* Calcul de la puissance et dimensions des pièces principales des machines à vapeur. — Appréciation des divers systèmes de machines. — Principaux types de machines à vapeur admis dans la pratique de 1869 à 1887.

Annexes : Généralités sur les nouvelles chaudières à vapeur. — Principes élémentaires de la combustion. — Vocabulaire des éléments et des produits divers de la combustion. — Combustibles usuels. — Essais et mise en service des chaudières. — Essais des machines. — Matières employées au service des moteurs à vapeur. — Décret sur l'établissement des machines à vapeur.

MÉCANIQUE (*Introduction à l'étude de la*), par Louis DU TEMPLE, capitaine de frégate en retraite. 1 volume. — **En préparation.** —

MÉDECINE USUELLE (Voir Hygiène et Médecine usuelle, page 38).

MÉTÉOROLOGIE AGRICOLE (*Manuel de*) appliquée aux travaux des champs, à la physiologie végétale et à la prévision du temps, par F. CANU, météorologiste-publiciste et Albert LARBALÉTRIER, diplomé de l'Ecole de Grignon, sous-directeur à la ferme-école de la Pilletière, 1 volume avec 3 figures et de nombreux tableaux. .   2 fr.

Extrait de la table des matières : *Notions préliminaires.* — *Chaleur :* Action de la chaleur sur le sol, échauffement, dessèchement, action de la chaleur sur la plante, évolution, action physique. — *Lumière :* Production de la chlorophylle, assimilation, transpiration, lumière du sol. — *Humidité de l'air.* — *Brouillard et rosée.* — *Pluie.* — *Froid.* — *Gelées.* — *La neige.* — *Vents.* — *Électricité.* — *Grêle.* — *Les éléments de l'air et le sédiment.* — *Instructions météorologiques.* — *Prévision du temps :* Prévision à longue et à courte échéance, prévisions des gelées nocturnes. — *Tableaux divers.*

MÉTIERS MANUELS (*Le livre des*), répertoire des procédés industriels, tours de main et ficelles d'atelier, recettes nouvelles et inédites, méthodes abréviatives de travail recueillies en vue de permettre aux amateurs, manufacturiers, ouvriers des petites villes et des campagnes d'exécuter aussi bien que les ouvriers spécialistes de Paris tous les travaux usuels d'une utilité journalière, par J.-P. HOUZÉ. 1 volume avec 5 planches hors texte comprenant de nombreux dessins techniques . . . . . . 4 fr.

MINÉRALOGIE APPLIQUÉE (*Guide pratique de*),

histoire naturelle inorganique ou connaissance des combustibles minéraux, des pierres précieuses, des matériaux de construction, des argiles céramiques, des minerais manufacturiers et des laboratoires, des minerais de fer, de cuivre, de zinc, de plomb, d'étain, de mercure, d'argent, d'antimoine, d'or, de platine, etc., par A.-F. NOGUÈS, professeur de sciences physiques et naturelles. 2 vol. avec 248 figures. Chaque volume, 4 fr.; l'ouvrage complet.   8 fr.

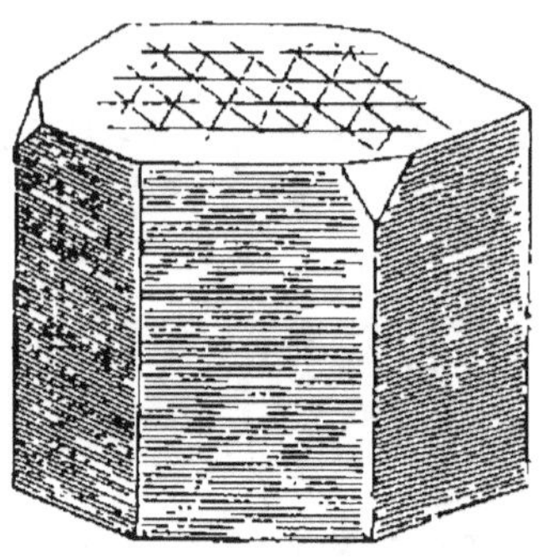
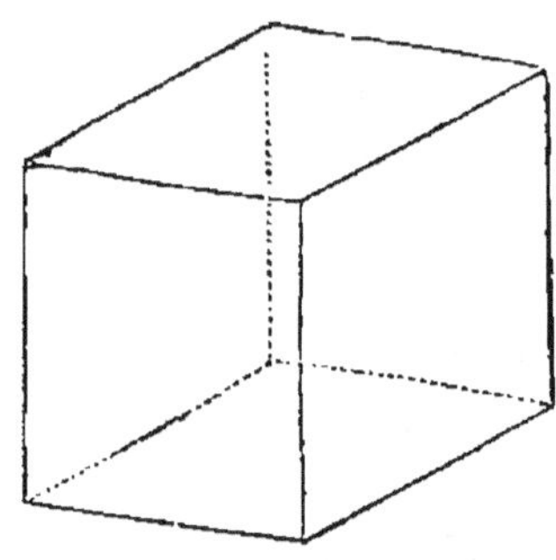

Cet ouvrage a été écrit principalement pour les personnes qui désirent acquérir des notions justes, pratiques et usuelles sur les minerais métallifères et les minéraux employés dans les arts et l'industrie. Les étudiants qui suivent les cours des Facultés, les élèves des Écoles spéciales et industrielles, les ingénieurs, les élèves des Écoles des mines, les mineurs, les agriculteurs, les directeurs d'exploitations minières, les gardes-mines, les amateurs et les gens du monde qui voudront acquérir des connaissances pratiques en minéralogie, le consulteront avec fruit.

Figures spécimens du *Guide pratique de Minéralogie.*

Ce guide a été conçu dans un esprit essentiellement pratique et industriel. M. Noguès, en publiant cet ouvrage, a voulu offrir au public le cours de minéralogie qu'il professe avec tant de succès à l'Ecole centrale des arts et manufactures de Lyon. — Nous ne donnons pas ici la table des matières contenues dans l'œuvre de M. Noguès, elle est trop considérable, mais nous indiquerons le titre des chapitres.

I. Définitions des termes et généralités. — II. Caractères géométriques des minéraux ou cristallogie. — Cristallogie comparée ou morphologie minérale. — Cristallogénie. — Caractères physiques, chimiques et géologiques des minéraux. — Classification des minéraux. — Description des espèces minérales. — Appendice au carbone. — Organolithes. — Classifications.

N

NATURALISTE (*Manuel du*).—Zoologie, par AGASSIZ et GOULD. Traduit par Élisée Reclus. 1 volume. — **En préparation.** —

O

OCTROIS (*Nouveau manuel des*), par E. LAFFOLAY, inspecteur de l'octroi en retraite. 1 volume avec tableaux . . . . 4 fr.

Observations concernant la rédaction des procès-verbaux. — Formulaire pour la rédaction des procès-verbaux les plus usuels en matière d'octroi, en matière de contributions indirectes et d'octroi et en matière de contributions indirectes inclusivement.

OFFICIER (*Comment on devient*), par Félix JUVEN, officier d'administration, adjoint du service des hôpitaux, licencié en droit, officier d'académie. 1 volume. . . 4 fr.

Historique du recrutement. — Les Écoles. — Officiers ne passant pas par les Écoles. — Ce que peut devenir un officier. — Officiers de la réserve et de l'armée territoriale. — Vie de l'officier. — Recrutement des officiers de marine

OIES et **CANARDS** (*Guide pratique de l'éducation lucrative des*), précédé du guide pratique de l'éducateur des **LAPINS**, par MARIOT-DIDIEUX, vétérinaire. 1 vol. 4 fr.

OUVRIER MÉCANICIEN (*Guide de l'*), par J. A. ORTOLAN (voir MÉCANICIEN, page 44).

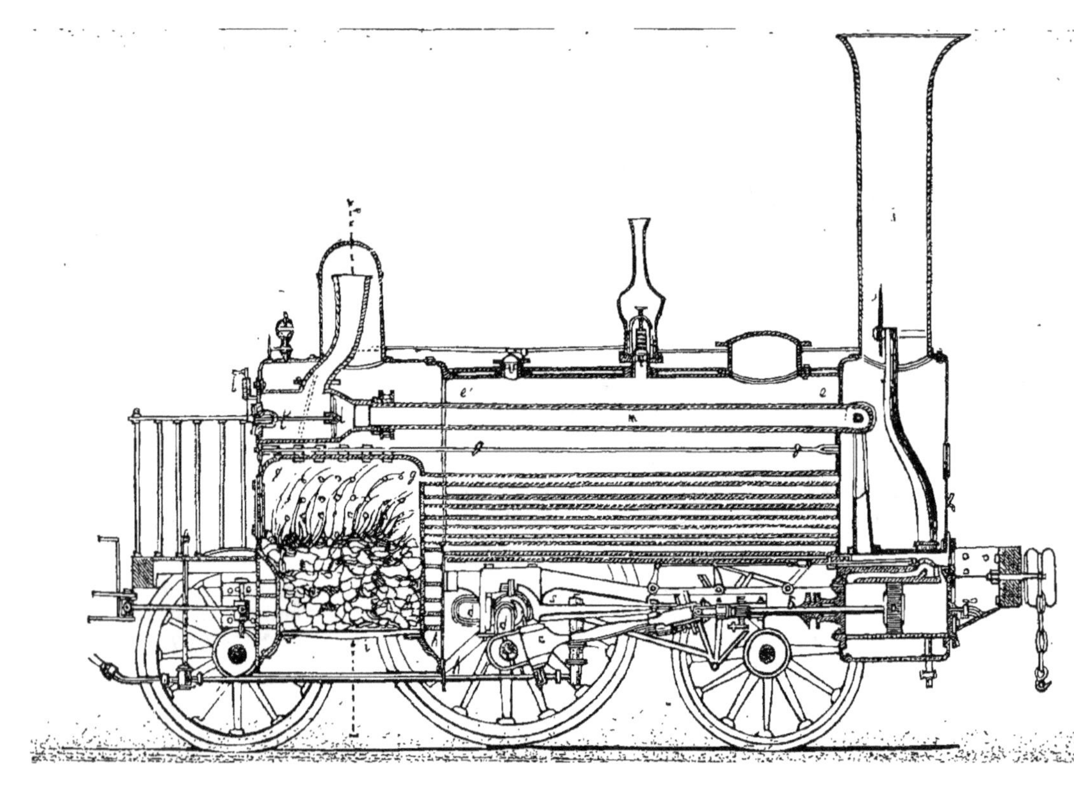

P

PAPIER et du **CARTON** (*Guide pratique de la fabrication du*), par A. Prouteaux, ingénieur civil, ancien élève de l'École centrale des arts et manufactures, ancien directeur de papeterie. Nouvelle édit. 1 volume avec 8 planches.   4 fr.

Extrait de la table des matières. — Historique. — Matières premières. — Fabrication : triage, délissage, blutage, lavage et lessivage, défilage, égouttage, blanchiment, raffinage, collage, matières colorantes, travail de la machine à papier, de l'apprêt. — Fabrication du papier à la cuve ou à la main. — Classification des papiers. — Diverses substances propres à la fabrication du papier. — Papier de paille, papier de bois, papier d'alfa. — Papiers spéciaux. — Analyse chimique des matières employées en papeterie. — Matériel d'une papeterie. — Prix de revient, personnel, administration d'une papeterie. — Fabrication du carton. — Fabrication du papier en Chine et au Japon. — Considérations économiques. — Principaux brevets d'invention français relatifs à l'industrie du papier. — Prix des appareils et des principales matières employées en papeterie.

PARFUMEUR (*Guide pratique du*), dictionnaire raisonné des **cosmétiques et parfums**, contenant : la description des substances employées en parfumerie, les altérations ou falsifications qui peuvent les dénaturer, etc., les formules de plus de 500 préparations cosmétiques, huiles parfumées, poudres dentifrices dilatoires, eaux diverses, extraits, eaux distillées, essences, teintures, infusions, esprits aromatiques, vinaigres et savons de toilette, pastilles, crèmes, etc., par le docteur B. Lunel. 1 volume rédigé sous forme de dictionnaire avec un appendice. . . . . 4 fr.

La parfumerie est une industrie qui, bien comprise et loyalement faite, se rattache d'un côté à l'hygiène et de l'autre est destinée à satisfaire des goûts et des sensations commandées par le luxe et une civilisation plus ou moins avancée.

M. Lunel divise la fabrication en trois classes : fabrique de parfumerie à bon marché, fabrique dont les produits sont coûteux, et enfin les fabriques mixtes, dans les vastes magasins desquelles ont trouve aussi bien les produits ordinaires que les produits extra-fins.

M. Lunel donne des renseignements précieux sur toutes ces préparations, et son livre a cela de précieux qu'il donne toutes les formules et les secrets de la fabrication.

PERSPECTIVE (*Théorie pratique de la*). Étude à l'usage des artistes peintres, des élèves des Écoles des beaux-arts, des Écoles industrielles, etc., par V. PEL-LEGRIN, peintre. 1 volume avec 42 figures et 1 planche de 16 figures. . . . . 2 fr.

PHYSIQUE (* *Introduction à l'étude de la*), par Louis DU TEMPLE, capitaine de frégate en retraite. 1 volume avec 146 figures, 2e édition . . . . 4 fr.

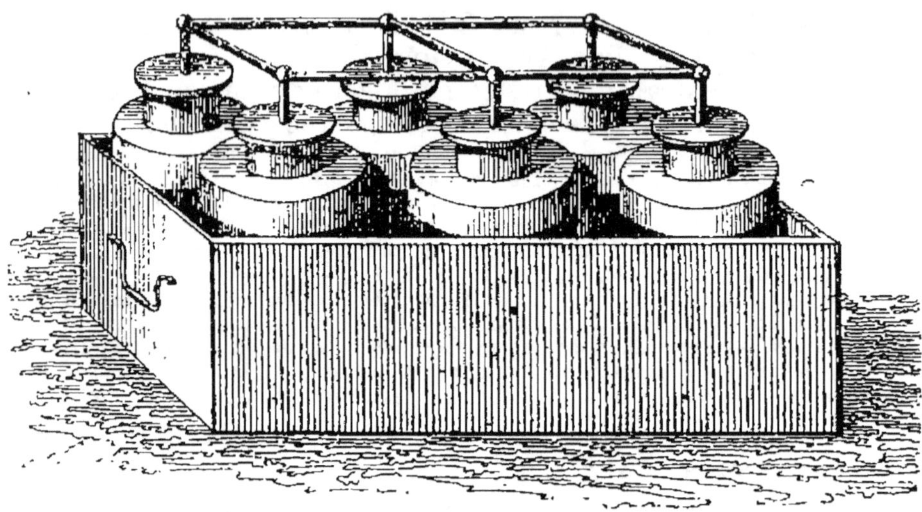

Figure spécimen de l'*Introduction à l'Étude de la physique.*

SOMMAIRE DES PRINCIPAUX CHAPITRES : *Quelques définitions de chimie* : Éléments qui entrent dans la composition des corps. —Nomenclature chimique. — *Introduction*. — *La Force* : Pesanteur. — Actions moléculaires. — *Calorique et Chaleur :* Température. — Mode de propagation de la chaleur. — Changement d'état des corps par la chaleur. — *Lumière*. — Réflexion de la lumière. — Réfraction. — Décomposition et recomposition de la lumière. — Applications diverses des phénomènes de la lumière. — Lunettes .— *Sons*. — Propagation. — Réflexion. — Vibration. — *Électricité*. — *Électro-Magnétisme*. — *Electro-Chimie*.

PHOTOGRAPHE (*L'étudiant*), traité pratique de photographie à l'usage des amateurs, avec les procédés de MM. Civiale, Bacot, Cavelier, Robert, par A. CHEVALIER. 1 volume avec 68 figures . . . . 2 fr.

Ce livre est un manuel simplifié de photographie. Il sera utile à tous ceux qui voudront s'occuper des moyens de reproduire la nature à l'aide de la lumière. Comme son titre l'indique, c'est le livre de l'étudiant, et certes nous n'avons, en le livrant à la publicité, qu'un seul désir, celui d'être utile. Nous sommes sûrs des procédés indiqués, car nous avons dû expérimenter nous-mêmes celui relatif au collodion humide.

PIERRES PRÉCIEUSES (Voir Joaillier, page 40).

PISCICULTURE et **AQUICULTURE FLU-VIALES** (*Manuel de*), appliqué au repeuplement des cours d'eau et à l'élevage en eaux fermées, par Albert LARBALÉTRIER, diplômé de l'École d'agriculture de Grignon, ancien élève libre de l'Institut national agronomique, ex-professeur de pisciculture, etc., 1 volume avec figures et tableaux. . . . . 4 fr.

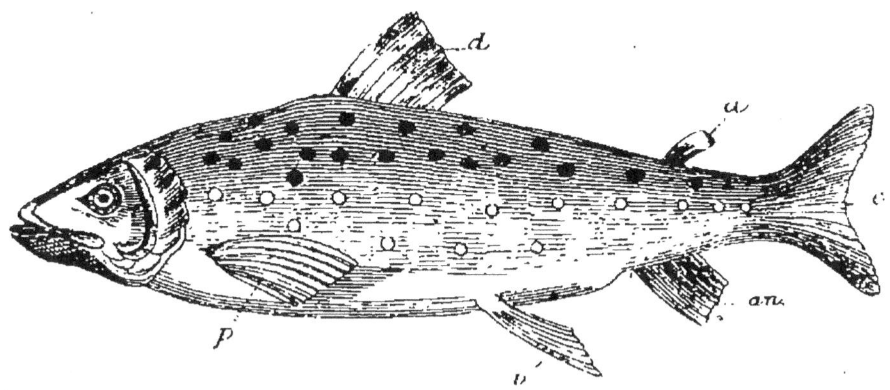

EXTRAIT DE LA TABLE DES MATIÈRES. — *Pisciculture d'eau douce.* — Notions préliminaires. — PREMIÈRE PARTIE : *Les Poissons.* — Considérations générales. — Organisation des poissons. — Classification des poissons. — Description des ordres de poissons. — Nature des eaux douces. — Description, mœurs et genre de vie des principales espèces de poissons. — DEUXIÈME PARTIE : *Les procédés de multiplication et d'élevage.* — La Pisciculture naturelle : les Étangs, aménagement des cours d'eau. — La Pisciculture artificielle : Acclimatation des poissons, Fécondations artificielles, Incubation et éclosion, Alevinage et élevage, transport des œufs et des poissons, Frayères artificielles, Ennemis des Poissons. — TROISIÈME PARTIE : *Pêche en eau douce et législation.* — Pêche à la ligne, Pêche au filet. — Législation : Lois et règlements, Historique et considérations générales. — QUATRIÈME PARTIE : *Culture spéciale des Crustacés et Annélides d'eau douce.* — Écrevisses, Sangsues.

PLANTES FOURRAGÈRES (*Guide pratique pour la culture des*), par A. GOBIN, ancien élève de l'École de Grand-Jouan, ancien directeur de la colonie pénitentiaire du Val-d'Yèvres (Cher). 1 volume avec de nombreuses figures. . . . . 4 fr.

Première partie. — **PRAIRIES NATURELLES, PATURAGES.**

Deuxième partie. — **PRAIRIES ARTIFICIELLES, PLANTES, RACINES.**

Les fourrages sont la base de toute culture, et il est admis aujourd'hui, par tous les agriculteurs intelligents, que pour avoir du blé il faut faire des prés. M. Gobin, guidé par sa grande expérience, a voulu rédiger un guide tout pratique indiquant tout ce qui doit être observé pour obtenir les meilleurs résultats et éviter les dépenses inutiles : mais, comme il le dit dans sa préface, si le titre même de son livre lui a fait une loi de se restreindre à la culture des plantes fourragères et de s'abstenir de considérations scientifiques inutiles au but qu'il poursuit, il ne s'est pas interdit les applications pratiques des sciences, en tant qu'elles se rapportent à l'explication des phénomènes ou à l'amélioration des méthodes de culture. « C'est là, en effet, dit-il, ce que nous entendons par la pratique, et non point seulement la routine manuelle, qui consiste à savoir tenir les mancherons de la charrue, charger une voiture de gerbes ou manier la faux, celle-ci suffit à un ouvrier, celle-là est nécessaire au moindre cultivateur intelligent. »

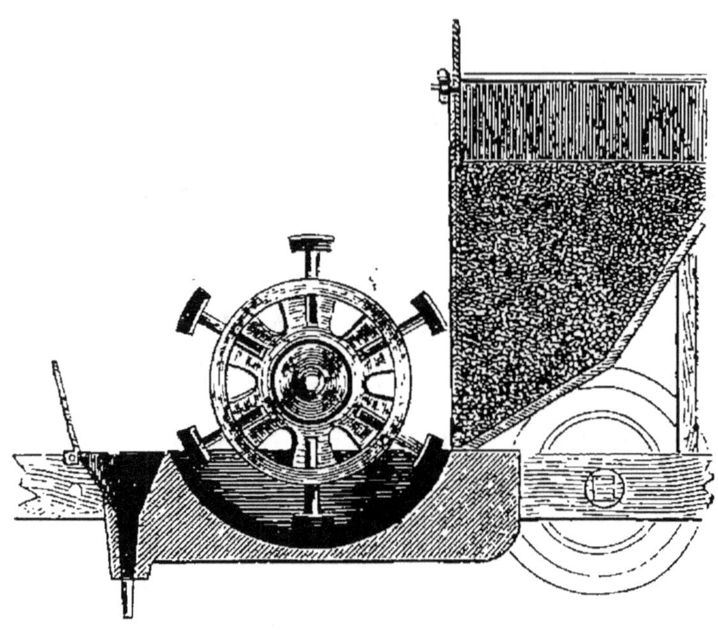

Ce Guide peut être considéré comme le résumé des leçons professées avec tant de succès par M. Gobin à l'*Ecole de Grignon*.

PONTS ET CHAUSSÉES et de l'Agent voyer (*Guide pratique du Conducteur des*). Principes de l'art de l'ingénieur, comprenant : plans et nivellements, routes et chemins, ponts et aqueducs, travaux de construction en général et devis, par F. BIROT, ingénieur civil, ancien conducteur des ponts et chaussées. 4e édition, revue et augmentée.

Première partie. — **ROUTES.** — 1 vol. accompagné de 12 planches doubles, contenant 99 figures. . . . . . . 4 fr.

Deuxième partie. — **PONTS.** — 1 vol. accompagné de 8 planches doubles, contenant 44 figures. . . . . . . 4 fr.

Nous allons donner un extrait de la table des matières de ces volumes, devenus le *vade-mecum* des agents des ponts et chaussées.

Première partie. — *Chap. Ier.* — Tracé et mesure des lignes. Arpentage proprement dit. Mesure des angles. Levé à l'échelle. Instruments. — *Chap. II.*

Objets du nivellement. Niveaux de différents systèmes. Stadia. — *Chap. III.* Classification des routes. Projets. De la forme générale des routes. Tracé des courbes. Tables diverses. — *Chap. IV.* Construction des chaussées. Entretien des routes. Déblais et remblais.

Deuxième partie. — *Chap. I.* Ponts et aqueducs. Ponceaux. Murs de soutènement. Parapets. Voûtes biaises. Sondages. Pieux. Pilotis. Palplanches. Enrochements. — *Chap. II.* Des cintres et des ponts en charpente. — *Chap. III.* Études des matériaux employés dans les constructions. — *Chap. IV.* Du métrage et du devis. Avant-métré d'un aqueduc, d'un ponceau, etc.

L'auteur a terminé par le programme d'admission pour l'emploi de conducteur.

PORCHERIES (Voir Habitations des animaux, page 37).

POTASSES (*Guide pratique pour reconnaître et pour déterminer le titre véritable et la valeur commerciale des*), des SOUDES, des CENDRES, des ACIDES et des MANGANÈSES, avec neuf tables de déterminations, traduit de l'allemand par le docteur G.-W. BICHON, ancien élève de M. Liebig. Nouvelle édition, augmentée de notes, tables et documents, par R. FRÉSÉNIUS et le Dʳ WILL. 1 vol. avec figures. 2 fr.

Le livre de MM. Frésénius et Will est le résultat des recherches de ces deux savants chimistes étrangers; c'est avec beaucoup de succès qu'ils sont parvenus à perfectionner les méthodes d'essais relatifs aux potasses, soudes, acides et manganèses.

POUDRES ET SALPÊTRES (*Guide pratique de la fabrication des*), avec un appendice par le major STEERK sur les *feux d'artifice*, par M. SPILT. 1 volume. . . . . 4 fr.

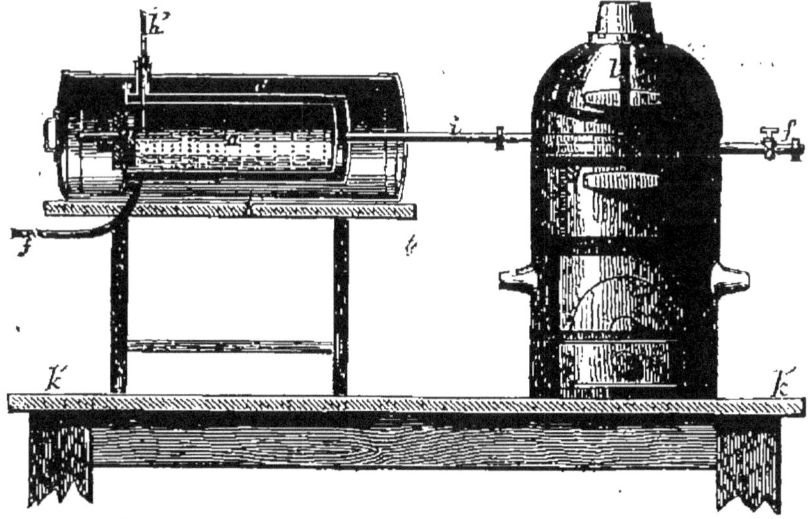

Figure spécimen du *Guide de la fabrication des poudres et salpêtres.*

Dès les premières lignes de ce livre, on s'aperçoit que l'auteur est un homme compétent dans la matière qu'il traite, et qu'à l'étude dans le laboratoire, le major Steerk a joint l'expérience en grand. Dans ses données, tout est rigoureusement exact, et on peut accepter l'auteur comme guide, sans craindre de se tromper.

L'appendice sur les feux d'artifice résume en quelques pages les notions nécessaires pour la confection de ces feux.

Sommaire des chapitres. — *Première partie :* Soufre, salpêtre, bois. — Charbon : carbonisation par distillation, par vapeur, analyses des charbons. — Poudres : poudres de guerre, poudres de mine, poudres du commerce extérieur et poudres de chasse. — Epreuves. — Combustion des poudres, dosages, analysés.

Deuxième partie : Feux d'artifice. — Historique, matières premières, produits chimiques, outils, cartonnages, cartouches, feux qui produisent leur effet sur le sol, feux qui le produisent dans l'air, sur l'eau, etc., feux de salon, feux de théâtre. Confection des principales pièces d'artifice.

POULES (*Éducation lucrative des*), ou traité raisonné de gallinoculture, par MARIOT-DIDIEUX, vétérinaire en premier aux remontes de l'armée, membre et lauréat de plusieurs sociétés savantes. Nouvelle édition. 1 vol. 4 fr.

L'éducation, la multiplication et l'amélioration des animaux qui peuplent les basses-cours ont fait depuis une quinzaine d'années de notables progrès. Répondant à un besoin de l'économie domestique, l'auteur de ce guide pratique a voulu faire un traité complet de gallinoculture dans lequel, après des considérations historiques, anatomiques et physiologiques sur les poules, il décrit les caractères physiques et moraux de quarante-deux races, apprend à faire un choix parmi ces races si diverses et indique les moyens de conservation et de multiplication des individus. Des chapitres spéciaux sont consacrés aux maladies, à la pharmacie gallinée, à la statistique des poules et des œufs de la France, etc.

Les ouvrages de M. Mariot-Didieux sont au premier rang parmi ceux qui enrichissent notre bibliothèque. Aussi voulons-nous, pour en mieux faire ressortir le mérite, donner ici le sommaire des principaux chapitres :

Gallinoculture. — De la poule, son antiquité, son utilité, expositions, concours, anatomie, considérations physiologiques, des sensations, voix du coq, voix de la poule. — Choix des races. — Signes extérieurs de la ponte. — Considérations sur les races de poules. — Races françaises, hollandaises, belges, anglaises, espagnoles, italiennes, prussiennes.— Races asiatiques, indiennes, japonaises, indo-chinoises. — Races syriennes, africaines, américaines. — Races de l'Océanie. — Du croisement des races. — Dépenses et produits de la poule. — Du poulailler, de la cour, des œufs. Moyens de reculer, d'augmenter ou d'avancer la ponte. — Fécondation du coq. — Castration ou chaponnage des coqs. — De l'incubation. — Elevage des poulets. — Maladies des poules. — De la saignée. — Pharmacie. — Vente des produits, etc.

Le cartonnage toile de chaque volume se paye 0.30 c. en plus des prix indiqués.

R

ROSEAU (Voir Saule, même page).

ROUES HYDRAULIQUES (*Traité de la construction des*), contenant tous les systèmes de roues en usage, les renseignements pratiques sur les dimensions à adopter pour les arbres tournants, les tourillons, les bras de roues hydrauliques, etc., etc., par Jules LAFFINEUR. 1 volume avec de nombreux tableaux et 8 planches . . . . . . 2 fr.

L'auteur démontre dans sa préface que le perfectionnement des machines motrices des usines est à la fois une nécessité d'intérêt général et privé. Dans son ouvrage, il recherche et il définit les principales conditions à remplir sous ce rapport, et il donne ensuite tous les détails relatifs à la construction des roues hydrauliques dans les meilleures conditions possibles.

Fidèle à la méthode qui lui est propre, **M.** Laffineur s'est surtout attaché à se faire comprendre par la simplicité des termes employés et par les nombreux exemples qu'il donne.

Les planches sont d'une grande netteté ; elles représentent tous les systèmes de roues en usage, roues à palettes, roues pendantes, roues en dessous et à aubes courbes, roues à augets, roues horizontales, roues à niveau constant, frein dynamométrique, etc.

ROUTES (Voir Ponts et Chaussées, page 52).

S

SALPÊTRES (Voir Poudres, page 53).

SAULE (*Guide pratique de la culture du*) et de son emploi en agriculture, notamment dans la création des oseraies et des saussaies, avec un appendice sur la culture du roseau, par M.-J. KOLTZ, chevalier de l'ordre R. G. D. de la Couronne de chêne, agent des eaux et forêts, etc. 1 volume avec 35 figures dans le texte . . . . 2 fr.

Ce travail a pour objet de faire ressortir les avantages que procure la culture du saule dans les terrains qui lui conviennent, et qui, le plus souvent, ne peuvent être rendus productifs qu'à l'aide de cette essence ; M. Koltz donne donc le moyen de mettre en produit des terrains vagues. Dans certains parages, le roseau commun forme le complément obligé de l'osier ; l'appendice que M. Koltz a consacré à cette plante renferme des détails intéressants, surtout pour les propriétaires de terrains aujourd'hui tout à fait improductifs.

SCIENCES PHYSIQUES (*Éléments des*), appliquées à l'agriculture; ouvrage divisé en deux parties, par A.-F. POURIAU, docteur ès sciences, ancien élève de l'Ecole centrale, professeur à l'École d'agriculture de Grignon.

Chaque partie se vend séparément.

Première partie. **CHIMIE INORGANIQUE**, suivie de l'étude des marnes, des eaux, et d'une méthode générale pour reconnaître la nature d'un des composés minéraux intéressant l'agriculture ou la médecine vétérinaire. 1 volume avec 153 figures dans le texte et tableaux. . . 4 fr.

Deuxième partie. **CHIMIE ORGANIQUE**, comprenant l'étude des éléments constitutifs des végétaux et des animaux, des notions de physiologie végétale et animale, l'alimentation du bétail, la production du fumier. 1 volume avec 65 figures dans le texte et tableaux. . . . . 4 fr.

Figure spécimen des *Éléments des sciences physiques*.

Les ouvrages de M. Pouriau sont promptement devenus classiques et ils sont en même temps consultés avec fruit par tous les agriculteurs, les propriétaires, les gentilshommes-fermiers et par tous les gens d'étude et les gens du monde. Pour cette dernière classe de lecteurs, nous citerons le passage de la préface qui indique que cet ouvrage a été en partie rédigé à leur intention :

« Mais, d'autre part, je conseille aux gens du monde, que de semblables détails ne peuvent que médiocrement intéresser, de laisser de côté ces paragraphes, pour reporter leur attention sur les autres chapitres.

« Enfin, toujours guidé par le désir de satisfaire aux besoins de chaque classe de lecteurs, j'ai indiqué, *en note et séparément*, la préparation des principaux corps étudiés, parce que cette branche du cours ne saurait être utile qu'à ceux en position de faire quelques manipulations.

« Si les amis de la science agricole me prouvent, par un accueil bienveillant fait à mon livre, que j'ai suivi la bonne voie, je leur en témoignerai ma reconnaissance en leur offrant successivement les autres parties de mon enseignement. »

SERRURERIE (*Nouveaux Barèmes de*), par E. ROULAND, 1 volume . . . . 4 fr.

EXTRAIT DE LA TABLE DES MATIÈRES. — *Balcons* en barreaux de fer rond avec ou sans ornements, en barreaux de fer plats, en barreaux de fer carré. — *Grilles fixes* en barreaux de fer rond avec ou sans petits barreaux, avec ou sans ornements. — *Grilles ouvrantes* à deux vantaux avec ou sans petits barreaux, avec ou sans ornements. — *Portes* à un vantail et à deux vantaux en fer à T avec panneaux tôle. — *Poids des fers*, fers plats, carrés, ronds, T et cornières double T. — *Poids des tôles*.

SOUDES (Voir Potasses, page 53).

SUCRES (*Guide pour l'essai et l'analyse des*), indigènes et exotiques, à l'usage des fabricants de sucre. Résultats de 200 analyses de sucres classés d'après leur nuance, par E. MONIER, ingénieur chimiste, ancien élève de l'École centrale des arts et manufactures. 1 volume avec figures dans le texte et tableaux . . . . 3 fr.

L'auteur, après avoir rappelé les propriétés générales des substances saccharifères, donne les méthodes les plus simples qui permettent de doser avec précision ces mêmes substances. Quelques notes sur l'altération et le rendement des sucres soumis au raffinage terminent le travail de M. Monier, dont M. Payen a fait un éloge mérité devant l'Académie des sciences.

T

TEINTURIER (*Guide du*), manuel complet des connaissances chimiques indispensables à la pratique de la teinture, par Frédéric FOL, chimiste. Nouvelle édition. 1 volume avec 91 figures dans le texte. . . . . 4 fr.

En publiant cet ouvrage, l'auteur s'est proposé de répandre dans la population ouvrière qui s'occupe des travaux de teinture, les connaissances nécessaires des sciences sur lesquelles est basée cette industrie.

TÉLÉGRAPHIE ÉLECTRIQUE (*Guide pratique de*), ou *Vade-mecum* pratique à l'usage des employés des lignes télégraphiques, suivi du programme des connaissances exigées pour être admis au surnumérariat dans l'administration des lignes télégraphiques, par B. MIÈGE, directeur de lignes télégraphiques. 1 volume avec 45 figures dans le texte. . . . . 2 fr.

TISSUS (*Manuel du commerce des*). *Vade-mecum* du Marchand de Nouveautés, par Edm. BOURDAIN. 1 vol. 3 fr.

SOMMAIRE DES CHAPITRES : Introduction. — Visite au magasin. — Tableau par rayon de tous les articles composant un magasin de nouveautés. — Table des villes de fabrique et des genres où elles excellent. — Tissus employés pour confectionner les divers vêtements et quantités employées. — Soins à donner aux étoffes. — Tissus étrangers. — L'Escompte. — Commission. — Teinture et couleurs. — Vêtements sur mesures. — Fourrures. — Termes techniques. — Conseils pour les achats. — Voyage d'achat. — Tableau des tissages mécaniques de France. — Représentants de fabrique. — Cravates et confections. — Comptabilité. — Monnaies et mesures étrangères. — Conseils aux employés de commerce.

✳✱TRANSMISSIONS DE LA PENSÉE ET DE LA VOIX, par Louis DU TEMPLE, capitaine de frégate en retraite. 2ᵉ édit. 1 volume avec 62 figures. . . . 4 fr.

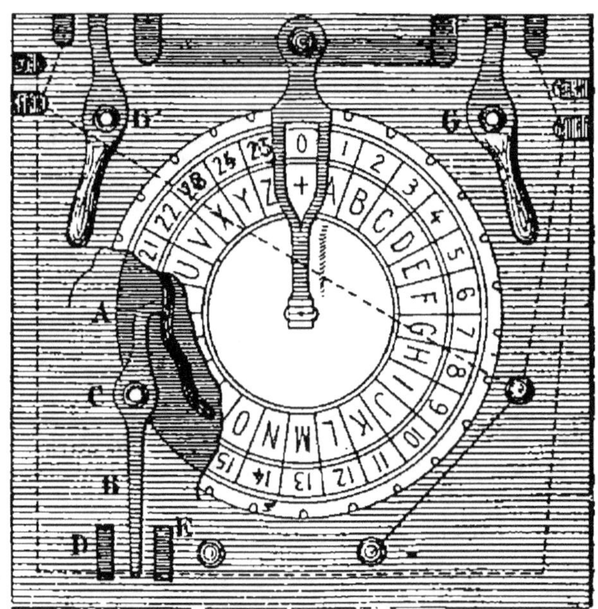

Figure spécimen de *Transmissions de la pensée et de la voix.*

SOMMAIRE DES PRINCIPAUX CHAPITRES : *Organe de la vue et moyens employés pour la corriger.* — Structure de l'œil. — Marche des rayons lumineux dans l'œil. — *Organe de la voix.* — *Organe de l'ouïe.* — Oreille. — Comment l'homme peut diminuer les imperfections de l'ouïe. — *Langage.* — Définition. — Langage écrit. — *Papier.* — Historique. — Fabrication du papier. — Différentes espèces de papier. — *Imprimerie* ou *Typographie.* — Historique. — Gravure. — Lithographie. — Presses typographiques. — Clichage. — Gravure en creux. — Gravure en relief. — *Photographie.* — Historique. — Procédés. — *Électro-Métallurgie.* — Galvanoplastie. — Appareils galvanoplastiques. — Applications de la galvanoplastie. — *Télégraphes aériens, pneumatiques, électriques.* — *Téléphone.* — *Phonographe.* — *Aérophone.* — *Postes.*

V

VACHE LAITIÈRE (*Guide pratique pour le choix de la*), par Ernest Dubos, vétérinaire de l'arrondissement de Beauvais, professeur de zootechnie à l'Institut agricole de la même ville. 1 volume avec 7 planches. 2ᵉ édition. . 2 fr.

VERNIS (*Guide pratique de la Fabrication des*), nouvelle édition, revue, corrigée et complètement refondue,

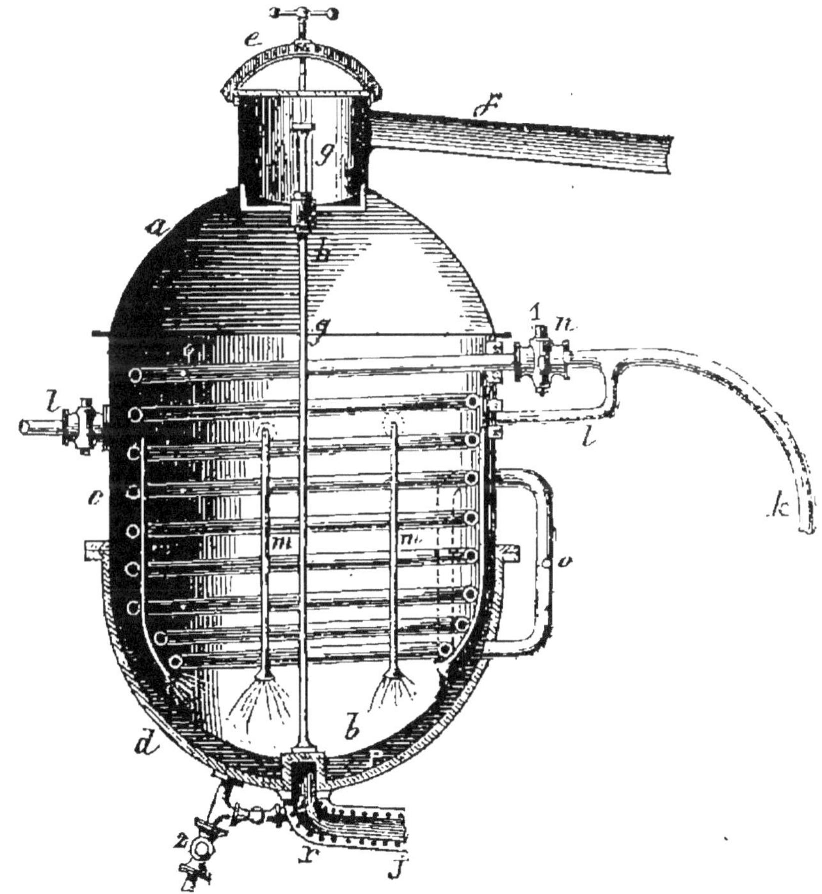

Figure spécimen de la *Fabrication des Vernis.*

de l'ouvrage de M. Tripier-Devaux, par H. Violette, ancien élève de l'Ecole polytechnique, commissaire des poudres et salpêtres, membre de plusieurs sociétés savantes. 1 volume avec figures dans le texte . . . . . . 6 fr.

Extrait de la préface. — Les vernis ne sont autres que des solutions de résines dans certains liquides. Ces liquides, qui sont ordinairement l'*éther*, l'*alcool*, l'*essence de térébenthine* et les *huiles*, donnent aux vernis qui en résultent des propriétés caractéristiques qui en déterminent l'usage. Cette désignation des liquides nous permet de diviser les vernis en quatre classes. — Vernis à l'éther. — Vernis à l'alcool. — Vernis à l'essence. — Vernis gras.

Cette division sera celle des quatre chapitres composant notre ouvrage : nous examinerons chaque classe successivement ; cet examen comprendra : 1º les propriétés physiques et chimiques, ainsi que la préparation du liquide employé à dissoudre les résines de cette classe ; 2º les propriétés physiques et chimiques, ainsi que l'origine des résines employées dans cette catégorie ; 3º la fabrication proprement dite des vernis, par le mélange des résines et liquides précédemment étudiés.

VIDANGE AGRICOLE (*Guide pratique de la*), à l'usage des agronomes, propriétaires et fermiers. Richesse de l'agriculture. Description de moyens faciles, économiques, salubres et pratiques, de recueillir, de désinfecter et d'employer utilement en agriculture l'engrais humain, par J.-H. TOUCHET, chef de service à la compagnie Richer. 2ᵉ édition, 1 volume avec figures. . . . . 1 fr.

Ce Guide, en ce qui concerne les vidanges et les différentes manières d'employer l'engrais humain, est le résumé des meilleures méthodes pratiquées actuellement. Les fermiers y trouveront tous des indications utiles. M. Touchet enseigne aux agronomes de la grande et de la petite culture des moyens simples et peu coûteux de se procurer de riches fumiers, richesses trop souvent négligées et perdues pour l'agriculture.

VIGNE (*La*) et ses maladies (Voir Guide du vigneron, page 61).

VIGNERONS (*L'immense Trésor des*) et des **Marchands de Vin**, indiquant des moyens inédits pour vieillir instantanément les vins, leur enlever les mauvais goûts, même celui de terroir, colorer les vins blancs en rouge Narbonne, même d'une manière hygiénique et sans aucun coupage, éviter leur dégénérescence, etc., précédé du *Guide pratique de la fabrication des* **VINS FACTICES** et des boissons vineuses en général, ou manière de fabriquer soi-même les vins, cidres, poirés, bières, hydromels, piquettes et toutes sortes de boissons vineuses par des procédés faciles, économiques et des plus hygiéniques, par L.-F. DUBIEF, 3ᵉ édition revue, corrigée et considérablement augmentée. 1 volume . . . . 4 fr.

Immense Trésor des vignerons et des marchands de vins.

Extrait de la table des matières. — De la connaissance des vins. — Appréciation et dégustation. — De la distinction. — Du mélange ou du coupage. —

Du vinage. — Amélioration des vins. — De l'imitation des vins. — De la confection des vins mousseux. — Du vin muet et de ses avantages. — Des vins de liqueurs et de leurs imitations.—Recettes et opérations des vins de liqueurs. — *Méthode du Midi*. — *Méthode de Paris*. — De la conservation des vins en fûts pleins et en vidange. — Du soufrage ou méchage. — Du collage pour la clarification. — Arome, sève, bouquet et goût de terroir. — Du gouvernement et de la conservation des vins. — De la mise en bouteilles. — Des altérations. — Moyen de les prévenir et de les corriger. — Des altérations accidentelles et moyen de les guérir. — Disposition et conservation des tonneaux. — Contenance des fûts. — L'auteur termine son livre par une série de renseignements très utiles.

Guide de la fabrication des vins factices.

Extrait de la table des matières.— Vin de raisin avec addition de sucre. — Vin fabriqué avec le marc de raisin, avec addition de sirop de sucre, de fécule ou autres. — Vins factices avec les lies de vin. — Vin de raisin sec. — Vin mousseux. — Vin de fruits, de cerises douces ou aigres, de guignes, de prunes, de pêches, de groseilles, de cassis, de mûres, de pommes de terre, de graines d'amidon, etc., etc. — Des cidres. — Cidre de marc de pommes, petit cidre. — Poirés. — Bières, double, simple, petite bière.—Bières faites avec du pain. — Bières de grains, de sucre, de gingembre. — Bière médicale, digestive, diurétique, purgative, de quinquina. — Hydromel. — Piquette de raisin, de marc de raisin, de lie de vin, de pommes et de poires. — Boisson vineuse de raisin sec, de genièvre, de pommes et de fruits séchés. — Boisson des travailleurs, des cultivateurs et des moissonneurs, etc.

VIGNERON (✳*Guide pratique du*), culture, vendange et vinification, par FLEURY-LACOSTE, ancien président de la Société centrale d'agriculture du département de la Savoie, membre de plusieurs Sociétés savantes, suivi des *Maladies de la* **VIGNE**, causes et effets morbides depuis l'origine de sa culture jusqu'à nos jours, avec les moyens à employer pour les prévenir et les combattre. Précédé d'une description historique et botanique de cette plante précieuse, par SERIGNE (de Narbonne). 1 volume. . . 4 fr.

Guide du vigneron.

Dans la première partie, l'auteur donne les principes généraux pour la culture de la vigne basse : culture en ligne, orientation, la taille, le pinçage, les engrais, choix des cépages. 1re, 2e, 3e et 4e années.

La seconde partie, intitulée *Calendrier du Vigneron*, lui indique les travaux qu'il a à faire mensuellement. La culture des hautains sur treillages élevés dans les champs, remplit la troisième partie. — Quatrième partie : Nouvelles observations pratiques sur les phénomènes de la végétation de la vigne. — Cinquième partie : De la vendange et de la vinification : degré de maturité. — Du ban des vendanges. — Personnel. — Le nettoyage et l'écrasement des grains. — La cuve. — Le décuvage. — Enfin l'auteur termine en indiquant les soins à donner aux vins nouveaux et vieux.

Maladies de la Vigne.

SOMMAIRE DES PRINCIPAUX CHAPITRES. — Description historique. — Description botanique. — L'oïdium et le phylloxera. — Description historique de l'oïdium. — Maladies de l'oïdium. — Concours pour la guérison de l'oïdium. — Opinions émises sur l'oïdium. — L'oïdium est-il la cause de la maladie ? — Remède adopté contre la maladie. — Effets du soufrage. — Causes réelles de la maladie. — Températures favorables ou nuisibles. — Influences des saisons et des météores. — Blessures ou plaies, blanquet ou pourridie, coulure, carniure, chancre vitifère, clavelée, chlorose ou hydroémie, décrépitude, flottage, grapillure, nielle, goule, stérilité. — Maladie des feuilles. — Pyrales. — Destruction de la pyrale à l'état de papillon, à l'état de larve ou chenille. — Moyens préventifs et moyens curatifs. — Destruction de la pyrale à l'état d'œuf, etc.

VIN (*Guide pratique pour reconnaître et corriger les fraudes et maladies du*), suivi d'un traité d'**analyse chimique** de tous les vins, 2º édit., par Jacques BRUN, vice-président de la Société suisse des pharmaciens. 1 volume, avec de nombreux tableaux. . . . . 2 fr.

L'art de falsifier les vins a fait ces dernières années de rapides progrès. La chimie ne doit pas se laisser devancer par la fraude : elle doit lui tenir tête et pouvoir toujours montrer du doigt la substance étrangère. Cette tâche, dit M. Brun, incombe surtout aux pharmaciens. Son livre est le résumé des différents traitements qu'il a trouvés réellement utiles, et qui, dans sa longue pratique, lui ont le mieux réussi pour l'examen chimique des vins suspects.

VINS FACTICES (*Guide pratique de la fabrication des*) et des boissons vineuses en général, ou manière de fabriquer soi-même les vins, cidres, poirés, bières, hydromels, piquettes et toutes sortes de boissons vineuses, par des procédés faciles, économiques et des plus hygiéniques, suivi de *l'Immense Trésor des* **VIGNERONS** et des **Marchands de Vin**, indiquant des moyens inédits pour vieillir instantanément les vins, leur enlever les mauvais goûts, même celui de terroir, colorer les vins blancs en rouge Narbonne, même d'une manière hygiénique et sans aucun coupage et éviter leur dégénérescence, par L.-F. DUBIEF. 3º édition, 1 volume. . . . . 4 fr.

Guide de la fabrication des vins factices.

Extrait de la table des matières. — Vin de raisin avec addition de sucre. — Vin fabriqué avec le marc de raisin, avec addition de sucre, de fécule ou autres. — Vins factices avec les lies de vins. — Vin de raisin sec. — Vin mousseux. — Vin de fruits, de cerises douces ou aigres, de guignes, de prunes, de pêches, de groseilles, de cassis, de mûres, de pommes de terre, de graines d'amidon, etc., etc. — Des cidres. — Cidre de marc de pommes, petit cidre. — Poirés. — Bières, double, simple, petite bière. — Bières faites avec du pain. — Bières de grains, de sucre, de gingembre. — Bière médicale, digestive, diurétique, purgative, de quinquina. — Hydromel. — Piquette de raisin, de marc de raisin, de lie de vin, de pommes et de poires. — Boisson vineuse de raisin sec, de genièvre, de pommes et de fruits séchés. — Boisson des travailleurs, des cultivateurs et des moissonneurs, etc.

Immense Trésor des vignerons et des marchands de vins.

Extrait de la table des matières. — De la connaissance des vins. — Appréciation et dégustation. — De la distinction. — Du mélange ou du coupage. — Du vinage. — Amélioration des vins. — De l'imitation des vins. — De la confection des vins mousseux. — Du vin muet et de ses avantages. — Des vins de liqueurs et de leurs imitations. — Recettes et opérations des vins de liqueurs. — *Méthode du Midi.* — *Méthode de Paris.* — De la conservation des vins en fûts pleins et en vidange. — Du soufrage ou méchage. — Du collage pour la clarification. — Arome, sève, bouquet et goût de terroir. — Du gouvernement et de la conservation des vins. — De la mise en bouteilles. — Des altérations. — Moyen de les prévenir et de les corriger. — Des altérations accidentelles et moyen de les guérir. — Disposition et conservation des tonneaux. — Contenance des fûts. — L'auteur termine son livre par une série de renseignements très utiles.

VINS (*Traité du commerce des*) et autres boissons, par V. et G. ÉMION, 1 vol., avec de nombreux tableaux.   4 fr.

EXTRAIT DE LA TABLE DES MATIÈRES

IMPORTANCE ET CARACTÈRE DU COMMERCE DES BOISSONS.

TITRE PREMIER. — EXERCICE DU COMMERCE DES BOISSONS. — Personnes qui peuvent exercer le commerce. — Formalités à remplir pour ouvrir des débits de boissons. — Tenue des débits de boissons. — Patente. — Licence. — Poids et mesures; .ertêmoocal — Marques de fabrique. — Vente de boissons. — Conclusion des marchés. — Transport des boissons — Départ. — Route. — Délais de transport — Frais de transport. — Pertes, déchets et avaries. — Arrivée. — Prescription des actions en matière de transport. — Exécution des marchés de boissons. — Circonstances qui peuvent empêcher la livraison des boissons vendues. — Difficultés sur les livraisons effectuées. — Commerce des boissons avec l'étranger. — Délits et quasi-délits en matière de vente de boissons. — Délits. — Tromperie. — Falsification. — Pénalités. — Quasi-délit, concurrence déloyale.
TITRE DEUXIÈME. — RAPPORTS AVEC LA RÉGIE. — Les assujettis. — Marchands en gros. — Débitants. — Distillateurs fabricants de liqueurs. — Fabricants de vins et de raisins secs. — Fabricants de cidres et de poirés à Paris. — Brasseurs. — Fabricants de vinaigres. — Les droits. — Droit de licence. — Droit de circulation. — Droit d'entrée. — Droits de détail et de consommation. — Taxe unique. — Taxe de remplacement. — Droit sur les bières. — Droit sur les vinaigres. — Contraventions. — Procès-verbaux et poursuites. — Contraventions et pénalités.

VINIFICATION (*Traité complet de*) ou art de faire du vin avec toutes les substances fermentescibles, en tout temps et sous tous les climats, par L.-F. DUBIEF. 4ᵉ édit. 1 volume . . . . 4 fr.

Volume contenant : Les moyens de remédier à l'intempérie des saisons relativement à la maturité du raisin. Le tableau des phénomènes de la fermentation et le meilleur moyen de la produire et de la diriger; les moyens particuliers de faire fermenter les marcs provenant de l'égrapillage du raisin et refermenter ceux qui ont déjà été fermentés; de procurer au vin plus de qualité par une seconde fermentation; de le vieillir sans faire de coupage, par des procédés simples et faciles; de lui enlever le goût de terroir, comme aussi d'obtenir des marcs de raisin, de l'alcool, de l'huile, de l'acide tartrique, etc. ; *et suivi* : des procédés de fabrication des vins mousseux, des vins de liqueurs, vins de fruits et vins factices, les soins qu'exigent leur gouvernement et leur conservation, les principes pour la dégustation et l'analyse des vins, etc., etc.

VOYAGEURS ET BAGAGES (Voir Exploitation des chemins de fer, page 23).

Le cartonnage toile de chaque volume se paye 0,50 c. en plus des prix indiqués.

Paris. — Imp. Gauthier-Villars et fils.